AF567921

Pferd und Gehölz

von

Dr. Renate Vanselow

Pferd

und

Gehölz

von

Dr. Renate Vanselow

STARKE PFERDE Verlag

Impressum

1. Auflage 2024
Lektorat: Nikola Fersing
Layout, Satz, Umschlaggestaltung, Titelfoto: Nikola Fersing
Zeichnungen: Dr. Renate Vanselow
Fotos: Dr. Renate Vanselow, soweit nicht anders angegeben

Verlag: **STARKE PFERDE Verlag** Erhard Schroll, Weißer Weg 109, 32657 Lemgo
Druck: Bonifatius Druckerei, Paderborn

ISBN 978-3-947346-15-8

Alle Angaben in diesem Buch wurden nach bestem Wissen und Gewissen gemacht. Für einen eventuellen Missbrauch der Informationen können weder die Autorin noch der Verlag oder der Vertreiber des Buches zur Verantwortung gezogen werden. Eine Haftung für Personen-, Sach- und Vermögensschäden ist ausgeschlossen.

Bibliografische Information der Deutschen Nationalbibliothek:
Die Deutsche Nationalbibliothek verzeichnet diese Publikation in der Deutschen Nationalbibliografie; detaillierte bibliografische Daten sind im Internet über www.dnb.de abrufbar.

Inhalt

Vorwort

Vorwort

Ein ehemaliger Truppenübungsplatz im Jahr 2002: Rinder und Pferde werden hier als Landschaftspfleger für die besonders artenreiche, vom Aussterben bedrohte Pflanzen- und Tierwelt ausgesetzt, damals noch eine umstrittene und als modern angesehene Naturschutzmaßnahme. Zu meiner großen Verwunderung sahen viele Teilnehmer der Exkursion das als neu, gewagt, ja fragwürdig an.

Ich stand dort in dieser Landschaft und fühlte mich plötzlich zu Hause. Kindheitserinnerungen kamen hoch. Wie oft hatte ich als Kind bei den Rindern im Schlehengebüsch Zeit verbracht und die Mittagshitze mit ihrer Bremsenplage dort im lichten Schatten abgewartet! Wie normal war es gewesen, dass die Pferde und Rinder unter den riesigen Schirmbäumen auf den Weiden Schatten und Schutz fanden!

Ganz selbstverständlich dienten die mehrere Meter breiten, fast undurchdringlichen Knicks, die jede noch so kleine Weide umgaben, als Laubfutter, Windschutz und Regenunterstand. Auf vielen Weiden fanden sich Tümpel, in denen es von Libellenlarven wimmelte. Gelbrandkäfer, Rückenschwimmer, Wasserflöhe, Kaulquappen – alles was das Herz begehrt und den Grundstein zum Biologiestudium legt, war im Überfluss vorhanden. Der Gesang der Feldlerchen war so allgegenwärtig wie die Rauchschwalben in den sommerlichen Ställen.

Ich bin im Norden von Kiel geboren und aufgewachsen, zwischen der Levensauer Hochbrücke über den Nord-Ostsee-Kanal (Kiel Canal) und Gut Schwartenbek, einem idyllischen Gutshof nebenan, auf dem unser Pferd stand.

An den trockenen, steilen Hängen des Kanals wimmelte es von vielfältigem Leben. Eidechsen, Blindschleichen, die Halme der Gräser waren voll von den seidenglänzenden, schwefelgelben Kokons der Blutströpfchen, kleinen schwarzroten Schmetterlingen, die auch überall herumflatterten. Die alten Türme der Hochbrücke beherbergten riesige Fledermauskolonien, die auf dem Gutshof reichlich Futter fanden. Mehrere Steinkauzpaare lebten auf dem Gut. Die alten Linden boten zahlreiche

Pferde lieben eine strukturierte Umgebung mit Gebüschen und Bäumen, die Laubfutter, Sichtschutz, Schatten, windberuhigte Zonen und die Möglichkeit zur Fellpflege bieten. Foto: Fersing

Asthöhlen und auf den Böden der Scheunen hatten viele Eulen ihre Nester und Schlafplätze. Ihre Gewölle lagen darunter. Im Apfelgarten des Gutes standen über fünfzig alte Obstbäume. Das Pflücken der Beerensträucher lohnte nicht mehr, die Pflanzung wurde zu einer Pferdeweide umgewandelt.

Überall lagen in Ecken und ungenutzten Räumen Zaumzeug, Geschirre und alte Geräte herum, ganz so wie heute im Freilichtmuseum. Ein großer Umbruch hatte gerade stattgefunden, was wir Kinder aber natürlich nicht begreifen konnten. Die letzten Arbeitspferde im Dorf wurden abgeschafft und durch Traktoren ersetzt. Die Schmiede für den Hufschmied mit ihrem Werkzeug stand verlassen, ebenso wie der Droschkenschuppen und die Hafermühle. Marder tobten sich überall aus.

Und auch viele Knicks sind seitdem still verschwunden. Wo sie noch stehen, werden sie gezielt beschädigt und von Jahr zu Jahr immer ein Stückchen weiter vernichtet, ganz unmerklich. Zuerst werden sie schütterer, lückig, dünner, von ihren Rändern an den Durchfahrten her schmelzen sie weg. Zum Schluss sind nur noch Brombeeren übrig auf einem gehölzfreien Wall. Schließlich ist der Wall weg, als hätte es ihn nie gegeben. Zwar stehen Knicks unter gesetzlichem Schutz, aber Papier ist geduldig.

Und das, obwohl es dringend an der Zeit ist, Gehölze zu pflanzen!

Der Klimawandel ist da. Die Ereignisse wiederholen sich. Im Land zwischen den Meeren war es in der Vergangenheit per Gesetz Pflicht, Gehölze als Schutz vor Dürre und Verheidung der Grasländer und Äcker zu pflanzen. Wir haben geglaubt, uns um die Erfahrungen der Altvorderen nicht mehr kümmern zu müssen.

Konik Polski in Schäferhaus, einem ehemaligen Truppenübungsplatz. Das frisch geborene Fohlen wird von der Mutter gegen aufdringliche Herdenmitglieder abgeschirmt. *Foto: Vanselow*

Beweidung im Winterhalbjahr tut nicht nur den Pferden gut, sondern auch dem Ökosystem Grasland – vorausgesetzt die Fläche ist groß genug und das Bewegungspotenzial der Pferde passt zum Bodentyp und zur Witterung. *Foto: Fersing*

Maschinen, Dünger, Saatgut, Bewässerung – das Leben kann so leicht sein. Wir haben alles im Griff. Oder nicht?

Mit diesem Buch möchte ich allen, denen eine gesunde Weidehaltung am Herzen liegt, Argumente an die Hand geben, altes Wissen erschließen und neue Forschung hinzufügen.

Gehölze gehören zur Weidehaltung dazu wie die Butter zum Butterbrot. Pferde sind Grasfresser, ja. Aber im Laubfutter finden sie ihr Mineralfutter, ihre natürliche Apotheke, den Witterungsschutz, Sichtschutz für Ruhezonen, während in den Gehölzen die Insektenfresser zur Tilgung ihrer Parasiten heranwachsen.

Gehölze sind ein unverzichtbarer Bestandteil der Weidetierhaltung

Ein gesunder Hof, auch eine gesunde Pferdehaltungsanlage, ist keine Kapitalanlage, sondern so etwas wie ein lebendiger Organismus. Er muss gepflegt werden und braucht seine lebenswichtigen Organe, soll er nicht siechen und sterben.

Gehölze sind ein unverzichtbarer Bestandteil der Höfe und ihrer Weidetierhaltung.

Kapitel 1

Dramatische Veränderung der Landschaft

Um zu begreifen, wie es zu der Kulturlandschaft gekommen ist, die wir heute vorfinden, müssen wir uns ihre Entstehung anschauen (Kapfer 2019). Ein komplexes System kann man neu ausrichten, wenn man seine Funktionsweise begriffen hat und die zur Verfügung stehenden Variablen kennt. Dann kann ein aktueller Zustand in eine neue Richtung entwickelt werden. Genau das wünschen sich viele Pferdehalter.

Bis vor Kurzem ging die Wissenschaft davon aus, dass die Grasländer Mitteleuropas künstlich durch den rodenden Menschen und seine frei laufenden Weidetiere geschaffen wurden (Ellenberg 1986, Walter 1986). Diese Sichtweise ließ die ursprünglich wild in Europa lebenden Tiere und ihr Verhalten außer Acht. In allen Warm- und Kaltzeiten, also Eiszeiten, des Quartär – das Erdzeitalter, in dem wir heute leben – gestalteten große Pflanzenfresser durch Fraß, Tritt und Komfortverhalten wie Sich-Scheuern, Scharren oder Markieren die Landschaft so, wie es heute noch in den Naturschutzreservaten Afrikas zu beobachten ist. Zu diesen riesigen Pflanzenfressern gehörten der ausgestorbene Europäische Waldelefant, das Europäische Flusspferd, der Riesenhirsch und Europäische Nashörner. Sie veränderten durch ihr Verhalten den Pflanzenbewuchs.

Die wilde Fraßsavanne

Die Mega-Herbivoren-Theorie (Bunzel-Drüke et al. 2008, 2015), also die Theorie von der Wirkung riesiger Pflanzenfresser als natürliche Gärtner der Landschaft, nimmt diese Erkenntnis auf und baut sie in die Besiedlung Europas durch moderne Menschen ein: Zuerst lebten unsere Vorfahren als Jäger und Sammler, oft den

Wald oder Weideland? Dieser Hutewald in Ungarn wird von den Pferden intensiv genutzt, wie die Dunghaufen und der Verbiss dokumentieren. Die junge Linde wird noch viele Jahre brauchen, um über die Reichweite der hungrigen Mäuler zu wachsen. *Foto: Vanselow*

Fraßsavanne beziehungsweise Hutewald mit domestizierten Weidetieren: Konik Polski im Naturschutzgebiet Schäferhaus an der deutsch-dänischen Grenze bei Flensburg. *Foto: Vanselow*

großen Wildtieren auf ihren Wanderungen folgend. Mammuts wurden von frühen Menschen in Europa nachweislich erfolgreich mit Speeren gejagt, vermutlich ebenso der als Savannenbewohner lebende Riesenhirsch. Sie alle starben aus. Der Mensch machte diesen Riesen ihren Lebensraum und ihre Nahrungsgrundlage mit dem Ende der letzten Eiszeit streitig.

Wo der Mensch durch seinen Holzverbrauch und Brandrodung die ehemaligen Nahrungspflanzen dieser ausgestorbenen Mega-Herbivoren jedoch nicht ständig dezimierte, da konnte als Folge des menschlichen Eingriffs, also der Ausrottung der Riesen-Pflanzenfresser, statt befressener Savannen ein undurchdringlicher Wald entstehen. Nomaden ersetzten die unzähmbaren wilden Herden der Grasfresser, die vor allem aus gefährlichen Auerochsen und Tarpanen bestanden, durch ungefährliche und einfach zu haltende Haustiere. Andere Menschen domestizierten die Pflanzen, indem sie gezielt züchteten und Ackerbau begannen.

Das Ökosystem Fraßsavanne konnte naturnah Jahrtausende lang überdauern, nachdem der Mensch wilde große Pflanzenfresser durch zahmes Vieh ersetzt hatte

Diese kulturelle Entwicklung Europas und Asiens findet eine interessante Alternative in der Urbevölkerung Australiens: Die Aborigines domestizierten weder Tiere noch Pflanzen, sondern sie domestizierten die Landschaft und blieben Jäger und Sammler. Obwohl sie Handel trieben mit den asiatischen Inselbewohnern, übernahmen sie deren Lebensweise nicht. Das Leben als Sammler und Jäger zu kultivieren gelang ihnen, indem sie über ausgeklügelt angewandte Feuerökologie ständig optimale Nahrungsgrundlagen aus jungen, zarten Pflanzen für ihr Jagdwild schufen oder über ebenso raffinierte Wassersysteme Fische zur menschlichen Ernährung ins Landesinnere lockten und dort bis zum Abfischen mit beginnender Trockenzeit als Nahrungsreserve halten konnten. Das regelmäßige gezielte Abbrennen verhinderte dicke Rohhumusschichten und größere Mengen an Totholz. Damit verringerte sich die Gefahr der Selbstentzündung. Möglicherweise haben auch indigene Völker Nordamerikas diese Domestikation ganzer Landschaften in durch Waldbrände gefährdeten Regionen beherrscht.

Jäger und Sammler leben in dünner Besiedlungsdichte als Teil der Natur. Sie nutzen riesige Flächen und sind sehr gesund (Armelagos et al. 1991). Faktoren wie die an Kohlenhydraten vergleichsweise arme Ernährung und ihre naturverbundene Kultur bewirken, dass die Anzahl von Nachkommen pro Frau erheblich niedriger liegt als bei Ackerbaukulturen (Armelagos et al. 1991, Brand-Miller et al. 2015, Spielmann 1989). Jäger- und Sammler-Kulturen zeigen aus diesem Grunde kein exponentielles Bevölkerungswachstum.

Die gezähmte Fraßsavanne

Eine Herde Konik Polski zieht im Konik-Reservat Popielno durch einen Bruchwald. Die Pferde sind optimal getarnt. *Foto: Vanselow*

In Europa wurde über eine sehr lange Zeit die gesamte Landschaft von frei laufenden Haustieren besiedelt. Kein Zaun schränkte ihre Bewegungsfreiheit ein. Das Ökosystem Fraßsavanne konnte so naturnah Jahrtausende lang überdauern. Die Gärtner, also die fressenden Tiere, waren vom Menschen einfach nur ausgetauscht worden. Die Weidelandschaft blieb das artenreiche, verbuschte Mosaik aus kurzgefressenem Rasen, staudenreichen Wiesen, einzeln stehenden Schirmbäumen, Gebüschen und Wäldern unzugänglicher Orte, durchzogen von Trampelpfaden. Die Zugvögel fanden in Europa und Afrika einander in ihrer Struktur entsprechende, verblüffend ähnliche Landschaften mit ebenso verblüffend ähnlichen Pflanzenfressern vor.

Was ist Wald, was ist Weide?

Vieh und Wald gehören zusammen, doch was unter Wald zu verstehen ist, darüber gehen die Meinungen weit auseinander. JAN HAFT (2019) gibt in seinem Buch *Die Wiese* verschiedene Definitionen an, beispielsweise bezogen auf das von den Gehölzen beeinflusste Mikroklima: „*Von Wald spricht man im Allgemeinen, wenn eine von Bäumen bewachsene Fläche so groß ist, dass dort ein eigenes Klima herrscht …*" oder bezogen auf die Struktur: „*Eine große Ansammlung senkrechter Stämme, deren mittlerer Abstand geringer ist als deren mittlere Länge*" (Dietrich Schaller, zitiert in HAFT 2019). Gehölze waren und sind Teil des Ökosystems Fraßsavanne, egal ob man die Fraßsavanne als verbuschtes Grasland mit Schirmbäumen, als (Ur-) Wald oder noch anders definieren möchte.

Von der Auszäunung zur Einzäunung der Herden

Im Sommer war die Waldweide üblich

Gehegt und gepflegt wurden von unseren Vorfahren kleine Flächen, die der menschlichen Ernährung dienten und die mit Hilfe von Hegepflanzen vor dem eindringenden Vieh geschützt wurden, also vor allem Äcker und Nutzgärten. Hegepflanzen waren Gewächse, die sich mechanisch durch Dornen und Stacheln oder chemisch mit Giften gegen Fraß wehren konnten, die oftmals durch lange Triebe dicht verflochtene Strukturen zu schaffen in der Lage waren und die auf Beknabbern mit um so dichterem, dornigerem Wuchs und unerschütterlichem Austriebsvermögen reagierten. Anders gesagt: Hegepflanzen sind Gewächse, wie wir sie heute noch aus Hecken kennen. Sie sind an ständigen Fraß angepasst. Der Name Hagebutte leitet sich vom gleichen Wortstamm wie die Hege ab und erklärt, wozu diese Pflanze, also die Wilde Rose, diente. In diesem Zusammenhang sehr aufschlussreich ist das Jütländische Gesetz, das früher in Dänemark, und somit auch in Schleswig-Holstein, galt (siehe dazu „Besondere lebende Zäune: Knicks" ab Seite 154).

Weite Teile Deutschlands waren in der Vergangenheit von Wäldern bedeckt. Gehölze waren für die Landschaft so bestimmend, dass ERICHSEN (1898b) einen alten Chronisten zitiert, der darlegt, dass in geschichtlicher Zeit ein Eichhörnchen von der Königsau (dänisch Kongea, das ist der Grenzbach in Dänemark zwischen Süd- und Nord-Jütland) bis an die Elbe von Zweig zu Zweig habe wandern können, ohne den Erdboden zu berühren.

Üblich war seit Jahrhunderten die Waldweide des Viehs von Namenstag Matthias (24. Februar) bis Namenstag Michaelis (29. September). Im Herbst folgte die Eichelmast der Schweine im Wald. Der Wald diente daneben dem Holzeinschlag, der Köhlerei und der (Laub-) Streugewinnung als Wintereinstreu in den Ställen.

Nicht nur die Wälder wurden ausgebeutet. Dünen und Strand waren sogenanntes Königsgut und konnten bis ins 18. Jahrhundert von den Inselbewohnern unentgeltlich genutzt werden. Auf den Dünen der Strände weidete also Vieh. Der bis zu zwölf Meter tief wurzelnde, die Dünen stabilisierende Strandhafer wurde als Winterfutter geerntet. Die vom Menschen verursachte Erosion ließ riesige Wanderdünen beispielsweise auf Sylt entstehen, die mehrfach ganze Dörfer verschütteten (Wüstungen: Eidum um 1635, Listum, Blidsum).

Mit anwachsender Bevölkerungsdichte stiegen in Deutschland auch die Viehbestände an. Das Weiden des frei laufenden, teilweise gehüteten Viehs in den Wäldern verhinderte ab etwa 1650 in Regionen wie dem Weserbergland die natürliche Waldverjüngung über Samen. Der Tritt des Viehs verdichtete die Waldböden. Vor allem die Mittelgebirge entwaldeten sich und wichen teilweise Heidelandschaften.

Für die Wälder im Bereich des Solling nennen Sonnenburg & Gerken (2004) folgende Tierzahlen: Um die Mitte des 18. Jahrhunderts gab es im Reinhardswald 35 000 Stück Vieh auf 120 Quadratkilometern, um 1736 in Nienover und Lauenförde, beides im Solling, 123 Rinder, Pferde, Schafe und Schweine auf 100 Hektar Waldfläche.

Wald oder Weide? Früher von Graurindern, heute von Pferden beweideter Wald in Ungarn.
Foto: Vanselow

Typische Knicklandschaft des östlichen Hügellandes in Schleswig-Holstein am Belauer See bei Bornhöved. *Foto: Vanselow*

Als Folge dieser Übernutzung wurde in Deutschland an Stelle der ehemaligen Mast- und Weiderechte im Wald zwischen etwa 1850 bis 1885 nach und nach die Trennung von Wald und Weide eingeführt. Nur in den Alpen hält die Waldweide ohne Unterbrechung bis heute an (Sonnenburg & Gerken 2004).

Zwischen den Weltkriegen gab das Altonaer Schulmuseum Heimat- und Wanderbücher über die Umgebung Hamburgs heraus (Christiansen 1928a, b, c). Ein Zitat aus dem dritten Band veranschaulicht die Entstehung der waldarmen, aber an Wallhecken, sogenannten Knicks, reichen Landschaft Norddeutschlands:

Zunächst sollten die Knicks das freilaufende Vieh draußen halten. Erst ab circa 1800 sollte es eingezäunt werden

„Etwa um 1600 mögen die ersten lebendigen Wallhecken, die Knicks, entstanden sein, denn in den Schriften des 16. Jahrhunderts sind sie noch nicht erwähnt. 1721 werden im königlichen Anteil Schleswig-Holsteins statt der toten Zäune in Sandgegenden Steinwälle, sonst Knicks vorgeschrieben. Noch 1641 klagte die Geistlichkeit, daß bei der Aufteilung der Gemeinde-Ländereien in Einzelbesitz in Angeln (Anm. der Autorin: Angeln heißt der Landstrich zwischen Schleswig und Flensburg) *immer mehr Schulkinder zum Hüten gebraucht wurden; der Knick sollte daran sparen. Anfangs hatte der Knick die Aufgabe, die abgetrennten Wiesen vor dem Vieh abzusperren und die herrschaftlichen Waldungen vor dem Verbiß des bäuerlichen Viehs zu schützen. Das Vieh sollte also anfangs durch den Knick ausgeschlossen werden. Erst als um 1800 das Hirtenwesen infolge der neuen Ackerbaugrundsätze zurückging, wurde es nötig, das Vieh mit dem Knick einzuschließen. Sehr gefördert*

wurde die Anlage der Knicks durch die Landesherrschaft. Die Holzordnung von 1735 drängt darauf, mit dem Knick die toten Zäune zu ersetzen, die alle paar Jahre verbraucht waren und unglaubliche Mengen Holz aus den Forsten verschlangen. Leider wurde eine Verordnung, die Wegränder zu bepflanzen, nicht tatkräftig genug durchgeführt, später sogar wieder aufgehoben. So ward Schleswig-Holstein, namentlich der östliche Teil, das Land der Knicke" (Zitat aus: Christiansen 1928c).
Fruchtbare Kulturlandschaften ohne Sträucher und Hecken, beispielsweise Richtung Harz, wirken auf den Betrachter monoton (Erichsen 1898a).
Die Knicks geben der Landschaft ein „gartenähnliches Aussehen" und beleben ihr Bild (Erichsen 1989a). Einfriedigungen unterschiedlicher Art konnten die wertvollen Äcker, Heuwiesen, Gemüsegärten und die herrschaftlichen Wälder vor dem sogenannten „Verlaufen" des fremden, freien Viehs zwar schützen. Aber nur Bäume und Sträucher konnten dem Vieh Schutz vor den kalten Winden, Regen und Sonnenbrand bieten (Christiansen 1907a). Vor allem der hügelige Osten Schleswig-Holsteins mit seinen sehr fruchtbaren Böden war, abgesehen von wenigen Regionen wie Oldenburg/Holstein, früh von Knicks durchzogen (Erichsen 1898a), ebenso wie Regionen außerhalb Schleswig-Holsteins mit ähnlichen Böden und vergleichbarem Klima. In den Marschen fehlen derartige Knicks (Erichsen 1898a).

Die Flurbereinigung hat riesige Flächen ohne Gehölze geschaffen, auf denen der trockene Wind gnadenlos angreift. Vertrocknende Feldfrüchte und Bodenerosion sind die Folge. *Foto: Vanselow*

Ende der naturnahen Beweidung ist Anfang des Artensterbens

Erstaunlich lange konnte ein überwiegender Teil der Artenvielfalt das Aussterben der großen Landschaftsgärtner überleben. Der Mensch und seine Haustiere füllten die Lücke, die sie hinterließen, mehr oder weniger gut aus. Doch dann zwangen die Folgen des Bevölkerungswachstums mit der Übernutzung der Landschaft zum Handeln. Die Nutzungsänderung der Landschaft ist zugleich eine Folge der Bauernbefreiung und der Markenteilung zwischen 1820 und 1870.

Die Bauern wurden dabei von der Grundherrschaft befreit und erstmals Herr auf eigenem Boden. Ihre Arbeit ergab ab sofort den eigenen Lohn:

„*Hatte man bislang ohne große Motivation für den Grundherrn gearbeitet, so sind etwa ab 1850 enorme Aktivitäten zu erkennen, die Lebensverhältnisse auf dem Lande durch Intensivierung des Feldfruchtbaus und der Viehhaltung zu verbessern.*" (Zitat aus: Mügge et al. 1999).

In nur 160 Jahren ging die einstige naturnahe Kulturlandschaft verloren

Die Folgen dieser Intensivierung waren gravierend, sowohl für die Umwelt als auch für die Tierhaltung. Dieser Umbau der naturnahen Kulturlandschaft nimmt einen recht kurzen Zeitraum etwa zwischen 1800 und 1960 ein (Kapfer 2019), gefolgt von der Moderne mit den uns bekannten Problemen. Was geschah in diesem erstaunlich kurzen Zeitraum? Und was können wir Pferdehalter daraus lernen, um unseren Tieren und uns selbst eine möglichst gesunde Lebensgrundlage zurückzugeben?

Mist aus Viehställen war ein extrem wertvoller Dünger. Für seine Produktion wurden Grasfresser lange Zeit ausschließlich in Ställen gehalten. *Foto: Vanselow*

Agrarreform und Gemeinheitsteilung: Stallhaltung zur Mistproduktion

Schneider (1926) gibt an, dass die extensive Weidehaltung bis zu Anfang des 19. Jahrhunderts in der Fläche praktiziert wurde. Der Viehbestand weidete auf gemeinschaftlichen Weideplätzen (Allmende) oder auf brachliegenden Äckern, bewacht von Hirten. Die Agrarreform und die Gemeinheitsteilung zu Beginn des 19. Jahrhunderts läutete das Ende dieser Fraßsavanne ein. Es folgten einhundert Jahre Feldfutterbau und Stallhaltung des Weideviehs (Schneider 1926), oftmals ganz ohne Weide: Die Tiere wurden ganzjährig aufgestallt, um möglichst viel wertvollen Humusdünger für die Äcker zu gewinnen. Dem lag die auf der Humuswirtschaft basierende Düngerlehre nach Thaer (Thaer 1810) zugrunde, die auch von Goethe vertreten wurde. Speziell auf den fruchtbaren, ackerfähigen Böden Deutschlands sah man über Generationen kaum mehr Weidetiere auf Grasland stehen. Das Gras der Mähwiesen wurde dem im Stall stehenden Vieh dort vorgelegt.

Dem Lauftier Pferd mit seinen großen Lungen bekommt die bis heute übliche Stallhaltung, bis vor fünfzig Jahren sogar noch überwiegend in Anbindeständen, besonders schlecht. *Foto: Fersing*

Die ganzjährige Stallhaltung führte zu schwächlichem, verweichlichtem, wenig leistungsfähigem Vieh, Schäden am Bewegungsapparat, Krankheiten und hoher Seuchengefahr (Schneider 1926).

Diese Erkenntnis und ökonomische Überlegungen wurden zu Beginn des 20. Jahrhunderts der Grund für die dann als Gegenreaktion einsetzende Grünlandbewegung (Falke 1920, Geith et al. 1932, Geith & Fuchs 1943, Niggl 1930, Schneider 1926, Strecker 1923). Klapp (1954) nennt als Begründer und Hauptvertreter dieser Grünlandbewegung August von Schmieder, Carl Albert Weber, Wilhelm Zorn und vor allem Ludwig Niggl. Das Ziel der Grünlandbewegung war es, die Tiere aus dem Stall zurück auf das Weideland zu bringen, teilweise sogar ganzjährig nach dem Motto „zurück zur Natur" (Schneider 1926). Klapp (1954) schreibt:

„In grünlandtechnischer Hinsicht waren die Anfänge der ‚Grünlandbewegung' leider zu sehr von damals verbreiteten irrigen Auffassungen – wie vom Gedanken an Umbruch und Neuansaat als allein verwendbare Mittel der Grünlandverbesserung – beeinflusst; die fortschrittlichen Gedanken K. Schneiders (1926, 1927), C. A. Webers

(1923, 1925,1927, 1928a, b, 1930, 1931) und andere konnten sich nicht durchsetzen" (Zitat aus: Klapp 1954).

In den reinen Ackerbauregionen ging im Zuge der Intensivierung wertvolles Wissen der Vorfahren über die Pflege und Nutzung von Grasland verloren (Schneider 1926). So mussten Anfang des 20. Jahrhunderts einfache Regeln bei der Wiedereinführung der Viehweide durch die Grünlandbewegung gefunden werden, beispielsweise für den optimalen Zeitpunkt des Anweidens: Der Weideauftrieb sollte so früh wie möglich beginnen, wenn das Vieh die ersten Grasspitzen fassen kann (Falke 1920, Schneider 1926), spätestens jedoch beginnen mit der Kirschblüte und mit der Apfelblüte stattgefunden haben (Falke 1920). Die Tiere blieben also spätestens ab der Apfelblüte Tag und Nacht auf der Weide. Diese phänologischen Anhaltspunkte sind jedoch je nach Region und Nutzungsbedingungen keine präzisen Angaben (Falke 1920, Freckmann 1932).

Die traditionellen Daumenregeln für das Anweiden und den Weideauftrieb gelten heute nur noch dort, wo das Grasland aus den traditionellen Arten und Zuchtsorten besteht. Hohe Fruktangehalte und sogar Gifte in Gräsern können heute eine Beweidung mit Pferden auf wenige Stunden täglich eingeschränken oder sogar unmöglich machen (Vanselow 2019).

Hohe Fruktangehalte und sogar Gifte in Gräsern können heute eine Beweidung mit Pferden auf wenige Stunden täglich eingeschränken oder sogar unmöglich machen

Aber zurück zu der Entwicklung, die unsere Kulturlandschaft nach der Agrarreform und der Gemeinheitsteilung zu Beginn des 19. Jahrhunderts durchlaufen hat: Den Ackerbauregionen standen Graslandregionen gegenüber, also Landstriche, in denen aus unterschiedlichen Gründen kein Ackerbau möglich oder lohnend war und wo deshalb Viehhaltung betrieben wurde. „*Nach alten Anschauungen galt die Weidewirtschaft für eine Betriebsform, die in Gegenden mit hohen Bodenpreisen und intensiver Wirtschaftsart nicht hineinpasse. Man glaubte, daß sie nur das Monopol der Meeresküsten und der hochgelegenen Gebirgsgegenden sei*" (Zitat aus: Schneider 1926). Wo kein Ackerbau möglich war, mangelte es an Kraftfutter und an Einstreu aus Stroh. In diesen Regionen, vor allem der Gebirge und Sumpfgebiete, wurde die Stallzeit so kurz wie möglich gehalten und alternative Einstreu, oft aus Streuwiesen, genutzt (Vogel, H. & J. Schott 1953). Strecker (1923) gibt an, dass im Allgäu, in Oberschwaben, in der Schweiz und in Vorarlberg „*bis 4 % der angebauten Gesamtfläche des Landes als Streuwiesen zur Gewinnung von Streu verwendet*" wurden. Extensive Viehweiden, die Schneider (1926) als Hungerweiden bezeichnet, konnten sich nach seinen Angaben nur in den Gebirgen wie Westerwald, Vogelsberg, Rhön, Harz oder Bayerischer Wald länger halten. Die Wintereinstreu aus den Streuwiesen der Gebirge bestand teilweise aus nicht unerheblichen Anteilen giftiger Pflanzen, worauf Habermehl (1985) hinweist: „*Sowohl in manchen Gebirgsgegenden als auch im Flachland finden sich auf mangelhaft oder gar nicht gepflegten Weiden erhebliche Anteile an Adlerfarn. Ein Besatz von 20 Prozent oder mehr ist als gefährlich anzusehen, und eine nutzbringende Viehzucht ist wegen der dann immer wieder auftretenden Todesfälle kaum noch möglich. Auf diese Weise sind auch Almen im Gebirge wegen der großen Mengen Adlerfarn aufgegeben worden. Zu Vergiftungen kann es auch kommen, wenn aus Mangel an anderem Material Adlerfarn als Einstreu in Ställen verwendet wird"* (Zitat aus: HABERMEHL 1985). SCHNEIDER (1926) schreibt über die „Überreste des uralten Weidebetriebes" Folgendes: „*... diese Weiden befanden sich in einer sehr schlechten Verfassung, brachten nur minderwertiges, häufig saures Futter hervor, so daß die Weidetiere, trotz großer Weideflächen, nur eine sehr kümmerliche Ernährung*

Raupe des Taubenschwänzchens (Macroglossum stellatarum). Eine ihrer Futterpflanzen ist das Echte Labkraut. *Foto: Vanselow*

Artenreiche Pferdeweide in Ungarn mit unter anderem Echtem Labkraut, Hasenklee, Heidenelke, Zypressen-Wolfsmilch, Hornklee und Kammgras. *Foto: Vanselow*

Die artenarmen Pflanzenbestände der Marschen mit ihren fetten Weiden sind bis heute Vorbild des Wirtschaftsgrünlandes – doch schon 1928 bezeichnete sie Christiansen als ‚Kulturwüste mit armseligem Pflanzenwuchs'

dort fanden." Für viele Haustierrassen war aber genau diese karge Nahrung das Futter, an das sie über Jahrhunderte angepasst waren. Wohlstandserkrankungen waren damals ein Fremdwort.

Die wintermilden, regenreichen, mit maritimem Klima gesegneten Küsten an Nord- und Ostsee sowie fruchtbare wechselnasse Flussufer boten dagegen die Möglichkeit einer intensiven Viehhaltung (Weber 1905, Weber 1909a, Weber 1909b). Sie waren teilweise vergleichbar den fruchtbarsten Viehweiden des regenreichen Englands in Leicestershire (Weber 1909a) oder den während der Kleinen Eiszeit zwischen 1500 und 1850 in Europa aufwändig angelegten Wässerwiesen (Weber & Vanselow 2011). Die Ochsenmast in den eher artenarmen Pflanzenbeständen der Marschen mit ihren fetten Weiden ist legendär, die Zucht der schweren Warmblutpferderassen der Marschen ebenso. Ihre Weidelgrasweiden dienten als Vorbild der für ganz Deutschland angestrebten Fettweiden im Sinne von Mastweiden für das Vieh (Vanselow 2019, Weber 1905, Weber 1909a, b). Die Artenarmut dieser fetten Marschweiden, die bis heute das Vorbild des Wirtschaftsgrünlandes nicht nur in Deutschland sind, war bekannt:

„*Finden wir auf Geest und Moor noch heute weite Flächen Ödlandes mit urwüchsiger Vegetation, so bietet die Marsch ein ganz anderes Bild. Hier ist jeder Fleck Erde der Kultur gewonnen; die Marsch ist eine ‚Kulturwüste' mit armseligem Pflanzenwuchs*" (Zitat aus: Christiansen 1928a).

Auf dem alten Ochsenweg in Schleswig-Holstein wurde das Schlachtvieh – Rinder, Schafe, Ziegen, Gänse – seit der Bronzezeit, also seit 3000 bis 4000 Jahren, aus Dänemark kommend bis nach Hamburg getrieben beziehungsweise von dort weiter bis in die Niederlande gebracht. Gemästet wurde das Vieh auf dem Triebweg und auf den fetten (Marsch-) Weiden vor den Schlachtzentren. Noch heute sind Teile des ursprünglichen Ochsenwegs mit verbuschtem Grasland umgeben und geben einen Eindruck vom Triebweg mit dem ihn umgebenden Ödland, auf dem die Herden sich auf ihrer Wanderung ernährten. Die Hauptwege nicht nur für die Ochsen waren die Marschentrift Itzehoe, Elmshorn, Uetersen und die Geeststrecke über Bramstedt nach Uetersen sowie über Ochsenzoll nach Hamburg. Die bedeutendste Fähre über die Elbe auf dem Ochsenweg war bei Wedel, gefolgt von den Fähren bei Blankenese und Zollenspieker (Harder 1928). Erst der Eisenbahnbau läutete das Ende des Viehtriebs ein. Die Tierzahlen schwankten über die Jahrhunderte stark, sind aber dennoch beeindruckend, wie Tabelle 1.1 auf Seite 25 zeigt.

Im Süden versorgten riesige Rinderherden aus dem Südosten die entstehenden mittelalterlichen Industriezentren Süddeutschlands mit Fleisch (Silio-Menzel & Direktor 2015). Die Ungarischen Steppenrinder der Puszta wurden drei- bis fünfjährig jährlich ab Mai über die Ochsentriebwege Richtung Westen getrieben und dort nach etwa tausend Kilometern Marsch in den Großstädten Süddeutschlands

Tabelle 1.1: Über die Elbe übergesetzte Ochsen

Fähre bei Wedel über die Elbe	Anzahl übergesetzter Ochsen
1591/92	23 342
1670/71	8 815
1713	277
1716	18 636
Nach 1750	Wenige Tausend

Tabelle 1.1: Über die Elbe übergesetzte Ochsen bei Wedel von 1591 bis 1750. Viehseuche und Fettgräsung, also die Mast auf fetten Weiden, werden als Ursachen des Rückgangs aufgeführt. Quelle: Harder 1928.

geschlachtet. Für Tiere unter 450 Kilogramm gab es in Ungarn ein Exportverbot. Es gingen also nur ausgewachsene Rinder auf den Treck. Die Herdengrößen lagen vermutlich durchschnittlich zwischen 100 und 200 Tieren, wobei täglich etwa 15 bis 25, maximal 30 Kilometer zurückgelegt wurden. Nahe den Märkten wurden Pausen, gern an Flussufern, zur Mast der beim Treck abgemagerten Tiere eingelegt. Die Tradition des „Oxen Fleisch"-Handels bestand vermutlich seit dem 13. Jahrhundert (Silio-Menzel &. Direktor 2015). Der Höhepunkt dieses Handels soll im 17. Jahrhundert mit einem ungarischen Export von 100 000 Rindern pro Jahr gelegen haben und allein in Nürnberg sollen in dieser Zeit jährlich etwa 70 000 ungarische Rinder pro Jahr auf dem Fleischmarkt gehandelt worden sein.

Ungarische Graurinder. Rinder aus der Puszta wurden seit dem 13. Jahrhundert bis in die Region des heutigen Deutschlands getrieben, über tausend Kilometer weit. Foto: Szüszenstein Dzs

Der Erste Weltkrieg verschärft die Intensivierung

Die Folgen des Ersten Weltkriegs waren für die deutsche Bevölkerung eine Erfahrung, die weitere dramatische Veränderungen in der Landbewirtschaftung nach sich zog (Falke 1920, Schneider 1926). Die mit dem Krieg verbundene Wirtschaftskrise zwang zu einer „*Verbilligung der Produktion*" sowie als Lehre aus dem Krieg dazu, die „*Viehhaltung und die Versorgung des Volkes mit tierischen Erzeugnissen von ausländischer Zufuhr unabhängig*" zu machen und das „*Viehfutter auf eigener Scholle zu erzeugen*" (Zitate aus: Schneider 1926).

Vor dem Krieg hatte Deutschland einen wirtschaftlichen Aufschwung mit einer ständigen Verbesserung des Lebensstandards erfahren (Falke 1920). Der Fleischverzehr erreichte 54 Kilogramm pro Kopf, übertraf damit den Verbrauch vergleichbarer Länder und sogar den Fleischkonsum in England (Falke 1920). Milchprodukte waren ähnlich gefragt. Die Produktion zeigte aber laut Falke (1920) große Unterschiede: Milchprodukte mussten zunehmend aus dem Ausland eingeführt werden, während Fleischprodukte zu 95 Prozent aus eigener Produktion stammten. Viehzählungen in Europa zwischen 1900 und 1913 ergaben, dass die höchsten Gesamtviehbestände aus Pferden, Eseln, Rindern, Schafen, Ziegen und Schweinen pro landwirtschaftlicher Fläche in den Niederlanden zu finden waren, gefolgt von Dänemark. An dritter Stelle lag bereits Deutschland (Falke 1920).

Tabelle 1.2: Viehbestände zu Beginn des 20. Jahrhunderts

Auf 1000 Hektar landwirtschaftlich genutzter Fläche wurden gehalten:	Landw. genutzte Flächen in Mio. Hektar	Jahr der Flächen-Erhebung	Jahr der Vieh-zählung	Pferde und Esel	Rinder	Schafe und Ziegen	Schweine	Rindvieh-Einheiten
Deutsches Reich	35,055	1900	1913	130	547	258	730	1000
Frankreich	36,815	1912	1912	103	399	486	188	649
Großbritannien u. Irland	31,007	1909	1909	69	378	1032	114	603
Ungarn	14,414	1912	1911	165	508	623	526	949
Italien	21,808	1913	1908	100	284	636	115	526
Österreich	18,422	1912	1910	102	497	198	349	757
Japan	5,214	1912	1912	303	268	20	59	739
Dänemark	2,950	1912	1909	181	764	260	497	1186
Schweiz	2,299	1913	1911	65	628	219	248	809
Niederlande	2,173	1912	1910	151	933	512	534	1344

Tabelle 1.2: Viehbestände in europäischen Ländern und Japan zu Beginn des 20. Jahrhunderts. Um den Gesamtviehbestand vergleichen zu können, ist eine Umrechnung auf eine Einheit nötig, hier Rindvieheinheit. Dabei entspricht ein Rind zehn Schafen, vier Schweinen oder zwei Dritteln eines Pferdes.

Tabelle aus: Falke 1920.

Zu beachten ist, dass die landwirtschaftliche Fläche in Deutschland zu Beginn des 20. Jahrhunderts etwa zwölfmal größer war als die in den Niederlanden oder in Dänemark, wie aus Tabelle 1.2 ersichtlich wird. Damit war Deutschland eine enorm große Fläche mit sehr intensiver Landwirtschaft in allen Regionen, denn die Werte in der Tabelle geben den Mittelwert wieder. Darein eingeflossen sind auch solche Landstriche, in denen die Viehhaltung wenig rentabel war. Innerhalb des damaligen Deutschlands fand sich im Jahr 1913 dabei die intensivste Tierhaltung mit 1621 Rindvieheinheiten auf 1000 Hektar in Oldenburg, gefolgt von Württemberg (1288), danach Sachsen (1156), Baden (1127), Bayern (1062) und Preußen (985) (Falke 1920). Eine Rindvieheinheit entspricht einem Rind, zehn Schafen, vier Schweinen oder zwei Dritteln eines Pferdes. Diese hohe Tierproduktion war laut Falke (1920) damals umso bemerkenswerter, weil die Landwirtschaft in Deutschland weniger auf Tierproduktion ausgelegt war als vielmehr Getreideanbau betrieb. Dabei machte der Getreidebau fast die Hälfte des gesamten Ackerlandes für Feldfrüchte aus, zusammen mit Hülsenfrüchten, also Eiweißpflanzen wie Linsen, Erbsen und Bohnen, sogar über 62 Prozent der Ackerfläche.

Um 1932 war in Deutschland weniger als ein Drittel der Fläche Grasland, während in England zwei Drittel des Kulturbodens auf Grasland entfielen

Wölfer (1932) gibt an, dass in Deutschland weniger als ein Drittel der Fläche Grasland sei, während in England zwei Drittel des Kulturbodens auf Grasland entfielen. Während des Ersten Weltkrieges dienten übrigens 1236000 Pferde in den

Nur noch 4,73 Mio. Hektar (28,5 Prozent) der landwirtschaftlich genutzten Fläche wurden 2021 als Dauergrünland bewirtschaftet. (Quelle: Statistisches Bundesamt) Foto: Fersing

deutschen Heeren (Bötticher 1936) und fehlten ebenso wie die eingezogenen Soldaten nicht nur in der Landwirtschaft. Für das Jahr 1936 gibt Bötticher (1936) einen Pferdebestand in Deutschland von 3800000 Tieren an, während im Jahr 2007 nur noch *„mehr als eine halbe Million Pferde auf 70177 Bauernhöfen“* in Deutschland gehalten wurden (Grilz-Seger & Druml 2020).

Im Gegensatz zu heute war das Offenland zusammengesetzt aus vielen winzigen Schlägen, die oft umsäumt waren mit aufgelesenen Steinen, Hecken und Knicks. Das kleinräumige Mosaik wurde aufgelockert durch Baumgruppen und Obstwiesen. Für die Zeit vor dem Ersten Weltkrieg gibt Falke (1920) für die landwirtschaftlichen Böden in Deutschland im Vergleich zu England folgende Nutzung im Jahr 1900 an:

Tabelle 1.3: Landwirtschaftliche Bodennutzung um 1900

Bodennutzung	Prozent in Deutschland [%]	Prozent in England [%]
Acker- und Gartenland	48,6	33,61
Weinberge	0,2	—
Wiesen	11,0	40,98
Weiden	5,0	
Wald	25,9	4,55
Unland	9,3	20,86

Tabelle 1.3: Vergleich der Nutzung landwirtschaftlicher Böden in Deutschland und England vor dem Ersten Weltkrieg. *Quelle: Falke 1920.*

Falke (1920) blickt dabei auf die intensive Nutztierhaltung in Deutschland aus einem aus heutiger Sicht bemerkenswerten und völlig ungewohnten Blickwinkel: Er legt dar, dass die Nutztierhaltung im 19. Jahrhundert der Verwertung der Futtermengen diente, die bei der Getreideproduktion und dem mit dem Getreidebau notwendigerweise verbundenen Fruchtwechsel anfiel. Das Vieh wurde dazu vollständig im Stall gehalten, da der Mist als wertvoller Dünger zurück auf die Äcker kam. Zudem sollte das Aufstallen verhindern, dass Feldfutter zu Lasten von Getreide angebaut wurde (Falke 1920).

Im Ersten Weltkrieg kam die deutsche Landwirtschaft durch die Blockade des Handels in Bedrängnis: *„Man hatte sich leider im letzten Jahrzehnt vor dem Kriege zu sehr daran gewöhnt, einen großen Teil des Futters, das sogenannte Kraftfutter, vom Weltmarkt zu beziehen. Man glaubte um so leistungsfähiger zu sein, je mehr Kraftfutter man verwandte, so daß die Futtermitteleinfuhr fast den jährlichen Betrag von einer Milliarde Mark erreichte. Das einseitige Streben nach Erhöhung der Roherträge, bisweilen sogar unter Befolgung von Futterrezepten, führte in unsern Nutzviehställen nur zu häufig zu einer für den Reinertrag verderblichen Futterintensität“* (Zitat aus: Falke 1920). Es wurden vor dem Krieg keine Schutzzölle erhoben und

Reifer Mist ist ein wertvoller Dünger, hier für den Gemüsegarten. Mist spielte in der Landwirtschaft früher eine entscheidende Rolle. Foto: Vanselow

es trat keine Verteuerung des Importfutters ein. Erst der vom Krieg ausgelöste Mangel an tierischen Erzeugnissen durch die Blockade Deutschlands führte der hungernden Bevölkerung die Abhängigkeit vor Augen. FALKE (1920) formuliert 1920 aus diesen Erfahrungen das Ziel: „... *die deutsche Landwirtschaft muß es fertig bringen, ohne Einschränkung des Getreide- und Kartoffelbaus ihre Futtererzeugung so auszugestalten, daß sie den Ansprüchen eines großen, gut gezogenen und leistungsfähigen Viehbestandes Genüge leisten kann*" (Zitat aus: FALKE 1920).

Kriege und Hungersnöte hatten katastrophale Auswirkungen auf die Intensivierung der Landwirtschaft und somit die gesamte Landschaft

Der Erste Weltkrieg zeigt exemplarisch auf, welche Wirkung derartige Katastrophen auf die Intensivierung der Landwirtschaft und somit die gesamte Landschaft haben. Das gilt insbesondere für die Suche nach Landreserven, die in alter landwirtschaftlicher Literatur abwertend als „Ödland" oder „Wildnis" bezeichnet werden. Mit der Praxis der Kultivierung von Heiden und Mooren hat sich LOHAUS (1907) jahrzehntelang beschäftigt und schreibt gleich im ersten Satz seines Buches über *Neukulturen und Viehweiden auf Heide- und Moorböden* in der Einleitung über die deutschen Landwirte, *„daß das Endziel ihrer Bestrebungen, die selbständige Versorgung der Bevölkerung Deutschlands mit Brot und Fleisch ohne Hilfe des Auslands, noch längst nicht erreicht ist.*" (Zitat aus: LOHAUS 1907). Die Weltkriege waren nicht der Auslöser der Bestrebungen nach Unabhängigkeit, sie haben den vorhandenen Wunsch aber verstärkt.

Die Suche nach Ressourcen und nach Unabhängigkeit von Nachbarn ist älter als die Menschheit. Die Stabilität einer Gemeinschaft kann dabei von ihrer Selbstorganisation aus voll funktionsfähigen Untereinheiten enorm profitieren. Beispielsweise kann man manche Schwämme durch ein feines Sieb oder Gaze drücken: oberhalb des Siebes handelt es sich um einen vielzelligen Organismus, eben einen Schwamm, und unterhalb des Siebes bildet sich der Schwamm als Individuum aus den durch das Sieb gedrückten Zellen sofort unbeschadet wieder neu.

Die Bestrebungen der Landwirte verhielten sich früher ähnlich: Viele kleine Höfe, die jeder für sich so etwas wie ein vollständiges und weitgehend unabhängiges Mini-Ökosystem bildeten, waren in der Lage, schwerste Zeiten notfalls auch isoliert

Über und über fruchtende Hecke am Rande des Graslandes. Die roten Mehlbeeren (Weißdorn) und bereift blauen Schlehen (Schwarzdorn) haben ein Mastjahr. Die Früchte sind Futter für zahlreiche Vögel.
Foto: Vanselow

Hundertjähriger, teils hohler Apfelbaum mitten in einer sieben Meter breiten Wildrosenhecke, die unzählige Tiere beherbergt. *Foto: Fersing*

zu überstehen und anschließend wieder organisiert gemeinsam zu handeln. Das Große kann dabei im Kleinsten angelegt sein: der Baumriese im Samen, das Huhn im Ei, der Mensch in einer befruchteten Zelle und der Staat im kleinbäuerlichen Hof. Was so klein und flexibel ist, dass es durch das Sieb der Zeit hindurch passt, kann zur Keimzelle eines neuen Systems werden und sich neu mit anderen gemeinsam handelnd organisieren.

Erst heute begreifen wir die als „Ödländer" bezeichneten Flächen im Zuge des Klimawandels und des Artensterbens zunehmend als wertvolle Ökosysteme und äußerst wichtige Bestandteile unserer Landschaft. Ohne solche der Natur überlassenen Refugien wird ein Überleben auf diesem Planeten zumindest für Menschen kaum möglich sein. Das gilt keineswegs nur für die Regenwälder und Moore, sondern auch für ganz unspektakuläre, kleine Nischen.

Da in jedem Grasland derartige Refugien vorhanden waren und neu geschaffen werden können, widmet sich das folgende Kapitel dem vermeintlich überflüssigen Ödland. Einmal mehr gilt die Erkenntnis „Wat den eenen sin Uhl, is den annern sin Nachtigall." Manchmal bedarf es nur neuer Erkenntnisse, um einen scheinbar hässlichen, wertlosen Klumpen aus neuem Blickwinkel und unter anderem Licht als Diamanten erstrahlen zu lassen. Das Pferdeland schlechthin, die ungarische Puszta, heißt übersetzt nichts anderes als „öde", „wüst", „leer", „verlassen". Genau dort, in der Puszta, wurden über Jahrhunderte weit über die Grenzen begehrte Pferde gezüchtet und aufgezogen – eine Tatsache, die uns Pferdehaltern zu denken geben sollte.

Aus heutiger Sicht stellen sich die Fragen:

? Was waren die stillen Reserven unserer Landschaft in der Vergangenheit, die in Krisenzeiten der Intensivierung geopfert wurden?

? Welche Refugien gilt es – für jeden von uns Graslandnutzern – der Natur zurückzugeben, um Klimawandel und Artensterben einzudämmen?

? Welchen Beitrag können wir Pferdehalter vor unserer eigenen Haustür leisten?

Reserve Ödland

In der Vergangenheit betrachteten unsere Vorfahren jedes nicht intensiv genutzte, aber möglicherweise nutzbare Land als stille Reserve für die Gewinnung neuer landwirtschaftlicher Flächen. Beispielsweise rief Prof. W. Freckmann, Direktor des Instituts für Kulturtechnik der Landwirtschaftlichen Hochschule in Berlin, im Schlusswort seines Buches über Wiesen und Dauerweiden ausdrücklich dazu auf, ungenutztes Land insbesondere für eiweißreiche Futtermittel nutzbar zu machen (Freckmann 1932). Für ungenutztes Land wurden Bezeichnungen verwendet wie Öde, Wüstland, Berg, Hardt (das bedeutet ‚bewaldeter Hang', ‚Anhöhe', ‚Waldweide'), Heide und Aue (Kapfer 2019). Es leuchtet ein, dass starkes Relief (Berg und Hardt), zu trockene (Wüstland und Heide) und zu nasse Standorte (Auen, Sümpfe, Moore) eine intensive Bewirtschaftung unmöglich machen können. Was jedoch verstand man unter Ödland?

Der historische Begriff Ödland

Schneider (1926) stellt das Ödland dem Kulturland und dem Unland entgegen: *„Während man mit dem Worte ‚Unland' den Begriff verbindet, daß an ihm überhaupt nichts verbessert werden kann, bezeichnet man mit Ödland noch Ländereien, welche nur verödet daliegen, sich aber für eine Umwandlung in Kulturland eignen"* (Zitat aus: Schneider 1926). Er führt aus, dass in seiner Zeit vorrangig Moor und Heide als Ödland angesehen werden, dass aber auch große Flächen früherer Hutungen, versumpfter und verödeter Wiesen sowie vernachlässigter Wälder darunter fallen (Schneider 1926). Den Wert dieser Ödländer für die Landwirtschaft schätzt er für Flächen der Mittelgebirge auf mineralischem Verwitterungsboden höher ein als Sand und Moor (Schneider 1926). Schneider betrachtete 1926 als die dringendste Aufgabe der Zukunft, *„den deutschen Viehbestand ausschließlich auf eigener Scholle zu ernähren"* (Zitat aus: Schneider 1926). Daher rief er dazu auf, kulturfähiges Ödland in Dauerweiden umzuwandeln.

Im Jahr 2017 waren sieben Prozent der Landfläche der 25 EU-Staaten Moorböden, davon über 60 Prozent entwässert (Montanarella et al. 2006). Deutschland hat dabei die sechstgrößte Moorfläche in der EU mit 1 419 000 Hektar, wovon jedoch 99 Prozent durch Drainage degradiert sind und größtenteils (70 Prozent) unter landwirtschaftlicher Nutzung (Kutzbach 2017). Die aktuelle Nutzung der ehemaligen Moorböden in Deutschland ist wie folgt: 48,8 Prozent Grasland, 22,5 Prozent Ackerland, 15,0 Prozent Wald, Forst und Gehölz, 6,6 Prozent ungenutzte Moore und Sümpfe, 1,4 Prozent Teiche und Gewässer, 1,1 Prozent Torfabbau und 4,7 Prozent Sonstiges (Tiemeyer et al. 2013, zitiert in Kutzbach 2017). *„Deutschland hat die*

Das auffällige Wollgras verrät den Moorboden. Hier wachsen Torfmoos, Seggen, Schachtelhalme und Heidekraut auf einer Torflinse unterhalb des Hanges. *Foto: Vanselow*

höchsten Treibhausgasemissionen aufgrund degradierter Moore in der EU" (Zitat aus: KUTZBACH 2017), denn die Entwässerung von ehemaligen Mooren führt zu erheblichen Mengen freigesetzter Treibhausgase, namentlich Kohlendioxid, Lachgas (beide aus Torfabbau entwässerter Moorböden) und Methan (Drainagegräben), aber auch Ammoniak und Nitrat (KUTZBACH 2017). Die Treibhausgas-Emissionen aus degradierten Mooren machen in Deutschland fünf Prozent der gesamten Treibhausgas-Emissionen aus, inklusive Verkehr und Industrie (KUTZBACH 2017). Sechs Prozent der gesamten landwirtschaftlichen Fläche Deutschlands sind organische Böden (KUTZBACH 2017). Naturnahe oder renaturierte Moorböden sind keine Treibhausgas-Emittenten und senken insbesondere Kohlendioxid (DRÖSLER et al. 2013, zitiert in KUTZBACH 2017). Dabei gilt, dass je höher der Moorwasserstand ist, desto höher die Reduktion der Treibhausgase. Eine Überstauung der Moore zu Gewässern kann jedoch zu hohen Methan-Emissionen führen (KUTZBACH 2017).

Im Grasland auf organischen Böden ist der Wasserstand, also die Höhe des anstehenden Grundwassers, eine Steuergröße in Bezug auf die Bilanz der Treibhausgasemissionen (TIEMEYER et al. 2016, zitiert in KUTZBACH 2017). Laut KUTZBACH (2017) hat daher die Anhebung des Wasserstands auf über minus 20 Zentimeter höchste Priorität auf diesen Böden. Ein großes Problem ist dabei die fehlende Möglichkeit zur Einstellung des Wasserstands wegen der Topographie des Geländes oder Moorsackungen (KUTZBACH 2017). Zudem fehlen heute die früher in der

Bei extensiver Beweidung können gemiedene Pflanzen sich ausbreiten. Foto: Fersing

Landwirtschaft üblichen (Fuchs 1885) ausgeklügelten Systeme zur gezielten Regulation der Wasserstände durch Be- und Entwässerung, die über Jahrhunderte von den Wasservogten bedient wurden (Vanselow 2019).

Regelmäßig von Hirten abgehütete Gemeinde- und Gemeinschaftsweiden (Hutweiden) sind nach Geith et al. (1932) die extensivste Grünlandnutzung, da sie viel Fläche bei geringer Ausnutzung verlangt. Sie wurde bis zur Mitte des 20. Jahrhunderts in den Mittelgebirgen und den Alpen praktiziert (Geith et al. 1932). Die Hirten und das Vieh gehen bei dieser Nutzung bevorzugt auf die wohlschmeckendsten Bereiche, die oft sehr intensiv verbissen werden, während gemiedene Pflanzen wie Horst-Rotschwingel, Borstgras, Rasenschmiele oder Seggen sich ausbreiten können (Geith et al. 1932).

Klapp (1954) betrachtet es als zweckmäßig, zwischen „Ödland“ und „Kulturrasen“ zu unterscheiden, wobei die Übergänge fließend seien. „*Unter Ödlandrasen verstehen wir Grünlandflächen, bei denen sich die Tätigkeit des Wirtschafters auf eine mehr oder minder regelmäßige Nutzung beschränkt. Das ist meist gleichbedeutend mit einer oft nur unvollkommenen Verhinderung der Rückverwandlung in Wald oder eine sonstige ursprüngliche Pflanzengesellschaft*“ (Zitat aus: Klapp 1954). Als Kind seiner Zeit ist Klapp (1954) davon überzeugt, dass der überwiegende Teil Europas ohne menschliche Eingriffe von Urwald bedeckt wäre und dass domestizierte Weidetiere durch ihr Verhalten, also vor allem Biss und Tritt, einen künstlichen Eingriff in die Natur vornehmen. Grasland ist unter diesem Blickwinkel betrachtet etwas künstlich vom Menschen und seinen Tieren in Europa Geschaffenes. Die Mega-Herbivoren-Theorie ist ihm fremd.

Neben Mooren, Sümpfen und Heiden wurden vor allem an Gehölzen reiche Grasländer als Ödland betrachtet, die viele Halter von Freizeitpferden ihren Tieren heute gerne bieten würden

Auch die Almwirtschaft unterscheidet zwischen den Arten des Dauergrünlands in Kulturrasen (zum Beispiel Glatthaferwiesen, Weidelgras-Weißklee-Weiden, Sumpfdotterblumenwiesen) und Ödlandrasen (Schneider et al. 1957). Letztere umfassen Trockenrasen, Borstgrasrasen und Besenheide, Pfeifengrasrasen, Kleinseggenrieder, Großseggenrieder sowie die wirtschaftlich durchaus interessanten Rohrglanzgraswiesen (Schneider et al. 1957).

Ellenberg (1986) stellt für bodentrockene Magerrasen, die in großen Teilen Mitteleuropas als Ödland angesehen würden, fest, dass der Nährstoffmangel und die zeitweilige Trockenheit die pflanzliche Stoffproduktion, also die Menge an Aufwuchs (Biomasse) hemmt.

Diese Definitionen zeigen, dass neben Mooren, Sümpfen und Heiden vor allem jene an Gehölzen reichen Grasländer als Ödland betrachtet wurden, die viele Halter von Freizeitpferden ihren Tieren gerne bieten würden und die unter den Begriffen

„Halboffene Weidelandschaft" oder kurz „Fraßsavanne" laufen. Oft stehen solche Extensivweiden heute wegen ihres Artenreichtums unter Naturschutz. Es ist gerade einmal einhundert Jahre her, dass im Umland von Hamburg ein bedeutendes Vorkommen des Birkhahns lag (GAEDECHENS 1928). Auch Pflanzen wie Schlangen-Knöterich, Mäuseschwänzchen, Lungen-Enzian, Feld-Thymian, Schachblumen und Arnika konnte man vor hundert Jahren noch reichlich im Hamburger Umland finden (CHRISTIANSEN 1928c). Diese Reste der einstigen Artenvielfalt sind heute stark bedroht, wenn nicht längst verschwunden. Mit der Struktur- und Artenvielfalt ist auch das traditionelle, oft verbuschte Grasland gegangen, das über Jahrhunderte, wenn nicht Jahrtausende die Lebensgrundlage unserer Pferde bildete.

Anteile der Flächen in der Vergangenheit

Alte Statistiken zeigen, wie dramatisch sich unsere Umwelt in der jüngeren Vergangenheit verändert hat. Im Jahr 1907 betrug die Gesamtfläche des Deutschen Reiches 9600 Quadratmeilen (540 000 Quadratkilometer oder 54 000 000 Hektar; eine deutsche Meile entspricht etwa 7500 Metern), davon rund 500 Quadratmeilen (28 125 Quadratkilometer oder 2 812 500 Hektar) beziehungsweise 5,2 Prozent unkultiviert (LOHAUS 1907). Für die einzelnen preußischen Provinzen gibt LOHAUS die in Tabelle 1.4 aufgelisteten Flächen noch unkultivierten Bodens an.

Tabelle 1.4: Stille Flächenreserven Preußens

Provinz	Quadratmeilen	Prozent der Gesamtfläche
Pommern	55,5	10,2
Schleswig-Holstein	31,9	9,3
Brandenburg	63,1	8,7
Posen	36,8	7,0
Ostpreußen	34,7	5,1
Westfalen	15,8	4,3
Westpreußen	15,6	3,8
Sachsen	15,2	3,3
Schlesien	15,8	2,2
Rheinprovinz	8,2	1,7
Hessen-Nassau	0,2	0,1

Tabelle 1.4: Flächen noch unkultivierten Bodens in Preußen. Quelle: LOHAUS (1907).

Die Anteile der Futterflächen für das Vieh an der landwirtschaftlich genutzten Fläche im sogenannten „großdeutschen" Raum, also nach der kriegerischen Angliederung weiter Teile der europäischen Nachbarländer, geben GEITH & FUCHS (1943) mit 32 Prozent Wiesen und Weiden, acht Prozent Ackerfutterbau und vier Prozent Zwischenfruchtbau an, zusammen 44 Prozent der gesamten landwirtschaftlich genutzten Fläche im Zentrum Europas. Den Anteil der Dauergrünlandflächen, zu denen auch beweidete Ödländer zu zählen sind, an der landwirtschaftlich genutzten Fläche geben GEITH & FUCHS (1943) für Sachsen mit 20 Prozent, für Bayern mit 40 Prozent und für Österreich mit 90 Prozent an.

Ödländer des Tieflands

Aufgrund der armen Böden und der Moore waren weite Teile Niedersachsens Ödland. Bei einer Gesamtfläche des Herzogtums Oldenburg mit gerundet 538 000 Hektar waren im Jahr 1866 213 404 Hektar unkultiviert und im Jahr 1902 noch 190 488 Hektar, was 35,4 Prozent der Gesamtfläche ausmacht (Lohaus 1907). Nach Lohaus (1907) setzte sich dieses Ödland im Jahr 1902 zu annähernd 110 000 Hektar aus Moorboden, die übrigen 80 488 Hektar aus mineralischem Heideboden zusammen. Für die Provinz Hannover mit einer Gesamtfläche von 3 851 029 Hektar gab er für das Jahr 1878 als Summe aus Öd- und Unland 1 252 925 Hektar an, für das Jahr 1900 immer noch 1 141 060 Hektar oder 29,63 Prozent. Dabei waren die größten Flächen der Provinz Hannover im Regierungsbezirk Osnabrück zu finden mit 201 466 Hektar (32,45 Prozent) unkultiviertem Boden bei 620 778 Hektar Gesamtfläche.

Die Vegetation dieser Pferdeweide in Ungarn besteht unter anderem aus Straußgras, Echtem Labkraut, Klappertopf und Heidenelke. Modernes Milchvieh würde hier verhungern, aber viele Pferderassen haben über Jahrtausende solches Futter vorgefunden. Foto: Vanselow

Ein Teil des sogenannten Ödlandes war die Folge gedankenloser Übernutzung der Landschaft durch die steigende Bevölkerungszahl. Die europäische Landwirtschaft hatte durch Ausbeutung der Wälder und Überweidung der Landschaft die natürliche Vegetation in weiten Teilen zerstört. Neben ausgedehnten Heideflächen traten sogar im Binnenland riesige Wanderdünen auf. Die ergriffenen Gegenmaßnahmen umfassten neben der Aufforstung und der schon erwähnten Trennung von Wald und Weide im 19. Jahrhundert auch die Erforschung sinnvoller Saatgutmischungen zur Neuansaat und zur Intensivierung des Graslandes. Artenreiche Normalsaatmischungen waren oft ohne Erfolg geblieben und führten zu den gefürchteten sogenannten Hungerjahren der Neuansaaten. Das Saatgut war erfolglos ausgebracht worden, da es weder an die jeweilige Witterung noch an den Boden angepasst gewesen war. Im Jahr 1897 wurde daher von einem „Sonderausschuss für die Kultur des

Die von Schafen beweidete Dünenlandschaft im Königshafen auf Sylt ist ein typisches Ödland.
Foto: Vanselow

Marschbodens" die wissenschaftliche Erforschung des Graslands und der Gründe für die Misserfolge der bis dahin verwendeten Methoden ins Leben gerufen. Die Ergebnisse dieser Forschung wurden in den Schriften der Deutschen Landwirtschafts-Gesellschaft veröffentlicht. Eine Zusammenfassung der Ergebnisse stellte der vom Sonderausschuss beauftragte Würzburger Botaniker und Moorexperte der Preußischen Moorversuchsstation in Bremen, Prof. Dr. Carl Albert Weber, vor (WEBER 1909b).

Prof. Weber hatte das Grasland des norddeutschen Tieflandes zwischen den Niederlanden und Russland und den Mittelgebirgen und den Küsten untersucht. Von besonderem Interesse waren die intensiv nutzbaren Fettweiden der Marschböden an der Nordsee und die Grasländer der Flussmarschen der Weser, Elbe, Oder und Weichsel gewesen. Sein Sohn führte entsprechende Untersuchungen in Süddeutschland durch (WEBER 1926). Prof. Carl Albert Weber konnte aufklären, unter welchen Voraussetzungen die erwünschten Grasarten, insbesondere das Deutsche Weidelgras, gedeihen. Das Deutsche Weidelgras war zu seiner Zeit in Deutschland auf die Marschkleiböden des nordwestdeutschen Tieflandes beschränkt (WEBER 1909b).

Zudem hat er uns eine genaue Beschreibung der damals genutzten Grasländer hinterlassen, sowohl in zahlreichen Vegetationsaufnahmen als auch über deren

Die Eidertalwiesen bei Flintbek nahe Kiel sind naturnahe Feuchtwiesen, durch die sich die Eider frei mäandrierend windet. Diese Landschaft wird ganzjährig extensiv mit Galloway-Rindern und Konik Polski beweidet. *Foto: Vanselow*

Flächenausdehnung. So beklagt er (Weber 1909b), dass die überwiegende Menge des Graslandes vor allem im Osten, aber auch im Westen des Tieflandes wild, verwahrlost und minderwertig sei: „*Hochseggen- und Niederseggenwiesen nebst Reitgras-, Benthalm- und Bocksbartwiesen und dergleichen mehr begleiten die Memel und den Pregel, die Nebenflüsse der Weichsel, der Oder, der Elbe, der Weser, der Eider und Wiedau, den größten Teil der Ems und ihrer Nebenflüsse. Sie ziehen sich weiterhin durch die Seenlandschaft Masurens und folgen der Ostseeküste von Preußen durch Pommern und Mecklenburg bis Schleswig-Holstein oft in meilenweitem Zusammenhange. Sie erfüllen die Talkessel der baltischen Moränenlandschaft und umrunden ihre Seen. Sie begegnen uns auf Schritt und Tritt in den flachen Tälern der schleswig-holsteinischen Geest, der Lüneburger Heide und den angrenzenden Hügellandschaften wie in denen der Oldenburger und ostfriesischen Geest, und sie säumen häufig die fruchtbarsten Marschebenen der großen Ströme und der Nordseeküste. Sie bilden die Hauptvegetation der zahllosen, oft weit ausgedehnten Niedermoore, die durch das ganze norddeutsche Tiefland zerstreut sind, und in gleicher Weise die der Übergangsmoore zumal in der Umgebung der großen*

Hochmoore Ostpreußens und Nordwestdeutschlands. (...) welchen Wertzuwachs bedeutet es nicht für unser Nationalvermögen, wenn allein die einige Millionen Hektar umfassenden, fast wertlosen Seggenwiesen Niederdeutschlands in ihrem Mengenertrage um das Vier- bis Fünffache, in der Güte des erzielten Futters aber um das Acht- bis Zehnfache gesteigert sein werden, was durch ihre Melioration fraglos erreicht werden kann" (Zitat aus: Weber 1909b).

Von welchen Gräsern redet Weber in diesem gerade einmal knapp über hundert Jahre alten Zitat? Seggen (*Carex*-Arten) sind Sauergräser. Reitgräser (*Calamagrostis*-Arten) machen sich gerne in Heidegebieten breit und werden durch Beweidung vor allem mit Pferden zurückgedrängt. Benthalm wird heute als Pfeifengras (*Molinia caerulea*) bezeichnet und Bocksbart als Borstgras (*Nardus stricta*). Grob nach Angaben aus Katasterkarten und Grundsteuerveranlagungen geschätzt gibt Weber die Moorfläche des Deutschen Reiches vor einhundert Jahren insgesamt mit 25 000 Quadratkilometern an, wovon allein im Norddeutschen Tiefland 20 000 Quadratkilometer liegen (Weber 1911).

Über das Ödland und die Moorwiesen in Ostpreußen schreibt Schumacher (1939): „*Wiesen mit minderwertigen, geringen Erträgen sind eine ständige Sorge für den Betriebsleiter. Sie erfordern einen verhältnismäßig hohen Arbeitsaufwand und liefern ein geringwertiges Futter. Nasse Moorwiesen, die mit Seggen bestanden sind, geben ein Futter, das höchstens mit Haferstroh mittlerer Güte zu vergleichen ist*" (Zitat aus: Schumacher 1939).

Haferstroh stellte ein durch den Getreidehalmanteil rohfaserreiches Wildacker-Heu hervorragender Qualität dar – und könnte auch heute eine Alternative in der Pferdefütterung sein

Dieser Aussage von Schumacher (1939) bezieht sich auf den bäuerlichen Betrieb, in dem Rinder die Hauptrolle spielten. Gutes Haferstroh galt früher als ein hervorragendes Futterstroh für Pferde. Der lückige Wuchs der Haferpflanzen bot Wildkräutern und -gräsern viel Raum. Das Stroh war daher sehr grün und musste vor dem Aufpressen lange genug in Wind und Sonne auf der Stoppel durchtrocknen. Locker gepresst boten die Strohhalme den grünen Anteilen ideale Bedingungen zum Ausschwitzen des restlichen Wassers, weshalb Haferstroh oft ein durch den Getreidehalmanteil rohfaserreiches Wildacker-Heu hervorragender Qualität darstellte. Das ist interessant, denn heute, im Zeitalter der Vermaisung der Landschaft und der Bauern als Energiewirte, könnte die Nachfrage der Pferdehalter eine Alternative schaffen: Statt des Anbaus von Energiepflanzen für Biogas wäre es durchaus denkbar und wünschenswert, wenn Pferdehaltern wieder sorgfältig angebautes und geduldig geworbenes Haferstroh voller blühender, für Pferde ungiftiger Acker-Wildkräuter als Alternative zu artenarmem Wiesenheu zur Verfügung stünde. Solches Pferdefutter wäre ein nachhaltiger Beitrag für unsere Acker-Wildflora, unsere Insekten und viele Vögel. Neben den alten, lückig wachsenden Hafersorten wären auch alte Getreidearten wie Einkorn, Kamut, Emmer und Dinkel interessant und, wie ich finde, einen Versuch wert.

Gehölzreiche Ödländer der Mittelgebirge

Das Ödland des Vogelsberges war Gegenstand intensiver Forschung (Hauck 1952, Speidel 1963). Die Vogelsberger Bauern verstanden unter „Hutweide“ Dauergrünland für Rinder und Schafe, das nicht eingezäunt war und auf dem die Tiere von Kindern und älteren Erwachsenen gehütet wurden (Hauck 1952). Wie auf Fotos zu sehen ist, waren diese Hutweiden vor der Melioration Ende der 1950er Jahre durch Mosaikbildung mit beispielsweise Verbuschung, Ameisenhaufen und großen Steinen sehr strukturreich (Hauck 1952, Speidel 1963). Im Jahr 1898 nahmen im Vogelsberg oberhalb von 400 Meter Höhe Ackerland 26,19 Prozent der Fläche ein, Wiesen 32,59 Prozent, Viehweiden 11,84 Prozent und Wald 25,62 Prozent (Hauck 1952).

Der Tierbesatz änderte sich im Hohen Vogelsberg mit 45 Ortschaften über hundert Jahre deutlich.

Rechnet man den Viehbesatz in Großvieheinheiten um, dann kommt man auf 54 bis 99 Stück Großvieheinheiten auf 100 Hektar, wobei die niedrigen Bestände in den Hochlagen vorliegen, die hohen Tierbestände in den fruchtbaren Tälern (Hauck 1952).

Diese Heuwiese an einem sumpfigen Hang in Österreich enthält unter anderem Waldsimse (Scirpus sylvaticus, ein Binsengewächs, das im Heu gerne gefressen wird), verschiedene Seggen, Kammgras und weitere Süßgräser. Ein für Robustpferde sehr interessantes Heu! *Foto: Vanselow*

Am Oberen Vogelsberg wurden 64 Gemeinden untersucht (Speidel 1963). Pro Kuh waren als Futtergrundlage mindestens 1,00 und maximal 2,59 Hektar Dauergrünland notwendig. Die Vegetation des Dauergrünlandes wurde auf mehr als 18 000 Hektar zwischen 1951 und 1958 wissenschaftlich kartiert. Verschiedene Horstrotschwingel-Gesellschaften machten etwa die Hälfte der Flächen aus, Borstgras-Gesellschaften ein Viertel. Die restliche Fläche wurde ungefähr hälftig durch typische Goldhaferwiesen und Knöterich-Goldhaferwiesen eingenommen. Die Anordnung der Gesellschaften folgte in Übereinstimmung mit der Höhenlage.

Haflinger im Frühjahr auf einer Talweide unterhalb der Zugspitze in Garmisch. Foto: Vanselow

Demnach lag das Hauptverbreitungsgebiet der Borstgras-Gesellschaften oberhalb der 500 Meter-Höhe und deckt sich mit der Buchenzone (Wachstumsoptimum der Buche laut Ellenberg 1986 in der unteren Bergstufe). Der Schwerpunkt der Horstrotschwingel-Gesellschaften lag darunter bei etwa 400 bis 500 Metern Höhe (obere Buchen-Mischwaldzone). Die Goldhaferwiesen fanden sich unterhalb von 400 Metern (untere Buchen-Mischwaldzone). Die folgende Tabelle gibt die Flächenanteile der Gesellschaften am Dauergrünland des Vogelsbergs an:

Tabelle 1.5: Viehbesatz im Hohen Vogelsberg

Tierart	1838	1900	1938
Ausgewachsene Pferde	612	1017	1464
Fohlen	59	27	172
Ausgewachsene Rinder	15 479	18 573	18 056
Jungvieh		5873	5969
Ausgewachsene Schafe	12 336	8260	3768
Lämmer		2846	1207
Ausgewachsene Schweine	3390	10 289	11 398
Jungtiere		4695	15 391

Tabelle 1.5: Viehbesatz im Hohen Vogelsberg zwischen 1838 und 1938. Angaben aus: Hauck 1952.

Tabelle 1.6: Dauergrünland-Gesellschaften am Vogelsberg um 1950

Borstgras-Gesellschaften			**Hektar**	**Prozent**
A Wiesen	Borstgras-Goldhaferwiese Borstgras-Pfeifengraswiese	normal feucht	1000 ha 1050 ha 300 ha Summe Wiesen 2350 ha	
B Weiden	Borstgrasheide Borstgrasweide	 normal feucht	250 ha 1300 ha 650 ha Summe Weiden 2200 ha	
		zusammen	4550 ha	25%
2 Horstrotschwingel-Gesellschaften				
A Wiesen	Horstrotschwingel-Goldhaferwiese	normal trocken feucht	3300 ha 500 ha 2050 ha Summe Wiesen 5850 ha	
B Weiden	Horstrotschwingelweide	normal trocken feucht	1250 ha 300 ha 400 ha Summe Weiden 1950 ha	
		zusammen	7800 ha	43%
3 Typische Goldhaferwiese			**2300 ha**	
	Weidelgrasweide		300 ha	
		zusammen	2600 ha	14%
4 Knöterich-Goldhaferwiese			**2100 ha**	**12%**
5 Dotterblumenwiese			**500 ha**	**3%**
6 Kleinseggenwiese			**550 ha**	**3%**
		zusammen	18100 ha	100%

Tabelle 1.6: Summarische Übersicht über die Flächenausdehnung der einzelnen Dauergrünland-Gesellschaften am Vogelsberg Mitte des 20. Jahrhunderts. Aus: Speidel 1963.

Gehölzreiche Ödländer der Hochgebirge

Mitte des 19. Jahrhunderts verbrachten 90 Prozent des gesamten Viehs in Tirol den Sommer auf den Almen (KERNER 1868, zitiert in KNAPP & KNAPP 1953). Mitte des 20. Jahrhunderts sind es immerhin noch 70 Prozent des gesamten Rinderbestandes und fast 50 Prozent des Milchviehs (MEISSINGER 1936, zitiert in KNAPP & KNAPP 1953). Die Nutzung hat sich durch die Jahrhunderte verschoben: Die noch im 17. Jahrhundert zahlreichen Pferde wurden auf den Almen Mitte des 20. Jahrhunderts fast vollständig durch Schafe ersetzt, die Rinderzahlen blieben über den langen Zeitraum relativ konstant.

Karlszepter und Trollblumen im Ettaler Moos. Dieses artenreiche Grasland ist durch Beweidung entstanden und steht heute unter Naturschutz.
Foto: Vanselow

Etwa die Hälfte des Mitte des 20. Jahrhunderts untersuchten Gebietes in Ober-Allgäu und Vorarlberg wurde almwirtschaftlich genutzt, wobei die Almen weit überwiegend in der Grünerlen-Krummholzzone zwischen etwa 1400 und 1850 Metern Höhe lagen, in der ohne Beweidung Gehölze vorherrschen (KNAPP & KNAPP 1953). Die Vegetation der Almen unterschied sich in drei Gesellschaften mit zahlreichen Untergruppen (KNAPP & KNAPP 1953): die Milchkraut-Weiden, die Klee-Horstseggen-Weiden und die Borstgras-Weiden. Milchkraut bezeichnet hier Löwenzähne der Gattung Leontodon.

In der Schweiz führte die stark begrenzte und empfindliche Weidefläche der Almen bereits früh zu schriftlich festgelegten Rechten, den Alprechten. In der Schweizer Gemeinde Grindelwald regelten die einer Verfassung entsprechenden Almrechte die Ansprüche von 138 heute noch bestehenden Grindelwalder Bauernbetrieben und sieben Bergschaften als sogenannter „Taleinigungsbrief" seit dem Jahr 1538 (siehe Homepage der Gemeinde Grindelwald sowie online in *Historisches Lexikon der Schweiz HLS*). Als Maßstab für die pro Tier zu berechnende Almfläche während der Weidezeit diente die

Normalkuh (Kuh, Ochse, Stier) von heute 500 Kilogramm Lebendgewicht, die damit der Großvieheinheit (GV) des Flachlands entspricht (SPANN 1953). In früheren Zeiten mit kleineren Rinderrassen verstand man unter einer Normalkuh Tiere mit nur 300 bis 400 Kilogramm Lebendgewicht. „*Unter einem Rindergras oder Kuhrecht versteht man jene Fläche auf einer gegebenen Alpe, die durchschnittlich zur Ernährung eines ausgewachsenen Rindes oder der entsprechenden Zahl anderer Altersstufen oder Tiergattungen während 90 oder 100 Tagen erforderlich ist; es dient als Maßstab für die jeweilige Leistungsfähigkeit einer Gebirgsweide*“ (Zitat aus: SPANN 1953). Die Kuhrechte der Schweizer Gemeinde Grindelwald gehen bis auf das Jahr 1404 zurück, sind also schon 500 Jahre alt und dürfen somit als erwiesen nachhaltig betrachtet werden.

Für Deutschland, die Schweiz und Österreich unterscheiden sich die Umrechnungstabellen der Tiergattungen und Altersgruppen in Großvieheinheiten (GV) etwas. SPANN (1953) gibt allgemein für Deutschland für Fohlen unter einem Jahr 0,75 GV, für Pferde ab einem Jahr und älter 1,35 GV an, während die Großvieheinheiten für die Schweizer Alpen mit 90 Tagen Weidezeit angegeben werden als Pferd mit Fohlen vier GV, dreijähriges Pferd drei GV, zweijähriges Pferd zwei GV, einjähriges Pferd eine GV, Maultier zwei GV und Esel zwei GV. Für die bayerisch-österreichischen Alpen gilt eine Weidezeit von 100 Tagen und eine Aufteilung der Kuhrechte wie folgt: Fohlen eine GV, einjähriges Pferd zwei GV, zweijähriges Pferd 3 GV, älteres Pferd vier GV, Stute mit Fohlen fünf GV, Esel zwei GV und Maultier drei GV (SPANN 1953).

Von den Flächen hängt ab, wie viele Tiere sie nachhaltig ernähren können

Im Gebirge spielen viele Faktoren eine Rolle, zum Beispiel Felsen, Sümpfe, Schotterfächer, Höhenlage, Boden, Düngungszustand, Verunkrautung, Versteinung, die Himmelsrichtung bei Hanglage, Verbuschung und Baumbestände. Die Größe der Weidefläche für ein Normalrind schwankt daher extrem und reicht von 0,42 Hektar in Wilhams (Voralpen) bis zu 4,40 Hektar in Oberstdorf in den Hochalpen (SPANN 1953).

Ödländer und die Turbokuh

Als Maß für die wirtschaftliche Nutzbarkeit der Almen in den Alpen wurde die Milchleistung der Kühe im Vergleich zu anderen Standorten betrachtet (KNAPP & KNAPP 1953). So lag die durchschnittliche tägliche Milchleistung auf den Almen im Bezirk Sonthofen bei 7,1 Litern, während für Bayern 5,6 Liter, für Niedersachsen 8,9 Liter und die durchschnittliche Milchleistung auf Almen allgemein mit 3,5 Liter angegeben wurden (KNAPP & KNAPP 1953). Als gute Milchleistung auf Almen galt ein Maß von durchschnittlich 5,0 Litern pro Tag. Die statistischen Mittelwerte in Gesamt-Deutschland für das Jahr 1950 sind folgende (DEMUTH 1988): Milchkuhbestand

5,734 Mio., Milchkuhhalter 1,542 Mio., Tiere je Herde 3,5 und Milchleistung je Kuh 2600 Kilogramm pro Jahr.

Mitte der 1980er Jahre hatte sich die Milchleistung je Kuh etwa verdoppelt, während das Höfesterben zu einer dramatischen Konzentration der etwa zahlenmäßig gleich gebliebenen Kuhbestände auf wenige Höfe in immer größeren Herden geführt hatte (Kühbauch 1985, zitiert in Demuth 1988). Gleichzeitig war der Kraftfuttereinsatz auf das mehr als 20-Fache gestiegen, die Dauergrünlandflächen waren geschrumpft (Kühbauch 1985, zitiert in Demuth 1988). Zur Gesundheit dieser Kühe zitiert Demuth (1988) die Arbeitsgemeinschaft Deutscher Rinderzüchter (ADR): *„1986 sind 32,4 % aller Tiere vorzeitig ausgeschieden, wobei als ‚Spitzenreiter' bei den Abgangsursachen wiederum Unfruchtbarkeit mit 29,1 % aller Abgänge erschien (ADR 1987)"* (Zitat aus: Demuth 1988).

Kurz genagter Weiderasen in Ungarn. Die Pferde haben das Tausendgüldenkraut sauber umfressen, während die Schafgarbe abgefressen wurde.
Foto: Vanselow

Almkühe auf Extensivweiden der Höhenlagen entsprachen nicht mehr dem Trend zum modernen Hochleistungsrind: *„Bei aller Befürwortung der Hochleistungskuh (7000 kg Milch als Ziel für 1980) bestand die Gefahr, dass Haltung und Fütterung nachhinken und somit das in den Zuchtprogrammen und im Zuge der HF-Anpaarung* [H: Holstein-Rind, F: Friesen-Rind; Anm. Vanselow] *deutlich angehobene erbliche Leistungsvermögen nicht ausgeschöpft würde. Bessere Umweltverhältnisse und eine intensive gezielte Leistungsfütterung wurden zur Hauptforderung sachkundiger Berater. Mehr denn je war ein Miteinander von Betriebswirtschaftlern, Fütterungsexperten und Züchtern von Nöten. (…) Angestrebt wird ein genetisches Leistungspotenzial von über 8000 kg Milch mit einem Fettgehalt von 4,0 % und einem Eiweißgehalt von 3,5 %, auf dessen Verbesserung besonderes Gewicht gelegt werden muss"* (Zitat aus: Mügge et al. 1999).

7000 oder 8000 Kilogramm Milch stehen für die Jahresmilchleistung einer Kuh und entsprechen also etwa 19,2 beziehungsweise 21,9 Litern Milch durchschnittlich pro

Mit für Pferde geeigneten extensiven Weiden und deren Bewuchs sind Hochleistungskühe nicht zu ernähren.
Grafik: Vanselow

Tag. Im Jahr 2000 galten Milchkühe mit weniger als 10 000 Litern Jahresmilchleistung als nicht mehr rentabel, angestrebt wurde die 16 000-Liter-Kuh, was einer durchschnittlichen Tagesleistung von 43,8 Litern Milch entspricht. Mit Almgras oder extensiven Weiden sind solche Kühe nicht zu ernähren. Entsprechend wurden Hochleistungsgräser für moderne Rinder gezüchtet. Selbst wenn diese Hochleistungsgräser als „Heu auf dem Halm" überständig und vertrocknet Pferden als rohfaserreiche Weide geboten werden, sind sie für diese immer noch zu üppig.

Artenreiches Grasland verschwindet zunehmend

Was früher als Ödland bezeichnet wurde, steht heute oftmals unter Naturschutz und gilt dann als artenreiches Grasland oder bunte Wiese. Bunde Wischen, Plattdeutsch für Bunte Wiesen, ist denn auch der Name einer Organisation in Norddeutschland, die mit Hilfe von Weidetieren viele hundert Hektar besonders wertvoller Naturschutzflächen von südlich Hamburgs bis hinein nach Dänemark pflegt. Unter Grünland verstehen wir dagegen landwirtschaftlich genutzte Grasländer allgemein, unabhängig davon, wie intensiv bewirtschaftet und wie artenreich sie sind.

35 Prozent der Grünlandbiotoptypen in Deutschland gelten als von vollständiger Vernichtung bedroht

Im Jahr 2014 machte Grünland mit rund fünf Millionen Hektar mehr als ein Drittel der landwirtschaftlich genutzten Flächen in Deutschland aus (BfN 2014). Für das Jahr 2013 gibt das Statistische Bundesamt laut BfN (BfN Grünlandreport 2014) 11 858 700 Hektar Ackerland und 4 601 600 Hektar Dauergrünland in Deutschland an, wobei 35 Prozent der Grünlandbiotoptypen als „von vollständiger Vernichtung bedroht" (Rote Liste Kategorie 1) gelten. *„Die Grünlandfläche innerhalb der FFH-Gebiete beträgt ca. 666 000 ha. Dies entspricht einem Anteil von lediglich 14,4 % an der Grünlandfläche in Deutschland (tl 2014). Vogelschutzgebiete und weitere natur- und klimaschutzrelevante Grünlandflächen, wie z. B. Moore, Überschwemmungsgebiete oder erosionsgefährdete Flächen, werden nicht unter strengen Schutz gestellt, obwohl hierfür durch die EU-Verordnung die Möglichkeit gegeben* *ist. In den deutschen Vogelschutzgebieten liegen 803.000 ha Grünland (17,4 % des bundesweiten Grünlands) (tl 2014), auf denen ein striktes Umwandlungsverbot aus Sicht des Naturschutzes besonders dringlich wäre*" (Zitat aus: BfN 2014). Nur in FFH-Gebieten gilt das Umwandlungsverbot.

Im Jahr 1960 machten in Österreich extensive Grünlandflächen noch 1,5 Mio. Hektar aus, im Jahr 2016 nur noch 0,68 Mio. Hektar von insgesamt 1,34 Mio. Hektar Futterflächen in Österreich insgesamt (BMNT 2018, zitiert in GRILZ-SEGER & DRUML 2020). Fast die Hälfte (46 Prozent) der Grünfutterflächen Österreichs wird nach BMNT (2018, zitiert in GRILZ-SEGER & DRUML 2020) nach wie vor extensiv genutzt.

Gehölzarmes Ödland in der traditionellen Pferdehaltung

Die Verwendbarkeit von Aufwüchsen der Ödländer in der Pferdezucht und -haltung wurde Mitte des 19. Jahrhunderts erforscht (VOGEL & SCHOTT 1953). Oberbayern hatte sich „*auf Grund seines guten Pferdematerials einen Namen gemacht*" (Zitat aus VOGEL & SCHOTT 1953), weshalb eine Untersuchung der Pferdehaltung und Aufzucht am Beispiel von Haflingern und Süddeutschen Kaltblütern auf dem Boschhof bei Wolfratshausen im Isartal, gelegen auf Hochmoorboden, durchgeführt wurde. „*Der Boschhof ist eine alte Aufzuchtstätte, die die z.T. geringwertigen Wiesenflächen gerade über das Pferd vorteilhaft nützen kann*" (Zitat aus: VOGEL & SCHOTT 1953).

Diese Orchideenwiese in Österreich mit Seggen, Ruchgras und Betonie ist zur Ernährung von Haflingern interessant. Moderne Milchkühe würden mit diesem Futter verhungern. *Foto: Vanselow*

Die Weiden und Heuwiesen aus Süßgräsern waren auf dem Boschhof begrenzt. Die Sommerfütterung bestand aus Gras. Nur Zuchtstuten erhielten in den 18 Säugewochen Kraftfutter. Die Winterfütterung war ganz ohne Stroh. Als Einstreu und notfalls auch als Heuersatz dienten die Aufwüchse von unkultivierten Moorflächen, vor allem im Fohlenstall. Fohlen über einem Jahr erhielten gar kein Kraftfutter, Absatzfohlen, Zucht- und Arbeitspferde nur stark begrenzt Kraftfutter, denn das Kraftfutter musste restlos zugekauft werden. Die größte Kraftfutterration erhielten säugende Kaltblutstuten mit täglich 2,7 Kilogramm (säugende Haflingerstuten 1,7 Kilogramm) gemischt aus Weizenkleie, Hafer, Sojaextraktionsschrot und Trockenschnitzeln.

Über die Winterfütterung auf dem Boschhof berichten Vogel und Schott: „*Die Winterfütterung ist in Anbetracht der vor allem im Fohlenstall verwendeten, vielfach geringwertigen Heuqualitäten oft karg, da zuweilen auch Heu von Streuwiesen, also von noch unkultivierten Moorflächen, vorgelegt werden muß, das seiner sauren und harten Gräser wegen durch das Rind schlecht zu verwerten ist, von den Fohlen aber noch aufgenommen, ja sogar nicht einmal ungern gefressen wird. Aus Gründen der Futterersparnis muß auch im Fohlenstall zuweilen in den Milchviehställen übrig gebliebenes Heu und Gärfutter mitverwendet werden. Der Nährstoffgehalt dieser Futtermittel ist erklärlicherweise oft gering, der Gehalt an Rohfaser und Ballast dementsprechend hoch. In Ermangelung von Rüben wird den Fohlen Gärfutter verabreicht und zwar meist Grassilage, vereinzelt auch Maisgärfutter. Die Pferde gewöhnen sich bald an dieses Futter und nehmen es ohne Schwierigkeiten auf, wenn der Geschmack und Geruch einwandfrei sind. Die Arbeitspferde erhalten kein Gärfutter. Stroh zum Abfüttern ist nicht vorhanden*“(Zitat aus: Vogel & Schott 1953).

Diese Heuwiese in Österreich besteht unter anderem aus Seggen, Hainsimsen, Ruchgras, Rispengräsern, Kammgras, aber auch Schachtelhalmen und dient als Pferdefutter. Foto: Vanselow

Im österreichischen Alpenland stellt die Pferdehaltung und Pferdezucht bis heute auf den nassen und trockenen Grenzstandorten einen wichtigen und rentablen bäuerlichen Betriebszweig dar. Das Pferd ist auf diesen nicht intensivierten Flächen als optimaler Raufutterverwerter dem modernen Hochleistungs-Rind überlegen und verwertet allein in Kärnten ein Achtel der dortigen Heuernte (Grilz-Seger & Druml 2020).

Was ist Natur, was ist Kultur?

Diese scheinbar banale Frage hat einen ganz entscheidenden Einfluss auf die Beurteilung unseres Lebensraumes, die Landschaft. Weidende Haustiere stören nach Ansicht von KLAPP (1954) die Vegetationsentwicklung hin zu einem Urwald als Endstadium (sogenannte Klimaxvegetation). Über das von ihnen geschaffene Grasland schreibt KLAPP (1954): „*Neben den Zeiger- und Kennartengruppen der Grünlandgesellschaften finden sich zahlreiche ‚Begleiter'; bei ihnen handelt es sich zum Teil um Grünlandpflanzen, die mehreren Kennartengruppen gemeinsam, doch in einer von ihnen besonders häufig und stark vertreten sind, ohne doch charakteristisch zu sein. Zum anderen Teil handelt es sich um zwar recht charakteristische, aber um nicht ursprünglich dem Grünland angehörige Arten anderer Pflanzengesellschaften*" (Zitat aus: KLAPP 1954).

Viele früher bekämpfte „Weideunkräuter" stehen heute unter Naturschutz. Blüte, Blätter und Fruchtstände der Trollblume in einem Grasland in Österreich. Foto: Vanselow

Die Einordnung der Pflanzen in Gesellschaften und die Festlegung der Pflanzen in ihrem Vorkommen für bestimmte Kulturflächen kann Fragen aufwerfen. Da ist beispielsweise die vermeintlich störende Wirkung der Tiere, die trampelnd und mampfend sehr schnell jede pflanzensoziologische Ordnung zunichte machen können und stattdessen ein kunterbuntes Mosaik entstehen lassen. Ist die Wirkung großer Pflanzenfresser ein menschgemachter Artefakt? Oder ist vielmehr ihr Fehlen durch Ausrottung nicht nur von Auerochs und Tarpan ein Artefakt?

Der oft praktizierte Naturschutz unter Ausschluss von Weidetieren führte zum großflächigen Verlust an Vielfalt in zahlreichen Schutzgebieten

Auf die Idee, dass Enziane, Orchideen, Arnika und andere Weidekräuter eine Anpassung an eine extensive Beweidung durch (wilde Riesen-) Pflanzenfresser sein könnten, kamen Wissenschaftler erst später, nachdem der oft praktizierte Naturschutz unter Ausschluss von Weidetieren zum großflächigen Verlust an Vielfalt in zahlreichen Schutzgebieten geführt hatte. Die domestizierten Weidetiere galten vielen Botanikern als unnatürliche Störenfriede und waren geradezu verhasst. Die Ausgrenzung der Tiere hat manches wertvolle Biotop zu Tode geschützt.

In diesem Zusammenhang sind auch Veränderungen im Yellowstone Nationalpark interessant. Vor einhundert Jahren unterschied man Wildtiere in für die menschliche

Nutzung gute (Pflanzenfresser, essbares Jagdwild) und böse (Fleischfresser, Jagdkonkurrenten des Menschen) Tiere. Wölfe und Bären wurden daher im Nationalpark ausgerottet oder stark dezimiert. Die Folge war eine Massenvermehrung der dortigen Hirsche, der Wapitis. Diese verbissen vor allem die Gehölze, vorwiegend Pappeln und Weiden. Bei 20000 gezählten Wapitis wurde eingegriffen, also gezielt bejagt. Dennoch blieb der Nationalpark eine völlig überweidete und an Arten verarmte Weidelandschaft mit einzelnen alten Baumgruppen ohne nennenswerten Unterwuchs oder Verjüngung.

Erst als gut 70 Jahre nach ihrer Ausrottung Wölfe aus Kanada ausgesetzt und heimische Bären willkommen geheißen wurden, fing der Nationalpark an, sich sichtbar zu verändern. Die Anzahl der Hirsche nahm durch die Wölfe deutlich ab. Die Beutetiere zeigten wieder das für natürliche Landschaften der Angst typische Fluchtverhalten: Statt mitten am Tage auf offenen Flächen zu grasen, trauten sie sich nur noch nachts aus ihren Verstecken. Sie fraßen nicht mehr nur die schmackhaftesten Pflanzen, sondern fraßen dort, wo sie sich sicher fühlten – auch weniger attraktive Kost. Die Vegetation wurde artenreicher. Pappeln, auch Espen genannt, und Weidengebüsche konnten hoch wachsen und dichte Gebüsche bilden. Die alten Baumgruppen konnten sich verjüngen und erhielten den für lichte Wälder und Waldränder typischen Unterwuchs. Kleine Nager konnten sich vermehren, da sie nun genug Futter fanden, desgleichen Insekten, Amphibien und Reptilien. Biber siedelten sich wieder an und schufen die für sie typische, extrem artenreiche Sumpflandschaft. Die Wiederansiedlung der Wölfe brachte eine ganze Nahrungskaskade zurück in ihr von den Menschen durch Ausrottung der großen Raubtiere gestörtes Gleichgewicht.

Wenig scheue Rehe dicht neben einem Pferdeauslauf. In der zunehmend ausgeräumten Landschaft sind Pferdehaltungen für viele Wildtiere heute die letzten Rückzugsräume. *Foto: Fersing*

Seit Jahrhunderten anhaltende Vernichtung der Gehölze

Vor vier Generationen stand den Nutztieren, auch den Pferden, oft nichts anderes zur Verfügung als Futter aus rohfaserreichen, energie- und proteinarmen, aber oft mineralreichen Wildgräsern, nicht nur durch hohe Kieselsäuregehalte. Webers Vision von der „Wertsteigerung“ der Ödländer (Weber 1909 Vortrag) ist heute längst Realität geworden – und sein Traum wurde manchem Pferdehalter in Form von Wohlstandserkrankungen des Tieres zum Albtraum (Pratt-Phillips et al. 2023). Unsere Vorfahren haben den natürlichen oder naturnahen Ökosystemen, die sie oft als „öde“ empfanden, so viel Ehrfurcht und Wert beigemessen, wie manche Menschen beispielsweise in Lateinamerika dem Regenwald heute entgegenbringen. Wir Europäer haben unsere Ökosysteme mindestens seit Jahrhunderten, regional sogar seit Jahrtausenden, im Prinzip nicht anders behandelt, als brandrodende Kleinbauern es heute im Amazonasgebiet tun. Bodenerosion, steigende Kohlendioxidgehalte der Luft durch Humusabbau in Europa und Wohlstandserkrankungen unserer Tiere zählen zu den Folgen.

Wald und Weide werden in Deutschland seit etwa 200 Jahren per Gesetz getrennt. *Foto: Vanselow*

Ordnung und Ausräumung der Landschaft

Die zunehmende Überweidung der Landschaft führte bereits vor 200 Jahren zur Trennung von Wald und Weide. Sogenannte Feldgemeinschaften und der Flurzwang, also gemeinsam genutzte Flächen und die einheitlich geregelte Art der Feldbewirtschaftung, wurden dabei aufgehoben. Die bisher gemeinschaftlich bewirtschafteten Flächen wurden stattdessen aufgeteilt. Dabei entstehende Grenzen wurden oftmals mit Gehölzen sichtbar verkoppelt und die Produktion in diesen kleinen Flächen unter Eigenverantwortung wurde gesteigert (Schrautzer et al.

1996b). Man könnte diese von Gehölz befreiten kleinräumigen Flächen und die sie umgebenden engmaschigen Hecken auch verstehen als eine Art Ausräumung der Fraßsavanne oder der Hutweide mit gezielter Umsiedelung ihres Buschwerks aus der Fläche an neue Ränder, nämlich die jeweiligen neuen Besitzgrenzen.

Ein engmaschiges Netz aus intakten, breiten Hecken böte einer hohen Artenvielfalt Lebensraum

Ein sehr engmaschiges Heckennetz mit Überhältern, also hoch gewachsenen Bäumen, wäre dann zu betrachten als eine in gewissen Grenzen geordnete Fraßsavanne: Schirmbäume, Buschwerk, wilde Staudenfluren, Wiesen, kurze Weiderasen und stark von Hufen wilder Herden durchpflügte Böden hätten von Menschenhand geordnet wie in einem großen Garten neue Plätze gefunden in Äckern, Wiesen, Weiden und sie einfriedenden Gehölzen, mit und in ihnen fast alle Bewohner der Fraßsavanne. Ein engmaschiges Netz aus intakten, breiten Hecken böte einer hohen Artenvielfalt Lebensraum.

Als ebensolchen Garten beschreibt tatsächlich Erichsen (1898a, b) die Landschaft im Osten Schleswig-Holsteins und dokumentiert gleichzeitig die ungeheure Artenvielfalt dieser an Hecken so reichen Landschaft.

Die Ordnung und Ausräumung der Landschaft ist also keineswegs neu, sie wird nur bis heute immer weiter gesteigert mit fatalen Folgen für die Artenvielfalt. Schon vor einhundert Jahren beklagte Christiansen (1928c) eine gezielte Vernichtung der Knicks im Hamburger Umland:

Hecken und kleine Gehölze stellen oft die einzigen Bereiche nicht intensiv genutzter Fläche in unserer Agrarlandschaft dar und sind die letzten Rückzugsbereiche der wilden Flora und Fauna

„Neuerdings scheint es fast, als ob unsere Landwirte der Ansicht zuneigen, daß die Nachteile, die mit den lebenden Hecken verbunden sind, die Vorteile überwiegen, und so tritt denn häufig der Stacheldraht an die Stelle des grünen Zauns. Es wäre zu bedauern, wenn unsere Felder nach und nach einem kahlen Schachbrett immer ähnlicher würden. Die Gemütswerte, die dabei unserem Volke verloren gehen, sind nie wieder zu ersetzen“ (Zitat aus: Christiansen 1928c).

Gehölze sind oft letzter Rückzugsort

Hecken und kleine Gehölze stellen inzwischen oft die einzigen Bereiche noch nicht intensiv genutzter Fläche in unserer Agrarlandschaft dar. Sie bilden dann die letzten Rückzugsbereiche der wilden Flora und Fauna auf weiter Flur (Bock et al. 1996, Irmler et al. 1996, Schrautzer et al. 1996a,b). Doch ebenso sind sie die letzte begehrte Reservefläche der Landwirte als vermeintliches „Ödland“, dessen hoher Wert und Funktion noch immer nicht erkannt werden.

Wir behandeln diese Rückzugsräume, den Naturschutz und die dazu gehörende Forschung wie ein Sparschweinchen: In Zeiten des Überflusses zahlen wir ein, aber sobald irgendwo der Zeh drückt, betrachten wir das Sparschweinchen als Luxusgut und schlachten es. Naturschutz interessiert dann kaum mehr, Forschungsgelder werden gestrichen und der letzte Winkel wirtschaftlich nutzbarer Reservefläche wird intensiviert.

Vernichtung lebender Zäune

Bis vor Kurzem hat die Wissenschaft die großen Pflanzenfresser als Landschaft gestaltende, natürliche Mitspieler ignoriert und ihre Wirkung sogar als durch seine Haustiere vom Menschen verursachten Artefakt bekämpft. Dieser „reine Naturschutz“ möchte durch eine „ungestörte Sukzession“ eine Landschaft erschaffen, wie sie angeblich vor dem Auftreten der Menschen vorhanden war (SCHRAUTZER et al. 1996b). Aus diesem Blickwinkel wären Hecken als „Kunstprodukt mit natürlichen Elementen“ und „doppelseitige Waldrandstruktur“ (KAPPEN 1996) und somit zusammen geschmolzene Waldrelikte (MIETH et al. 1996) höchstens als Kulturgut beziehungsweise als Naturdenkmal (SCHRAUTZER et al. 1996b) schützenswert.

Letzte Reste eines ehemaligen Knicks: nur noch eine dünne, winddurchlässige Hecke, die Tieren und Pflanzen keine Heimat mehr bietet. Foto: Vanselow

Die heute stark überdüngten Knicks (METTE 1996) zeigen die früher dokumentierte Pflanzenvielfalt (CHRISTIANSEN 1928c) schon längst nicht mehr auf (SCHRAUTZER at al. 1996a). Sie sind auch nicht als Refugium für ausgesprochene Waldtiere wirklich interessant (SCHRAUTZER et al. 1996b), wohl aber für die Tierarten der lichten Wälder (BOCK et al. 1996, SCHRAUTZER et al. 1996b), was in Hinblick auf die Mega-Herbivorentheorie nicht überrascht. Die Wissenschaft hat aufgrund ihrer traditionellen Blickwinkel keinen hohen Wert der Hecken finden können (KAPPEN 1996, SCHRAUTZER et al. 1996b).

Wie falsch die Wissenschaft liegen kann, zeigt die untersuchte Wirkung von Gehölzen auf die Feldlerche als Vogel der offenen Agrarlandschaft: Angeblich hält die Feldlerche zu Feldgehölzen und Waldrändern einen Mindestabstand ein (OELKE 1968, zitiert in IRMLER et al. 1996). Der Grenzwert für eine Besiedlung durch die Feldlerche soll bei einer Heckendichte von 150 bis 200 Meter pro Hektar liegen (GLUTZ & BAUER 1985, zitiert in IRMLER et al. 1996). Dem widersprechen Kartierungsergebnisse im stark verbuschten, von Rindern und Pferde beweideten nördlichen Teil des Naturschutzgebietes „Halboffene Weidelandschaft Schäferhaus“ bei

Landmaschinen bekommen Vorfahrt vor Natur. Beschnittener Knick an einem Wirtschaftsweg.

Mehrreihig gepflanzter Knick. Durch häufiges Knicken der äußeren Reihen werden diese in wenigen Jahren vernichtet.

Flensburg an der dänischen Grenze: „*Die Feldlerche besiedelt das Untersuchungsgebiet in hoher Dichte, wobei sie auf der ca. 40 ha großen zentralen Fläche im nördlichen Teil maximale Dichtewerte von 11 Brutpaaren/10 ha erreicht*" (Zitat aus: Hellwig 2002).

Die Gründe, warum Gehölze weichen mussten und müssen, sind immer die gleichen. Am Beispiel norddeutscher Wallhecken, den sogenannten Knicks, wird das besonders deutlich, obwohl wissenschaftliche Untersuchungen

Seitlich nicht beschnittener Knick im achten Aufwuchsjahr neben einem Wirtschaftsweg. Dieser Knick ist im Durchschnitt 3,50 Meter breit. Er bietet vielen Tieren Nahrung und Unterkunft.

Fotos: Vanselow

Gezielte Entfernung von Knickgehölzen und Beschädigung des Walls. Der die Landwirte störende Knick wird nach und nach vernichtet.

aufzeigen konnten, dass die positiven Wirkungen der Knicks in der Agrarlandschaft überwiegen (KAPPEN 1996). Schon ERICHSEN (1898a) berichtet, dass vor allem Fremde verurteilen, die Knicks beanspruchten zu viel Raum und entzögen diesen der Bodenkultur. Heute werden Knicks mehr denn je nicht nur von Landwirten aus folgenden Gründen abgelehnt:

- Alte Knicks werden sehr breit (ERICHSEN 1898a). Acht Jahre nach dem letzten Auf-den-Stock-Setzen eines

Häufig geschnitten und Knickfuß beschädigt. Auf Dauer überleben das nur Brombeeren. Der gehölzfreie Wall wird schließlich abgetragen.

Von den Rändern her wird der Knick durch häufiges Auf-den-Stock-Setzen geschädigt und schließlich der Wall abgetragen, damit der Landwirt bequem mit ausgefahrenem Spritzgestänge von Feld zu Feld fahren kann.

Fotos: Vanselow

Enge Hohlwege oder Knicks behindern große Maschinen. Hier ist links des Weges eine alte Hecke erhalten, im Bild sichtbar vor dem hinteren Traktor, aber alle Gehölze auf der rechten Seite sind innerhalb der letzten zwei Jahrzehnte zugunsten der Ackerfläche verschwunden. *Foto: Fersing*

ursprünglich dreizeilig angelegten Knicks (Foto Seite 54 unten) wurde eine durchschnittlichen Breite der seitlich nicht beschnittenen Gehölze von 3,50 Metern gemessen (VON STAMM et al. 1996).

- Der Knickschatten verhindert auf Acker und Heuwiese das zeitgleiche Abtrocknen mit der besonnten Fläche (ERICHSEN 1898a). Zudem wachsen viele Pflanzen im Schatten schlechter (METTE 1996). Wie stark dieser Effekt zum Tragen kommt, hängt von seiner Lage zur Himmelsrichtung ab und wird bei Ost-West-Ausrichtung besonders deutlich (METTE 1996).
- Eine Folge sind ungleichmäßige Aufwüchse in unmittelbarer Nähe der Knicks. Die industrialisierte Landwirtschaft mit ihren riesigen Maschinen braucht aber riesige Schläge maschinengerecht völlig gleichartiger (Mono-) Kultur.
- Knickwälle können im Winter Schneewehen anhäufen, die im Frühjahr dem Wachstum der Nutzpflanzen schaden (ERICHSEN 1898a).
- Die Vegetation auf den Erdwällen der Knicks betrachten Landwirte als bekämpfungswürdiges Unkraut, das die Felder verunreinigen könnte – eine Vegetation, die früher von den Bauern mit wachsamem Auge auf unerwünschte Pflanzen gepflegt wurde, die aber genau so an jedem Feldrain zu finden war, keineswegs nur an Hecken (ERICHSEN 1898a).
- Pflanzen in den Hecken können Überträger gefährlicher Pflanzenparasiten an Getreiden und Futtergräsern sein, nämlich Pilzparasiten, vor allem Rost- oder

Brandpilze. Bereits ERICHSEN (1898a) weist auf Faulbaum (*Rhamnus*) und Sauerdorn (*Berberis*) als Zwischenwirte der Pilze hin.

- Manche in den Heckenpflanzen lebenden Tiere werden als Ungeziefer empfunden (ERICHSEN 1898a), denn unter ihnen sind auch Körnerfresser wie Feldmäuse und Vögel, Pflanzenparasiten wie der Maikäfer und Stechinsekten in Form von Mücken und Bremsen.

Viele der hier aufgelisteten Nachteile der Hecken wurden schon vor über einem Jahrhundert als Gründe zur Vernichtung der Knicks und von Einfriedigungen ganz allgemein heran gezogen (THAER 1853, ERICHSEN 1898a, CHRISTIANSEN 1928c). Sie sind also keineswegs neu. Wer jedoch die Vorzüge der Knicks kennen gelernt hatte, übertrug ihr Prinzip in andere Landschaften. So geschehen in der Prignitz. ERICHSEN (1898a) berichtet über die mündliche Auskunft eines aus der Prignitz stammenden Hamburgers namens O. Jaap, der ihm mitteilte, dass die Knicks in der Prignitz nur in einem beschränkten Bereich vorkommen und eine Folge des Dreißigjährigen Krieges seien: Bauern waren demnach vor diesem Krieg nach Holstein geflohen, hatten dort die Knickwirtschaft kennengelernt und nach ihrer Rückkehr in die Heimat dort selbst umgesetzt. Eine berechtigte Beendigung der Knickwirtschaft in Schleswig-Holstein erwartet ERICHSEN (1898a) erst für den Fall, dass der kahle Westen und die Mitte Schleswig-Holsteins wieder aufgeforstet werden und so ein klimatischer Schutzwall gegen den austrocknenden, erodierenden Wind geschaffen wird (siehe Kapitel „Helfer gegen Dürre und Mangel" ab Seite 84).

Gehölze und Wallhecken sind wichtige Hindernisse in der Landschaft. Schnee und Sand lagern sich im Windschatten ab. In Hanglage abgeschwemmter Boden bleibt vor dem Knickwall liegen, bis der Wall vom erodierten Erdreich überspült wird. *Foto: Vanselow*

Diesen Pferden steht während der Weidezeit ein Eichenwäldchen mit mächtigen Bäumen und Unterholz als Schutz zur Verfügung – die Ausnahme, nicht die Regel in der modernen Pferdehaltung. Foto: Fersing

Weder planlos noch zweckfrei

In der Vergangenheit schien die Intensivierung von Ödland als Reserve quasi geschenkt zu sein. Es sah so aus, als könnte die Landwirtschaft ohne ernste negative Folgen immer weiter gesteigert werden. Nur selten wurde ein entstehender Schaden durch die Entfernung ehemals planvoll angelegter Strukturen unmittelbar offensichtlich, wie bei dem folgenden Beispiel aus der Eifel:

„Zu den Problemen der Feldbereinigung hat sich vor einem Jahr ein so erfahrener Fachmann wie Prof. Schirmer in Bonn geäußert. Danach wurde in der Eifel u. a. bei der Prüfung alter Feldraine festgestellt, daß ihre Lage keine zufällige ist, sondern sich nach den Schichten des Gesteins richtet. Sehr oft lagen die Raine dort, wo über härteren Schichten des bodenbildenden Gesteins die Ackerkrume besonders dünn war. Die mit den Rainen am Hang gebildeten Terrassen hatten die Aufgabe, für eine dickere, gleichmäßige Bodenschicht zu sorgen. Verschleift man bei der Feldbereinigung diese einst planmäßig geschaffene Ausrichtung, so kommen die harten Gesteinsstreifen wieder so nah unter die Erdoberfläche, daß die landwirtschaftliche Nutzung dadurch erheblich verschlechtert wird.“ (Zitat aus: HAUCK 1952).

Nicht nur Raine, auch Wallhecken an Hängen haben wichtige Funktionen in der Kulturlandschaft. Am Belauer See wurde ein Stufenknick genauer in Hinblick auf den Gewässerschutz untersucht (SCHERNEWSKI et al. 1996). Beim Stufenknick verläuft der Knick hangparallel auf einer Höhenlinie und verursacht eine Terassenstufe, bewachsen von Gehölzen. Dieser Knick verringert die Bodenerosion am Hang deutlich und hält neben dem humosen Erdreich auch die im Oberboden gebundenen Phosphate zurück (SCHERNEWSKI et al. 1996). Der etwa 200 Jahre zuvor errichtete Wall, auf dem der Knick stand, war inzwischen durch das Richtung See abgeschwemmte Erdreich komplett aufgefüllt worden und der ehemalige Wall wurde zunehmend vom Erdreich führenden Oberflächenwasser überspült (SCHERNEWSKI et al. 1996). Damit verliert der Knick seine Schutzfunktion gegen Erosion am Hang und Phosphoreintrag in den See. Eine Flurbereinigung, die den Knick beseitigen würde, hätte entsprechende Folgen für das Gewässer und die Fruchtbarkeit am Hang.

Kapitel 2

Laubfutter

Das Wort „Heu“ leitet sich von einem alten germanischen Stammwort ab und bedeutet so viel wie „das zu Hauende“ (Der Neue Brockhaus 1958). Vermutlich unterschieden unsere Vorfahren bei den Futterpflanzen weniger nach Gras, Kraut oder Gehölz als vielmehr danach, ob das Futter verfügbar war und für das Vieh geeignet.

Die ältesten Erntemesser und Sicheln stammen aus der Zeit um 15 000 v. Chr. aus dem Bereich des fruchtbaren Halbmonds. Sie waren aus (Unterkiefer-) Knochen, Geweihen oder Holz gebaut, mit durch Pech darin verankerten scharfen Steinen. Vermutlich wurden Wild-Getreide damit gehauen, also geschnitten. Daneben ist die Nutzung von Laubgehölzen als Viehfutter eine uralte Tradition. Bis ins 20. Jahrhundert hinein fand vielerorts eine Bewirtschaftung von Niederwäldern, auch Kratt genannt, zur Schneitelnutzung statt. Ortsnamen wie Kratt oder Niederwald weisen auf derartige Nutzungsformen der Wälder hin. Die Verwendung der Schneitel, also der abgeschlagenen Zweige und ihres Laubs, als Tierfutter ist seit der Jungsteinzeit bekannt. Das Laub diente als Schafsfutter (Strecker 1923). Dabei wurden Laubwälder so regelmäßig kurz über dem Boden abgeschlagen, dass die Krüppelbäume sich ständig über Stock- und Wurzelausschläge erneuern mussten. So beschnittene Bäume beschatteten den Boden weniger, was den Graswuchs im Wald fördert und eine intensivere Waldweide ermöglicht. Die geernteten Zweige und das Laub dienten als Flechtwerk, Brennholz, Bohnenstangen und als Viehfutter. Hainbuche und Esche sind solche traditionellen Viehfutterbäume, von denen das Laub abgerupft und als Winterfutter getrocknet wurde.

Hainbuche und Esche sind traditionelle Futterbäume für Schafe. Esche ist für Pferde in höherer Dosis giftig.

Früher wurde der Besenginster als „wertvolles Winterfutter“ genutzt (Flamm et al. 1949). Thaer (1853) berichtet über den Besenginster (Brahm, Hasenbrahm, *Spartium scoparius, Sarothamnus scoparius*) als angebaute Futterpflanze auf sandigen Heideböden und zitiert ältere Werke (Schwerz Bd. 3; Franz de Coster; *Young´s Reise durch Frankreich* Bd. 3 Seite 47; *Pohl´s Archiv der Landwirthschaft* (1831)

Foto links: Haselnuss ist eine wertvolle und begehrte Futterpflanze. Mit ihrem enormen Ausschlagevermögen nach Fraß und Verletzung hat sie sich daran angepasst. *Foto: Vanselow*

Januarheft S. 38-58). Laut Thaer wurde der Besenginster zwischen das Getreide gesät. Dann ließ man den Acker fünf bis sechs Jahre wachsen. Gemäht diente dieses Futter Schafen als Nahrung, die die zarten Strukturen fraßen. Die harten Stängel wurden Dünger oder Brennmaterial. Sie konnten aber auch mit Hilfe einer Flachsbreche oder einer Gerber-Lohmühle zu Brei verarbeitet als nahrhafte Futterpflanze im Winter dienen und so eine gute Winterbutter, vermutlich aus Schafs- oder Ziegenmilch, ergeben (Thaer 1853). Der Brahm oder Bram wurde laut Christiansen (1928b) für die Heidschnucken angepflanzt. Die Schafe konnten beim erstmaligen Genuss „bramduhn", also leicht benebelt werden (Christiansen 1928b). Die Ruten des Brahm wurden zu Besen verarbeitet, die Fasern konnten gesponnen werden. Zudem ist der Besenginster als Schmetterlingsblütler mit Stickstoff bindenden Wurzelsymbionten ein Bodenverbesserer und eine wichtige Insektenpflanze. Noch heute weisen Ortsnamen wie Bramstedt, Bramfeld oder Bremen auf die früher weite Verbreitung und Nutzung des Besenginsters hin.

Besenginster (Brahm, Hasenbrahm, Breem, Spartium scoparius, Sarothamnus scoparius, Cytisus scoparius) ist nicht ungiftig. Foto: Vanselow

Obwohl Besenginster giftig ist, wird er von den Konik Polski in Schäferhaus zeitweise gerne und ohne Schaden gefressen. Heu mit hohem Anteil von Besenginster führt bei Pferden zu Durchfall. Früher wurde Besenginster als mildes Abführmittel genutzt.

Stechginster *(Ulex europaeus)* ist dornig und stark giftig, weshalb er früher in Hecken gepflanzt wurde, die der Auszäunung des Viehs dienten.

Auch der Stechginster wurde zu Thaers Zeiten als Bodenverbesserer und Nutzpflanze auf armen Sandböden in England, Frankreich und Belgien empfohlen, doch konnte Thaer in Deutschland keinerlei Verwendung dieser Pflanze in der Landwirtschaft finden (Thaer 1853). Im Hamburger Gebiet wurde der Stechginster allerdings früher als Rehfutter gepflanzt (Christiansen 1928b). Was für Rehe gutes Futter bietet, wird zumeist auch von Ziegen gerne gefressen. Da sich seine Blütezeit von April bis Juli erstreckt, ist der Stechginster eine wichtige Insektenblütenpflanze und für die Imker der Heiden eine wichtige Futterpflanze. Überhaupt sind die Blüten der Gehölze in Gebüschen und an Waldrändern als Nahrungsquelle der Insekten nicht zu unterschätzen.

Klimawiderständler Pferd in baumloser Graslandschaft?

Landauf, landab wird die Behauptung, das Pferd sei ein Steppenbewohner, unreflektiert dazu herangezogen, es zu einem Klimawiderständler zu erklären, der bei jeder Witterung ohne Schutz ausharren könne. Sicherlich gehören Steppen zu den natürlichen Verbreitungsgebieten, aus denen die Vorfahren unserer Hauspferde stammen – aber nicht nur. Steppen, das sind Regionen, in denen es regelmäßig durch Sommerdürre oder Frost lange Zeit so wenig flüssiges Wasser gibt, dass eine Ansiedlung von Bäumen nicht möglich ist. Steppen sind also nicht baumfähig. Savannen sind sehr wohl von Gehölzen besiedelt, sowohl von dichtem Gebüsch als auch von teilweise riesigen Schirmbäumen. Die Mega-Herbivoren-Theorie basiert auf der Beobachtung, dass große Pflanzenfresser durch ihr Verhalten – fressen, sich wälzen, sich scheuern – ihre Umgebung gestalten. Der sich daraus ergebende Einsatz von Weidetieren im Naturschutz gibt durch seine enormen Erfolge dieser neuen Sichtweise auf Landschaft und Weidetiere Recht (BUNZEL-DRÜKE et al. 2008 und 2019). Was für eine Umgebung braucht also ein Pferd, das durch Zäune am Abwandern gehindert wird?

Große Pflanzenfresser gestalten durch ihr Verhalten – fressen, sich wälzen, sich scheuern – ihre Umgebung

Wer einmal die in den Naturschutzgebieten frei lebenden Koniks, genetisch nachweislich direkt vom Tarpan abstammende polnische Primitivpferde (JANSEN et al. 2002, WARMUTH et al. 2012), beobachtet hat, bekommt sehr schnell Zweifel am

Naturschutzgebiet Schäferhaus am 21. Januar 2007: Orkantief Kyrill ist gerade durchgezogen. Die Koniks gehen nur in ruhigen Momenten auf die freien Flächen grasen. Beim nächsten starken Schauer galoppieren sie zurück in der Schutz der Fichtenschonung (siehe Seite 138). Foto: Vanselow

angeblichen Klimawiderständler. In der Sommerhitze suchen die Koniks hochstämmige Gehölze auf, deren Blätterdach Schatten spendet, ohne die Kühlung durch Luftbewegung einzuschränken. Bei regnerischem Sturm suchen die Koniks gerne das vor Wind und Regen schützende Unterholz von Nadelgehölzen auf. Als ich am 21. Januar 2007, drei Tage nach dem Orkan Kyrill mit seinen enormen Regenmassen und Sturmschäden, die Koniks im Naturschutzgebiet Schäferhaus Nord besuchte, fand ich sie in einer Pause zwischen den Schauern auf einem der Weiderasen grasend. Kaum begann es wieder zu regnen, setzte sich die ganze Herde in Bewegung und galoppierte in den schützenden Nadelwald, der auf diesem ehemaligen Truppenübungsplatz ursprünglich als Versteck für Panzer gepflanzt worden war. Koniks ernähren sich weit überwiegend von Gräsern, weniger von Kräutern, beknabbern aber durchaus auch gerne Gehölze. Sie wandern durch die Savannenlandschaft mit ständig optimalem Abstand zu allen Gehölzen – denn es könnte ein Raubtier dahinter oder in dessen Krone lauern. Koniks und die mit ihnen eng verwandten Sorraia-Pferde, beides Tarpan-Nachfahren, greifen Hunde und Wölfe vehement an, wenn sie sich oder ihre Fohlen bedroht fühlen.
Über Koniks in Polen liegt wissenschaftliche Fachliteratur aus fast hundert Jahren Verhaltensforschung und wissenschaftlicher Forschung zu unterschiedlichsten Fragestellungen vor (Jezierski & Jaworski 2008). Im größten polnischen Konik-

Die Herde des Hengstes Osoviec im April 2006 im Konik-Reservat Popielno, Polen. Die Weideflächen für die Konik Polski wurden durch Rodung des wirtschaftlich genutzten Forstes geschaffen. Foto: Vanselow

Tabelle 2.1: Beim Fressen aufgenommene Pflanzenarten

Wiesen, Kahlschläge: insgesamt 70 % der Grasenzeit	
Weißklee	*Trifolium repens*
Gänsefingerkraut	*Potentilla anserina*
Spitzwegerich	*Plantago lanceolata*
Wiesenrispengras	*Poa pratensis*
Wiesenlieschgras	*Phleum pratense*
Wiesenschwingel	*Festuca pratensis*
Rohrglanzgras	*Phalaris arundinacea*
Kleiner Sauerampfer	*Rumex acetosella*
Wiesenfuchsschwanz	*Alopecurus pratensis*
Weißes Straußgras-Gruppe	*Agrostis alba* als Sammelgruppe für *Agrostis stolonifera* und *Agrostis gigantea*
Vogelwicke	*Vicia cracca*
Gemeiner Hornklee	*Lotus corniculatus*
Wiesen-Platterbse	*Lathyrus pratensis*
Wiesenklee (Rotklee)	*Trifolium pratensis*
Knäuelgras	*Dactylis glomerata*
Hopfenklee	*Medicago lupulina*
Hasenklee	*Trifolium arvense*
Wald: insgesamt etwa 27 % der Grasenzeit	
Rohrreitgras	*Calamagrostis arundinacea*
Hainrispengras	*Poa nemoralis*
Schafschwingel	*Festuca ovina*
Himbeere	*Rubus idaeus*
Rotes Straußgras	*Agrostis capillaris*
Wald-Sauerklee	*Oxalis acetosella*
Wiesenwachtelweizen	*Melampyrum pratense*
Walderdbeere	*Fragaria vesca*
Rasenschmiele	*Deschampsia caespitosa*
Wilde Vogelbeere	*Sorbus aucuparia*
Seeufer: insgesamt etwa 3 % der Grasenzeit	
Seebinse	*Schoenoplectus lacustria*
Schilfrohr	*Phragmitis communis*

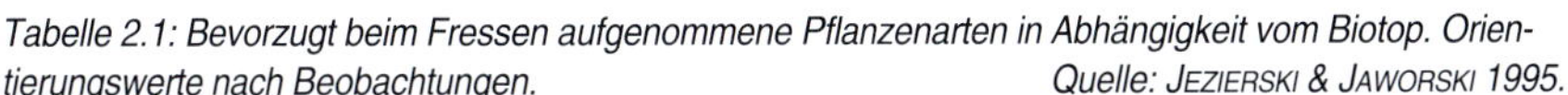

Tabelle 2.1: Bevorzugt beim Fressen aufgenommene Pflanzenarten in Abhängigkeit vom Biotop. Orientierungswerte nach Beobachtungen. Quelle: Jezierski & Jaworski 1995.

Reservat mit angeschlossenem Konik-Staatsgestüt in Popielno wurde auch das Fressverhalten der frei geborenen und völlig frei lebenden Tarpan-Nachfahren untersucht. Das Reservat in Popielno ist gleichzeitig ein wertvolles Naturschutzgebiet und zeigt auf Sandboden eine vergleichbare Vegetation wie das Naturschutzgebiet Schäferhaus bei Flensburg an der dänischen Grenze. In beiden Schutzgebieten wachsen beispielsweise der Sandthymian und die Heidenelke. Die Fohlen lernen vom ersten Lebenstag an unter der Anleitung der Mutter ihre Fraßumgebung kennen, also was man in welchen Mengen wann fressen kann.

Die Halbinsel Popielno zwischen den ineinander übergehenden Masurischen Seen Beldarny, Sniardwy und Warnolty umfasst 1630 Hektar bei einer Länge von neun Kilometern und einer Breite von drei Kilometern. Die Halbinsel ist überwiegend von Wald bedeckt, davon vorrangig Kiefer-Fichten-Nadelwald mit kleinen Enklaven von gemischtem Nadel-Laubwald und Laubwald mit Ahorn und Linden. 170 Hektar Ackerland sind ausgezäunt. Nur 80 Hektar sind aus Kahlschlag für die Koniks entstandene Wiesen und Weiden. Innerhalb der Halbinsel befinden sich zudem zwei kleine Seen von 9,9 und 3,8 Hektar Fläche. Futter finden die Koniks auf natürlichen Waldwiesen, Kahlschlägen und den Schneisen durch Holzeinschlag und Wege (Jezierski & Jaworski 2008). Vergiftungen durch Pflanzengifte spielen im Reservat keine Rolle und sind nicht bekannt.

Mineralstoffgehalte auf stark gedüngten Weiden lagen zum Teil um 50 Prozent unter den in der Nährstofftabelle angegebenen

Lengwenat (1998) benennt die Gräserdominanz (Vergrasung) intensiv genutzter Weiden. Er weist hin auf Untersuchungen der Landwirtschaftskammer Hannover, die gezeigt haben, dass die Mineralstoffgehalte auf stark gedüngten Weiden zum Teil um 50 Prozent unter den in der Nährstofftabelle angegebenen lagen. Daraus folgert er, dass Pferden, die auf solchen Weiden grasen oder denen dieses Heu verfüttert wird, unbedingt Mineralfutter zugefüttert werden muss. Mineralien und (Wirk-) Stoffe aus Gehölzen können für Pferde durchaus interessant sein, nicht nur in frischen Zweigen, Rinde und Blättern (siehe „Mineralreiches Zusatzfutter“ ab Seite 78).

Mineralien und (Wirk-) Stoffe aus Gehölzen können für Pferde durchaus interessant sein, nicht nur in frischen Zweigen, Rinde und Blättern. Manche Pferde suchen im Wald ganz gezielt bestimmte Böden auf, um dort andächtig den Humus, entstanden aus Baumresten, zu fressen, oder sie befressen gezielt vermoderndes Holz. Die darin enthaltenen Insekten sind sicherlich eine nicht unwillkommene Eiweißquelle.

Die Apotheke der Natur

Immer mehr Pferdehalter wünschen, dass ihre Tiere sich selber mit natürlichen Wirkstoffen versorgen können. Gleichzeitig werden sich nicht nur Tierhalter vermehrt der Nebenwirkungen synthetischer, zumeist schwer abbaubarer Wirkstoffe für die Umwelt bewusst (BWK 2016). Kräuter und Gehölze können hier eine Alternative sein, ohne die Umwelt zu belasten.

Natürliche kontra synthetische Wirkstoffe im Ökosystem Pferdeweide

Unnatürlich hohe Besatzdichten und hoher Parasitendruck auf den Weiden führen zu häufigen Anwendungen von Wurmkuren im Freiland. Die umweltschädigende Wirkung von Ivermectinen ist lange bekannt: *„Versuche von Wall und Strong (1987) zeigten, daß Kuhfladen der behandelten Tiergruppe bis zum 60. Tag nach Ausscheidung eine hundertprozentige Abwesenheit dungzersetzender Organismen aufwiesen. Bis zum 100. Tag waren die Kotstellen unwesentlich verändert und zeigten eine feste Kruste. Fladen unbehandelter Vergleichstiere waren innerhalb dieses Zeitraumes praktisch verschwunden. Selbst bei ungünstigsten Witterungsbedingungen – heiß und trocken – sind nach 2-3 Monaten Geilstellen abgebaut (Mott et al. 1972)“* (Zitat aus: Demuth 1988).

Ein Waldmistkäfer (Anoplotrupes stercorosus) wird von frischem Pferdedung angelockt. *Foto: Vanselow*

Sobald Mist oberflächlich hart eintrocknet, ist er für Dungzersetzer wie Mistkäfer kaum noch zu verarbeiten. Diese Tiere benötigen frischen, feuchten Dung. Rund 100 Käferarten in Deutschland (Schoof & Luick 2019), 150 Käferarten europaweit und insgesamt etwa 200 Tierarten Europas insgesamt besiedeln den Lebensraum Rinderdung, ganz zu schweigen von den Pilzen, die dieses Substrat zersetzen (Rosenkranz et al. 2004). An Schafsdung im Kaiserstuhl wurden 1994 43 Käferarten nachgewiesen (Schoof & Luick 2019). Da die Dungliebhaber durchaus wählerisch sind und manchmal sogar auf den Dung einer einzigen Tierart spezialisiert sind, ist eine Mischbeweidung auch für die Artenvielfalt der Dungbewohner sinnvoll. Nicht alle Dungbewohner ernähren sich vom Dung selbst, sondern viele jagen dort andere Insekten und deren Larven oder fressen die Pilzfäden im Dung. Besondere Bedeutung kommt bei der Dungzersetzung den Mistkäfern und Dungfliegen zu (ROSENKRANZ et al. 2004). Der Kiebitz (Vogel, *Vanellus vanellus*) und das Große Mausohr (Fledermaus, *Myotis myotis*) ernähren sich unter anderem von Insektenarten, die vom Dung oder dessen Bewohnern leben (SCHOOF & LUICK 2019). Gerade die großen Mistkäfer sind wertvolle Protein-Snacks für Fledermäuse und Igel beim Anfressen von Speck vor dem Winter oder als Aufbaufutter nach dem Winterschlaf. Auch Zugvögel benötigen nach der langen Reise solche großen Beutetiere im Frühjahr. Der Dung bietet dabei als Substrat für diese schwergewichtigen Futterhappen auch in der kalten Jahreszeit noch lange Nahrung und sichert somit den Jägern der Mistkäfer in schwierigen Zeiten wertvolle Beute (SCHOOF & LUICK 2019).

Für den bei Rindern gegen Endoparasiten äußerlich angewendeten Wirkstoff Livamisol konnten ROSENKRANZ et al. (2004) zeigen, dass dieses Entwurmungsmittel die Zahl der Larven von Erdgängen unter dem Dung bauenden Käfern (Tunnelers) auf ein Drittel reduzierte, die Zahl der Larven von im Dung wühlenden Käfern (Dwellers) sogar auf ein Zehntel. BUSE (2019) fasst die Forschungsergebnisse zusammen: *„Eine zu hohe Beweidungsdichte ist aus Gründen der Tiergesundheit problematisch und erfordert eine regelmäßige Entwurmung des Tierbestandes. Die nicht*

Hunderte Dungkäfer (Aphodiinae) werden von frischen Dunghaufen angelockt. Viele legen ihre Eier direkt in den Dung. Einige graben Erdgänge unter dem Haufen, die sie mit Dung füllen, um ihre Eier darauf abzulegen. *Foto: Vanselow*

abgebauten Reste der Entwurmungsmittel finden sich im Dung der Weidetiere und haben sub-lethale oder sogar lethale Effekte vor allem auf Larven, aber auch Imagines der Dungkäfer (Lumaret et al. 2012; Lumaret et al. 1993; O´Hea et al. 2010). So wird durch das häufig eingesetzte Entwurmungsmittel Ivermectin die Fertilität und die Zahl der Nachkommen bei Dungkäfern reduziert (Wardhaugh und Rodriguez-Menendez 1988). Zusätzlich zeigen sich negative Auswirkungen auf die Fitness der Käfer und selbst auf die Fitness von Nachkommen, deren Elterngeneration Ivermectin ausgesetzt war (González-Tokman et al. 2017; Baena-Díaz et al. 2018). Bei regelmäßiger und zum Teil prophylaktischer Anwendung, wie in der konventionellen Landwirtschaft und bei vielen modernen Reitställen mit umgebenden Weideflächen üblich, verarmt die Dungkäferfauna. Dies hat auch negative Auswirkungen auf die mit den Dungkäfern assoziierten Ökosystemfunktionen. Auf naturschutzorientierten Weideflächen sollte daher grundsätzlich auf jegliche Form der Entwurmung der Weidetiere verzichtet werden" (Zitat aus: Buse 2019).

Entwurmungsmittel und Pestizide stellen im Ökosystem Weidelandschaft ein ernstes Problem dar

Leider gilt das auch für Entwurmungsmittel, die für Biolandbetriebe zugelassen sind, also zum Beispiel den Wirkstoff Cydectin Triclamox (Reisinger et al. 2019).

Aber nicht nur Entwurmungsmittel stellen im Ökosystem Weidelandschaft ein ernstes Problem dar:

„*In diesem Zusammenhang als ein Alarmsignal gewertet werden müssen die Untersuchungsergebnisse einer Studie aus den Niederlanden (Gelderland) auf Flächen mit Wiesenbrütern (Buijs & Samwel-Martingh 2019). Die Autoren stellten fest, dass das Ökosystem der Weiden durch die Mengen der dort vorhandenen Pestizide ernsthaft bedroht ist. In den meisten landwirtschaftlichen Betrieben, in denen Belastungen mit Pestiziden auftraten, wurden im frischen Kuhmist (auf der Weide) keine oder kaum Käfer gefunden. Die Autoren folgern, dass es einen Zusammenhang gibt zwischen der Belastung durch Insektizide, Fungizide und Herbizide und dem Rückgang von Wiesenbrütern.*" (Zitat aus: Reisinger et al. 2019). Diese Beispiele zeigen eindrücklich, wie umfassend die synthetischen, schwer abbaubaren Wirkstoffe in die Umwelt eingreifen. Es sprechen viele Gründe dafür, den Tieren ihre natürliche Apotheke zurückzugeben.

Mit Wurmkuren belastete Ausscheidungen schaden den Ökosystemen. Foto: Fersing

Natürliche Wirkstoffe in Gehölzen

Die überwiegende Mehrzahl der Pferdeweiden in Deutschland ist heute weit entfernt von einer naturnahen, artenreichen Futterumgebung. Statt eines prall gefüllten Angebots an Gräsern, Kräutern und Gehölzen bieten wir den Pferden Grasländer an, die, wenn überhaupt, nur aus wenigen Grasarten bestehen. Sogar Reinsaaten aus nur einer einzigen Grasart kommen vor. Daran ändert auch die Verwendung unterschiedlicher Zuchtsorten eines Grases in solch einer Mischung nichts. Derartige Reinsaaten sind nicht neu, sondern werden seit gut einhundert Jahren verwendet. Früher bezeichnete man sie als Reinsaaten, heute als Monokulturen.

Diese produktiven, artenarmen Massenaufwüchse sind nicht vergleichbar mit gesunder Vielfalt. Über die heilende Wirkung der artenreichen Knicks in Schleswig-Holstein weiß Wölfer (1932) zu berichten: *„...die Tiere fressen sich wohl auch an den mancherlei bitteren Kräutern und Blättern, die der Knick bietet, bei Krankheiten wieder gesund.“* Diese lebenden Zäune aus Gehölzen und Wildkräutern waren die Apotheke der Natur. Das hat Bürger (1928) erkannt (siehe auch Seite 107) und auf den möglichen Zusammenhang von seuchenhaften Krankheiten und Artenschwund hingewiesen. Klapp (1971, zitiert in Demuth 1988) bezeichnete artenreich zusammengesetztes Wiesenheu als *„Heilkräuterapotheke der Stallfütterung“*. Entsprechend bezeichnet Ellenberg (1986) die heute üblichen Umtriebsweiden, auch Rotations-Mähweiden genannt, als *„die ‚langweiligste‘ Gemeinschaft, die ein Vegetationskundler sich denken kann“*.

Esche (Fraxinus excelsior) im Blattaustrieb. *Foto: Vanselow*

Die Menge macht das Gift

„All Ding sind Gift und nichts ohn Gift, allein die Dosis macht das ein Ding kein Gift ist“ (Paracelsus 1493-1541). Der beste Schutz gegen Viehvergiftungen ist auch der beste Schutz gegen Ausbrüche aus Viehweiden: ein ausreichendes Futterangebot! Als vor Jahren eine Pferdezeitschrift in einem Artikel Hackschnitzel aus Eschenholz als geeigneten Boden für Paddocks listete, dauerte es nicht lange, bis Leser sich meldeten, deren Pferde diese Hackschnitzel gefressen und Vergiftungssymptome erlitten hatten.

Tabelle 2.2: Heil- und Giftwirkungen von Gehölzen

Dt. Name	Lat. Name	Herkunft, Vorkommen	Giftige Teile	Gift-/Heilwirkung
Rotahorn	*Acer rubrum*	Nordamerika, angepflanzt in Gärten, Parks	Blätter, Rinde	„Red maple toxicosis", akut hämolytische Anämie, Methämoglobinämie, Heinz-Körper-Bildung
Bergahorn, Spitzahorn	*Acer pseudoplatanus, Acer platanoides*	Heimisch, Wälder, Wegränder	Samen, Keimlinge	Atypische Weidemyoglobinurie
Berberitze	*Berberis vulgaris*	Heimisch, Hecken, Gebüsche	Rinde, Wurzel	Kolik, reizend, gelber Speichel, Blutzucker senkend, junges Laub reich an Vit. C
Besenginster, Bram, Brahm	*Sarothamnus scoparius*	Heimisch, Heiden, Wälder, Straßenränder	Ganze Pflanze	Ähnlich wie Nikotin, herzwirksam, benebelnd („bramduhn")
Buche (Rotbuche)	*Fagus sylvatica*	Heimisch, Wälder	Früchte (Bucheckern)	Erregung, Zittern, unvollständige Lähmung, Atemnot, Krämpfe, Kolik; junges Laub reich an Vit. C
Eberesche	*Sorbus aucuparia*	Heimisch, Hecken, Wälder, Parks	Rohe Früchte, Kernholz	Kolik
Efeu	*Hedera helix*	Heimisch, Kletterpflanze an Bäumen und Mauern, Bodenbedecker in Hecken	Blätter, Beeren, ganze Pflanze	Reizungen, Kolik, Hämolyse, Schock, Kontaktallergien
Eiche	*Quercus robur*	Heimisch, Wälder, Wegränder, Parks	Rinde, Blätter, unreife Früchte, vor allem die Fruchtbecher	Verstopfung, Resorptionsstörungen, Hämolyse, Nieren-, Leberschäden; hilft gegen Durchfall
Ulme, Rüster	*Ulmus campestris*	Heimisch, Wälder, Parks, Gebüsche	Rinde	Gegen Durchfall
Esche	*Fraxinus excelsior*	Heimisch, Wälder, Wegränder, Parks	Rinde, Blätter, Samen mit unterschiedlichen Wirkstoffen	Abführend, diuretisch, reizend, neurotoxisch
Faulbaum	*Rhamnus frangula*	Heimisch, saure Waldränder, Moore, Heiden	Vor allem Rinde, Beeren, Blätter	Kolik, stark abführend, abtreibend
Rotfichte	*Picea abies*	Heimisch, Wälder, Forste, Parks	Harz	Reizend, zentrale Lähmungen, Nieren- und Leberschäden
Heckenkirsche	*Lonicera xylosteum*	Heimisch, Hecken, Gebüsche, Gärten	Vor allem Beeren	Unter anderem Kolik, lokale Reizung
Holunder, Fliederbeerbusch	*Sambucus nigra*	Heimisch, Hecken, Gebüsche, Wegränder	Frische Rinde, Blätter, unreife Früchte	Stark abführend, Kolik
Kiefer	*Pinus spec.*	Heimische, Wälder, Moore, Heiden, Gebirge, Gärten	Vor allem das Harz	Schleimlösend; hautreizend, Bronchialspasmen

Fortsetzung Tabelle 2.2: Heil- und Giftwirkungen von Gehölzen

Dt. Name	Lat. Name	Herkunft, Vorkommen	Giftige Teile	Gift-/Heilwirkung
Kreuzdom	*Rhamnus catharticus*	Heimisch, Waldränder, Trockenhänge	Rinde, unreife Beeren	Abführend, Wasser- und Salzverlust, nierenreizend
Liguster, Rainweide	*Ligustrum vulgare*	Heimisch, Waldränder, Wald, Hecken, Gärten	Rinde, Blätter, Beeren	Kolik, Inkoordination, Lähmung
Pfaffen-hütchen, Spindelbaum	*Euonymus europaeus*	Heimisch, Gebüsche, Hecken, Waldränder, Gärten	Alles, vor allem Früchte	Herzwirksam; Vergiftungs-symptome treten erst nach 8 bis 15 Stunden auf: Kolik, Herzrhythmusstörungen, Leber- und Nierenschäden
Rosskastanie	*Aesculus hippo-castaneum*	Süd-Europa; Alleen, Parks, Gärten	Vor allem unreife Früchte, grüne Schalen	Kolik, Angst, Bewustseinsstörungen
Schneeball	*Viburnum opulus*	Heimisch, Hecken, Gebüsche, Auenwälder. Brüche	Vor allem Rinde, Blätter	Kolik, Krämpfe, Nierenschaden
Stechpalme	*Ilex aquifolia*	Heimisch, Unterholz maritimer Wälder, Gärten, Parks	Vor allem Blätter und Beeren	Schlundverstopfung; mechanische Verletzungen durch dornige Blätter; Kolik
(Weiß-) Tanne	*Abies (alba)*	Heimisch, Wald, Gärten, Parks	Harz	Schleimlösend, hautreizend
Trauben-kirsche	*Prunus padus*	Heimisch, Hecken, Gebüsche, Auen- und Bruchwälder	Unter anderem Rinde, Blätter und Samen	Kolik, Krämpfe, Sauerstoffmangel, Lähmungen
Walnuss	*Juglans regia*	Südost-Europa und Asien, Gärten, Parks	Holz, Blätter, unreife Früchte, Fruchtschalen	Junges Laub sehr reich an Vit. C; adstringierend
Schwarznuss	*Juglans nigra*	Nordamerika, Gärten, Parks	Holz, Blätter, Fruchtschalen	„Black walnut toxicosis": akute Hufrehe, Lahmheit, Kolik und andere Symptome
Weiden-Arten	*Salix fragilis, S. alba, S. pentandra, S. purpurea, S. rubra*	Heimisch, Ufer, Au- und Bruchwälder, Gebüsche	Saft, Rinde (europäische Fieberrinde)	Dopingrelevantes Schmerzmittel (Salicylsäure), Blutverdünnung, verursacht Blutungen
Zaubernuss	*Hamamelis virginiana*	Nordamerika, Gärten, Parks	Rinde, Blätter	Heilung entzündeter (Schleim-) Häute, bei Venenleiden
Weißdorn	*Crataegus spec.*	Heimisch, Gebüsche, Hecken, Knicks	Blätter, Blüten, Früchte	Herzwirksam

Tabelle 2.2: Einige Gehölze mit arzneilicher Wirkung oder Giftigkeit.

Tatsächlich ist die Esche (*Fraxinus excelsior*) ein alter Kratt-Baum, also ein Gehölz jener Niederwälder, denen regelmäßig die Zweige auch als Winterfutter für das Vieh abgeschlagen wurden. Die Esche enthält in Rinde, Blättern und Früchten unterschiedliche Wirkstoffe. Das Heilpflanzenlexikon schreibt dazu: „*Der Rinde werden fiebersenkende und tonisierende Effekte, den Blättern antirheumatische, laxierende und harntreibende Wirkungen zugesprochen. Die Wirksamkeit der Drogen bei den beanspruchten Anwendungsgebieten ist wissenschaftlich nicht belegt.*" (Zitat aus: BRAUN & FROHNE 1994). Egal ob wirksam oder nicht, bei übermäßiger Aufnahme aus Langeweile oder vor Hunger ist eine Vergiftung nicht weit. Eine Apotheke ist eben kein Lebensmittelladen.

Eine kleine Auswahl von Gehölzen mit bekannter arzneilicher oder giftiger Wirkung bietet die Tabelle 2.2 ab Seite 71.

Pflanzen schützen sich mit Abwehrstoffen vor allem gegen Fraß und Vernichtung. Sie erleiden Stress durch ungünstige Witterung, Nährstoffmangel, konkurrierende Pflanzen oder durch Schadgase wie Ozon. Im Gegensatz zu den meisten Tieren können sie nicht einfach weglaufen. Pflanzen schützen sich daher anders als Tiere. Die Wirkstoffe können für Pferde giftig sein, sie haben manchmal aber auch gesundheitsfördernde Eigenschaften. Nicht selten gibt sogar die individuelle Vorliebe und Auswahl von Pflanzen einen Hinweis darauf, was für ein gesundheitliches Problem das Tier haben könnte.

Ist das fressbar? Frisst Mama das auch? Säugetiere bauen im Laufe ihres Lebens ein umfangreiches erlerntes Geruchs- und Geschmacksgedächtnis auf. *Foto: Fersing*

Auswahl von Pflanzen: instinktiv oder erlernt?

Woher wissen die Tiere eigentlich, was sie fressen dürfen und was nicht? Immer wieder hört und liest man, Pferde wüssten „instinktiv", was fressbar sei. Im ABC-FACHLEXIKON BIOLOGIE (1980) ist definiert: „*Die Instinkthandlungen sind zweckmäßige Betätigungen, die als angeborene Triebe ohne Erfahrungen, ohne Lernvorgänge und ohne Einsicht in den Zusammenhang und den Zweck der Dinge, also ohne Bewußtsein, bei allen Individuen einer Art in derselben Weise (artspezifisch) ablaufen.*" Damit ist klar, dass das sehr individuelle Fressverhalten von

Pferden keineswegs instinktiv sein kann. Aber wie wissen die Pferde dann, was sie wann fressen dürfen und in welcher Menge? Howe & Westley (1993) geben aufschlussreiche Beispiele für Säugetiere an, die zeigen, dass Säugetiere im Laufe ihres Lebens ein umfangreiches erlerntes Geruchs- und Geschmacksgedächtnis aufbauen. Gedächtnis, Geruch, Geschmack und Aussehen der Pflanzen leiten demnach die Säugetiere bei ihrer Wahl. Ansonsten gehen sie behutsam nach dem Prinzip „Versuch und Irrtum" vor.

Howe & Westley (1993) schreiben, dass Säugetiere über spezielle Entgiftungssysteme verfügen, die sogenannten „Mixed Function Oxidase"-Systeme (MFO). Das sind Enzyme, die vor allem in der Leber von Wirbeltieren nachgewiesen werden und eine Vielzahl von Giften unschädlich machen können. Sie bauen Gifte nicht nur ab, sodass sie leichter ausgeschieden werden können. Diese Enzyme sind auch unspezifisch, also nicht auf ein oder wenige Gifte in ihrer Wirksamkeit beschränkt. Der Clou ist aber, dass sie durch Kontakt mit neuen Giften leicht aktiviert werden können (Howe & Westley 1993).

„Einzeltiere blattfressender Affen (etwa Brüllaffen, Alouatta und Colobus), Hirsche (Odocoileus) und Baumwollschwanzkaninchen (Sylvilagus) beschränken ihre tägliche Nahrung auf wenige Pflanzenarten, von denen sie erhebliche Mengen

Der eine oder andere Apfel schadet nicht – aber fressen Pferde unbedarft zu viele grüne Äpfel vom Baum, kann das zu Koliken führen. Diese erfahrene Stute nascht genießerisch nur wenige. *Foto: Fersing*

Das Weidenröschen wurde für essbar befunden. Die Vorkommen im feuchten Teil der Pferdeweide mussten in der Folge mit einem Zäunchen über Sommer geschützt werden. Foto: Fersing

verzehren. Damit vermeiden sie es, ihre MFO-Systeme und ihre Darmflora mit immer neuen Giften zu überlasten. Gleichzeitig probieren diese Tiere jeden Tag geringe Mengen neuer Fraßpflanzen. Dadurch induzieren sie spezifische MFO-Aktivitäten oder stimulieren einen Wechsel ihrer Darmflora (zum Beispiel MILTON *1978). Wie Freeland und Janzen herausgefunden haben, knabbern neotropische Hamster der Gattung Tylomys in Gefangenschaft an Samen verschiedener Arten, anstatt bestimmte Arten zu bevorzugen. Für solche polyphagen Organismen bedeutet Futtersuche mehr, als Energie und Nährstoffe zu gewinnen. Diese Tiere müssen überdies ihre Mikrobenkulturen pflegen und für eine dynamische Verdauungschemie sorgen.*" (Zitat aus: HOWE & WESTLEY (1993).

Das behutsame Testen geringer Mengen unbekannten Futters kennen wir von Ratten. Sie testen vorsichtig die Bekömmlichkeit, speichern Geruch, Geschmack und Aussehen ab und stimulieren ihre körpereigene Entgiftung. Viele Pferde stehen unbekannten Futtermitteln und Geschmäckern ebenfalls sehr kritisch gegenüber. Über den verdächtigen Geruch manch eines Medikaments können dann auch keine begehrten Leckereien wie Banane, Apfel oder Möhre hinwegtäuschen. Wird das Medikament dennoch angenommen, dann spielt auch das Vertrauen des Pferdes in den Menschen eine große Rolle.

Erwachsene Tiere zeigen dem gut beobachtenden Nachwuchs, was Futterpflanzen sind, was Heilpflanzen sind, wo es Mineralstoffe gibt und vieles mehr

Im Naturschutz ist das Vorbild des Muttertieres extrem wichtig zum Einlernen des Säuglings in eine Umwelt mit manchmal extrem giftigen Gewächsen. Insbesondere in Biotopen, in denen Pflanzen wie beispielsweise der Wasserschierling (Wüterich, *Cuscuta virosa* – ein walnussgroßes Stück Wurzel dieser Pflanze ist für ausgewachsene Rinder und Pferde tödlich!) heimisch sind, hat es sich gezeigt, wie unumgänglich die Anwesenheit erfahrener Alttiere ist. Diese zeigen den gut beobachtenden Jungtieren in der naturnahen Umgebung, wie man sich verhält, was Futterpflanzen sind, was Heilpflanzen sind, wo es Mineralstoffe gibt und vieles mehr. Ungelernte, unerfahrene Tiere ohne Vorbilder und Erzieher und ohne die Erfahrung, aus Beobachtung zu lernen, müssen sehr behutsam an eine naturnahe Umgebung herangeführt werden und sollten dazu keine stark giftigen Gewächse in Reichweite finden.

Schon im Mutterleib findet eine Prägung des Ungeborenen auf die Geruchs- und Geschmacksstoffe der Futterumgebung des Muttertieres statt. Was Dornen sind, muss das Fohlen allerdings allein herausfinden. *Foto: Fersing*

Das Wissen, welche Gehölze in welchen Mengen schädlich sind, ist nicht angeboren, sondern wird vorwiegend erlernt. *Foto: Fersing*

Das Gedächtnis für die Futterumgebung wird aber nicht erst ab der Geburt aufgebaut. Schon im Mutterleib findet eine Prägung des Ungeborenen auf die Geruchs- und Geschmacksstoffe der Futterumgebung des Muttertieres statt. Das neugeborene Fohlen bringt also bereits Erfahrungen mit und kann sich so schneller außerhalb des Mutterleibs zurechtfinden.

Epigenetische Weitergabe von Wissen über Generationen

In diesem Zusammenhang spannend ist der noch relativ junge biologische Wissenschaftszweig der Epigenetik. Umwelt und Erfahrungen haben einen Einfluss auf die Erbsubstanz. Forschungsfelder der Epigenetik sind beispielsweise die Ernährung, aber auch die Weitergabe von (Kriegs-) Traumata über Generationen. Die Beobachtung dieses seltsamen Phänomens ist vermutlich sehr alt und stammt in Verbindung mit sogenannten Flüchen schon aus der vorchristlichen Zeit: „*Der Herr ist geduldig und von großer Barmherzigkeit und vergibt Missetat und Übertretung und läßt niemand ungestraft, sondern sucht heim die Missetat der Väter über die Kinder ins dritte und vierte Glied.*" (4. Buch Mose Kapitel 14 Satz 18).

Die Epigenetik kann diesen vermeintlichen Fluch bis ins dritte und vierte Glied heute wissenschaftlich erklären: Für

Zur Zucht sollten nur Muttertiere verwendet werden, die nicht traumatisiert sind. Schwere Traumata, zum Beispiel durch Misshandlung, werden über Generationen weitergegeben. Auch die Ernährung hat einen Einfluss darauf, welche ererbten genetischen Möglichkeiten aktiviert werden *Foto: Fersing*

viele Situationen schlummern im Erbmaterial zumeist mehrere Möglichkeiten von Reaktionen auf ein und dieselbe Situation. Doch welche dieser Möglichkeiten der Problemlösung tatsächlich umgesetzt wird, das hängt davon ab, wie gut ablesbar das Erbmaterial ist, oder anders gesagt, wie gut es verpackt wurde. Die Gene werden wie in Kartons verpackte Bücher weitergegeben. Wie bei einem Umzug gibt es zugängliche und schwer erreichbare Bücher-Kartons. Eben diese Verpackung und Lesbarkeit wird von Umweltfaktoren wie Traumata oder der Ernährung mitbestimmt – und kann sogar manchmal von Generation zu Generation weiter quasi vererbt werden, obwohl die Verpackung selber gar keine genetische Erbinformation ist.

Der Säugling, in unserem Falle ein Fohlen, ist also keinesfalls ein unbeschriebenes Blatt, sondern er kommt bereits mit einer Lebensanleitung ähnlich einer Umzugsliste zur Welt – Umzugskartons der Ahnen und einer vererbten Liste, die im Laufe des Lebens umgeschrieben oder erweitert werden kann. Sie besagt, welche Kartons wichtig sind und geöffnet werden und welche im Keller gelagert werden sollen. Manche geerbten Kartons können vielleicht ein Leben lang nicht geöffnet werden. Sie sind wie magisch verschlossen, wenn schwere Traumata einen entspannten Umgang mit Situationen unmöglich machen und Angstverhalten dominiert. Aus diesem Grunde sollte man mit schwer traumatisierten Muttertieren, egal ob Pferd oder Milchkuh, möglichst nicht züchten, bevor das Trauma durch Vertrauen überwunden wurde.

Mineralreiches Zusatzfutter

Pferde sind Grasfresser, die nur in geringen Mengen Gehölze und Kräuter beknabbern. Laut Rahmann (2004) können Pferde bis zu zehn Prozent Gehölzfutter in der Gesamtration erhalten. Das scheint ein realistischer Wert zu sein verglichen mit den Beobachtungen an freilebenden Koniks in Popielno (siehe Tabelle 2.1 „Beim Fressen aufgenommene Pflanzenarten", Seite 65): In den 27 Prozent der gesamten Fresszeit, die die Koniks fressend im Wald verbringen, werden überwiegend die dort wachsenden Wildgräser aufgenommen. Gehölze sind nicht ihr Hauptfutter, sondern ein Zusatzfutter. „*Es zeigt sich, dass bereits geringe Mengen an Laub ausreichen, die Versorgung von Rindern, Ziegen und Pferden mit Kalzium, Magnesium, Kalium und Natrium zu sichern. Dabei ist die Gehölzart entscheidend. So reichen 554 g TS der Blätter des Schwarzen Holunder aus, um den täglichen Magnesiumbedarf einer Kuh mit geringer Leistung zu decken. Es wären aber sechs mal mehr Blätter der Rosskastanie erforderlich (3,2 kg)*" (Zitat aus: Rahmann 2004).

Diese zweijährige Holsteinerstute beknabbert gekonnt die von Dornen geschützten mineralreichen Schlehentriebe. Foto: Vanselow

Weder der Schwarze Holunder noch die Rosskastanie sind geeignete Futterbäume für Pferde. Es gibt aber zahlreiche andere interessante Gehölze, die von den meisten Pferden gerne beknabbert werden, mit teilweise erstaunlich hohen Mineralstoffgehalten (siehe Tabelle 2.3, Seite 79).

Sicherlich hängt der Mineralgehalt der Gehölze unter anderem auch vom jeweiligen Boden ab. Rahmann (2004) hat sich mit der Mineralversorgung von Rind, Ziege und Pferd durch Laubgehölze befasst. „*Die Hypothese, dass in Laubfutter wertvolle Spurenelemente vorhanden sind, die bei ausreichender Verfütterung eine weitere Mineralstoffversorgung der Tiere erübrigt, kann anhand der empfohlenen Werte für Tierfutter und den Gehalten in Blättern bewertet werden. So zeigt sich, dass alle Laubfutterarten höhere Eisenwerte haben, als empfohlen wird. Die Blätter der Rotbuche sogar über 5 mal mehr. Bei Kupfer, Zink und Mangan gibt es Laubarten, die zu wenig, und Laubarten, die sehr viel aufweisen. So ist in Blättern der Hainbuche 60 (!) mal mehr Mangan vorhanden, als erforderlich wäre. Die*

Tab. 2.3: Mengen- und Spurenelemente in von Pferden beknabberten Gehölzen

Dt. Name	Lat. Name	Ca [g/kg]	Mg [g/kg]	Na [g/kg]	K g/kg]	Fe [mg/kg]	Mn [mg/kg]	Cu [mg/kg]	Zn [mg/kg]	Co [mg/kg]	Se [mg/kg]
Rotbuche	*Fagus sylvatica*	22,5	1,4	0,14	21,4	299	92	24	36	<0,25	0,064
Esche	*Fraxinus excelsior*	13,9	1,7	0,36	29,5	91	24	10	14	<0,25	0,051
Hainbuche	*Carpinus betulus*	17,2	1,8	0,25	12,9	172	2371	18	36	0,334	0,065
Schwarzerle	*Alnus glutinosa*	11,8	1,1	0,42	8,3	118	150	20	37	<0,25	0,061
Himbeere	*Rubus idaeus*	11,8	2,7	0,14	34,1	160	256	19	43	<0,25	0,075
Schlehe, Schwarzdorn	*Prunus spinosa*	10,1	1,6	0,63	49,0	100	70	19	19	<0,25	<0,02
Haselnuss	*Corylus avellana*	19,5	2,5	0,62	22,2	162	541	18	31	0,725	0,043
Stieleiche	*Quercus robur*	7,2	0,9	0,09	13,8	118	182	7	19	<0,25	0,036
Eingriffeliger Weißdorn	*Crataegus monogyna*	16,0	2,0	0,58	34,4	99	44	7	19	<0,25	<0,02
Salweide	*Salix caprea*	8,9	0,7	0,17	17,0	117	170	6	128	<0,25	<0,02
Bruchweide	*Salix fragilis*	11,7	0,7	0,09	25,6	77	340	10	202	<0,25	0,083
Grauweide	*Salix cinerea*	9,5	1,8	0,11	25,3	108	485	6	151	<0,25	0,073
Silberweide	*Salix alba*	29,1	3,1	0,10	21,1	140	84	9	409	<0,25	0,129
Sommerlinde	*Tilia platyphyllos*	13,9	1,2	0,09	25,6	139	418	8	19	<0,25	<0,02
Brombeere	*Rubus fruticosus und Verwandte*	9,2	1,7	0,11	34,9	129	783	16	28	<0,25	<0,02
Feldulme	*Ulmus carpinifolia*	22,7	1,2	0,10	22,7	119	43	13	42	<0,25	<0,02
Hängebirke	*Betula pendula*	14,9	1,2	0,18	5,4	94	83	10	181	<0,25	0,028
Heckenrose	*Rosa canina*	19,0	3,8	0,20	53,3	81	27	9	24	<0,25	0,041

Tab. 2.3: Einige Mengen- und Spurenelemente [in Gramm beziehungsweise Milligramm pro Kilogramm Trockensubstanz] in von Pferden beknabberten Gehölzen. Das Laub wurde im Juli 2002 in Knicks in Norddeutschland gesammelt. Ca: Kalzium; Mg: Magnesium; Na: Natrium; K: Kalium; Fe: Eisen; Mn: Mangan; Cu: Kupfer; Zn: Zink; Co: Kobalt; Se: Selen. Quelle: Rahmann 2004.

Das Laub der Hainbuche ist extrem reich an Mangan. Anhaltendes Interesse an diesem Baum könnte auf einen Mineralmangel hinweisen. Foto: Vanselow

Kobaltversorgung wäre nach den vorliegenden Werten mit Haselnuss und Hainbuche gedeckt. Dagegen sind die Selenwerte eher ungenügend und können nicht als ausreichend für eine Versorgung der Tiere angesehen werden (...). Diese Werte sind aber mit Vorsicht zu betrachten, da sie sehr stark schwanken können, wie Erfahrungen aus der Tierernährung mit üblichen Raufuttermitteln zeigen" (Zitat aus: RAHMANN 2004).

Für einige besonders mineralreiche Gehölze gibt RAHMANN (2004) die Tagesmenge an Laubfutter an, die ein Pferd fressen muss, um seinen Mindestbedarf zu decken. So würden 206 Gramm Trockensubstanz (TS) Silberweide

Nützlicher Knabberspaß: Um unerfahrene Pferde Gehölzfutter entdecken zu lassen, bieten sich zum Aufbau eines Geschmacksgedächtnisses vorgelegte Äste geeigneter Arten an wie Apfel, Hasel, verschiedene Weiden, Hainbuche, Birke, Pappel, Erle oder Edelkastanie, in begrenzter Menge auch Eiche. Foto: Fersing

reichen, um den Kalziumbedarf zu decken, 507 Gramm TS Silberweide oder 511 Gramm TS Himbeere, um den Magnesiumbedarf zu decken, 25 Gramm TS Haselnuss, um den Natriumbedarf zu decken und 235 Gramm TS Schlehe oder 255 Gramm TS Himbeere, um den Kaliumbedarf zu decken.

Thaer (1853) berichtet über die Gehölzfütterung in der Schafhaltung. Eicheln und Rosskastanien gab man den Schafen roh oder nach mehreren Tagen in Wasser eingelegt und dann im Ofen solange gedörrt, dass die Schale sich ablöste und ihr herber Geschmack wich. Als Menge gab er täglich ein Pfund (500 Gramm) an. Laubfutter für Schafe bestand laut Thaer (1853) aus Zweigen

Weißdorn ist nicht nur mineralreich, sondern vor allem eine herzwirksame Heilpflanze. *Foto: Vanselow*

Eichenrinde ist ein bewährtes Heilmittel gegen Durchfall. Im Übermaß genossen verursachen ihre Gerbstoffe Verstopfung, die im Extremfall zu Kolik und Tod führen kann. Die höchsten Gerbstoffgehalte finden sich in den Fruchtbechern. Für Pferde, die mit Eichen aufgewachsen sind, besteht kaum Vergiftungsgefahr, solange genug Gras oder Heu als Futter vorhanden ist. *Foto: Vanselow*

Die Erle hat recht hohe Kupfergehalte zu bieten. Der Erlenblattglanzkäfer liebt ihr Laub. Foto: Vanselow

von Ulmen (Rüster), Linden, Pappeln, Ahorn, Eschen und Erlen in eben dieser Abfolge. Die Zweige wurden im Juli vom Stamm geschlagen, gebündelt, getrocknet und trocken eingelagert. Die Schafe bekamen das Laub als Nebenfutter, vor allem zur Lammzeit. Das übriggebliebene Reisig war Brennmaterial. Die für diese Schneitelnutzung verwendeten Bäume wurden in drei Schläge eingeteilt, sodass jeder Baum nur alle drei Jahre abgeerntet, also entlaubt wurde.

Um unerfahrene Pferde Gehölzfutter entdecken zu lassen, bieten sich als Knabberspaß und zum Aufbau eines Geschmacksgedächtnisses vorgelegte Zweige zum Beispiel von Apfel, Hasel,

Erlen tragen zapfenartige weibliche Kätzchen, die erst im zweiten Jahr reifen. Die grünen Kätzchen im Foto sind von diesem, die schwarz-braunen, Samen streuenden vom vergangenen Jahr. Foto: Vanselow

verschiedenen Weiden, Hainbuche, Birke, Pappel, Erle oder Edelkastanie, in begrenzter Menge auch Eiche im Paddock an.

Viele Gehölze bieten neben Mineralstoffen auch interessante Wirkstoffe. Wer das Fressverhalten und die Vorlieben seines Pferdes genau beobachtet, kann wichtige Informationen zu seinem Wohlbefinden, gesundheitlichen Problemen oder Mineralhaushalt erhalten.

Auch Ulmenrinde ist ein bewährtes Heilmittel gegen Durchfall. Viele Pferde lieben es die schmackhaften Ulmen zu beknabbern und die Rinde abzuschälen – ohne Vergiftung. Durch das Ulmensterben sind diese Bäume selten geworden. *Foto: Vanselow*

Besonders die unbehaarten Weidenarten haben Pferde zum Fressen gern. Weiden sind sehr reich an Mineralstoffen, insbesondere Kalzium, Magnesium, Zink und teils Selen. Weiden enthalten aber auch den dopingrelevanten Wirkstoff Salizylsäure, bekannt als Blutverdünner und Schmerzmittel. *Foto: Fersing*

Kapitel 3

Helfer gegen Dürre und Mangel

Vielfalt – das ist mehr als nur die Summe der Bewohner. Sie umschließt alle denkbaren Strukturen, die Lebensräume erschaffen. Verlust an Vielfalt und Artensterben sind Themen der Zeit. Früher extrem häufige Allerweltsarten wie Kiebitz oder Grünfink drohen nun auszusterben.

Die Turteltaube wurde zum Vogel des Jahres 2020 gekürt. Als Bewohner der sogenannten „Halboffenen Weidelandschaften" fehlt es ihr zunehmend an Lebensräumen in Europa. Zur Erinnerung: Unter Halboffenen Weidelandschaften versteht man beweidete Grasländer, in denen Bäume und Gebüsche einzeln oder in Gruppen stehen, mitsamt den durch Relief und Regen geschaffenen Oberflächengewässern. Es handelt sich um eine durch den Fraß der Tiere geschaffene Savanne. Auch Parkanlagen, in denen die Heckenschere des Gärtners statt Hirsch oder Ziegenbock gestalterisch tätig ist, bieten vielfältige Strukturen.

Wo der Landwirt in den Gehölzen verschwendete Fläche und Konkurrenz zu seinen Nutzpflanzen sieht, findet man unsere Landschaft dieser wichtigen Bestandteile fast vollständig beraubt. Wichtige Bestandteile der Landschaft? Allerdings, denn Gehölze haben im naturnahen Ökosystem der Weidelandschaft zahlreiche Funktionen und Wirkungen. Allzu lange wurden die negativen Wirkungen hervorgehoben. Doch haben auch die Wirkungen der verholzenden, großen Gewächse eine andere Seite, beispielsweise als Kohlenstoffspeicher, die lange Zeit vergessen wurde. Ihre wichtigste Funktion besteht aber vielleicht in der geschaffenen Vielfalt, ohne die die Ökosysteme gefährdet sind.

Viele Wissenschaftler gehen heute davon aus, dass weite Teile Europas ohne das Auftauchen des Menschen Ökosysteme zeigen würden, wie wir sie aus Afrika kennen. Die großen Pflanzenfresser waren die Ersten, die den menschlichen Bedürfnissen weichen mussten. Ihr Fehlen ermöglichte wahrscheinlich erst eine flächige

Links: Die Schwarzerle ist ein mächtiger Baum. Sie spendet Schatten, sammelt Stickstoff, schützt die Landschaft vor Dürre und düngt den Boden im Herbst mit ihrem stickstoffreichen Laub. Foto: Vanselow

Bewaldung weiter Bereiche Europas. Lange Zeit haben unsere Vorfahren Reste ursprünglicher Gehölze der europäischen Fraßsavanne in den Futterflächen ihres Viehs gezielt angesiedelt oder zumindest geduldet. Zunehmend werden diese Gehölze als Platzräuber und störende Vegetation bekämpft. Ihre für die Ökosysteme so wichtigen Funktionen als ausgleichendes und weit reichendes Bindeglied zwischen der Atmosphäre und dem Boden interessieren nicht (mehr).

Gehölze sind die großwüchsigsten Pflanzen, die allein durch ihre Größe umfassender als die kleineren Gewächse ihre Umgebung durch ein ausgeglichenes Mikroklima, ihren Wasserhaushalt und die Nährstofftransporte teilweise aus großer Tiefe beeinflussen, ja, sogar Turbulenzen in der Luft oberhalb der Kronen bis tief in den Boden fortpflanzen. Gehölze schaffen Lebensraum. Sie erzeugen eine milde, fruchtbare Zone zwischen Boden und Luft, in der empfindlichere Lebewesen existieren können.

Gehölze schaffen Lebensraum. Sie beeinflussen ihre Umgebung weit mehr, als wir es wahrnehmen können. *Foto: Fersing*

Bäume sind stille Giganten mit ungeahnten Fähigkeiten. Gehölze sind weit mehr als nur Holz bildende Gewächse. Wie bei einem Eisberg ist das, was für uns sichtbar ist, oft nur die über das Wasser hinaus ragende Spitze. Der weitaus größere Teil bleibt unsichtbar. Doch was übersehen wir? Warum ist ein Baum auf der Weide mehr als nutzbares Holz und störende Struktur?

Gehölze verändern das Mikroklima

Gerade in Hinblick auf den inzwischen spürbaren Klimawandel werden die in früheren Zeiten ganz gezielt genutzten Eigenschaften von Gehölzen wieder interessant, denn die Pflanzen haben vielerlei Wirkungen auf ihre Umgebung. Wir alle kennen ihren Einfluss auf das Mikroklima. Wir suchen Schutz unter ihrem Blätterdach bei Sommerhitze oder Regen, aber auch mit dem Zelt bei nächtlicher Auskühlung unter freiem Sternenhimmel. Ihre ausgleichende Wirkung auf die Temperatur ähnlich einem Puffer ist ganz einfach mit dem Thermometer zu messen und keineswegs Einbildung. Sofort einsichtig ist ihre Wirkung auf das Licht. Ein Blätterdach wirft Schatten und kann die Sonne mehr oder weniger verschatten. Im Halbdunkel und in nur kurzzeitig voll besonnten Lichtungen wachsen Pflanzen anders als in ganztags prallem Sonnenlicht. Pflanzen siedeln sich entsprechend ihrer Lichtbedürfnisse an. Jeder findet seinen Platz.

Einen ganz besonderen und oft übersehenen Einfluss haben Gehölze auf die Feuchtigkeit. Das beginnt mit ihren Wurzeln, die dem Boden Feuchtigkeit entziehen. Die Wasserabgabe, zumeist als Transpiration der Blätter, ist der Motor, mit dessen Hilfe die Pflanze dem Boden zusammen mit dem Wasser die darin gelösten Nährstoffe entziehen kann. In Grenzen kann die Pflanze die Wasserabgabe in die Atmosphäre aktiv regulieren. Der ununterbrochene Wasserfaden im Stamm ist gegensätzlichen Kräften ausgesetzt: Auf der einen Seite die Kraft, mit der die trockene Luft dem Boden über das Blatt Wasser entziehen kann. Auf der anderen Seite die Summe aus dem Reibungswiderstand der feinen Wasserleitbahnen und dem Gewicht des ununterbrochenen Wasserfadens von der Wurzel bis ins Blatt. Wo diese beiden Kräfte sich entsprechen, ist das Höhenwachstum des Baumes begrenzt. Darum wachsen Bäume nicht beliebig hoch in den Himmel.

Ein typisches Gehölz der Hutewälder in Ungarn ist die Wildbirne (siehe auch Foto Seite 232). Dieser Wärme liebende Tiefwurzler hat recht hartlaubige Blätter, wodurch er gut gegen Dürre geschützt ist. Foto: Vanselow

Acker-Schachtelhalm (Equisetum arvense) zählt zu den Intensivwurzlern und hat eine wichtige Funktion in der Pflanzengesellschaft. Foto: Vanselow

Der Schachtelhalm holt Nährstoffe nach oben und stellt sie Pflanzenfressern und Laubzersetzern zur Verfügung. Foto: Fersing

rechtzeitig vor der Trockenheit in geschützte Bereiche rückverlagern und die allgemein Speicher anlegen.

Intensivwurzler stellen zudem so etwas wie eine Mineralpumpe dar. Sie holen aus den Tiefen des Bodens seltene, begehrte Nährstoffe nach oben. Diese stehen dann Pflanzenfressern und Laubzersetzern zur Verfügung. Damit wird den Humusbildnern und somit den Bodenbereitern eines belebten Systems ein Überleben an Mangelstandorten überhaupt erst ermöglicht. Für die Sümpfe Alaskas ist die Aufgabe der tief wurzelnden Schachtelhalme als Mineralpumpe dieser Ökosysteme belegt (Marsh et al. 2000). Ohne Schachtelhalme könnte die mineralarme Streu der anderen Gewächse kaum zersetzt werden. Die entstehende Rohhumusschicht wäre lebensfeindlich, die Artenvielfalt und der Stoffumsatz der Sümpfe wären erheblich geringer (Marsh et al. 2000). Thomas & Prevett (1982) stufen die Schachtelhalme als „sukkulentes Hochproteinfutter" ein. An nährstoffarmen Standorten kann dieses Futter überlebenswichtig sein: *„Junge Triebe des Teich-Schachtelhalms (Equisetum fluviatile) dienen der Ernährung ziehender und brütender Gänse sowie deren Gössel (Thomas & Prevett 1982). Schachtelhalme können zum Speisezettel von Schwarzbären (Machutchon 1989, zitiert in Husby 2003), Schneehuhn (Emison & White 1988, zitiert in Husby 2003) sowie Fischen (Rutilus rutilus) (Braband 1985, zitiert in Husby 2003) gehören. Junge Schwäne (Cygnus buccinator) fressen Equisetum fluviatile und Equisetum arvense (Grant et al. 1994). Auch Elche und Hasen fressen Schachtelhalme in Alaska (Marsh et al. 2000). Hrabok (2006) beschreibt Equisetum fluviatile als Notfutter der Rentiere Lapplands in harten Wintern, zusätzlich zu Heu und gekauftem Kraftfutter. Hauke (1969a, zitiert in Husby 2003) schreibt,* *dass in Costa Rica Rinder offenbar unbeschadet und mit Genuss tropischen Riesen-Schachtelhalm fressen. Ähnliches berichtet* WEBER *(1902) von Kühen im westlichen Holstein, die mit Begierde ohne Schaden Equisetum hyemale fraßen"* (Zitat aus: WEBER & VANSELOW 2011).

Diese Zusammenhänge als düngende Mineralpumpe und Teil des Wasserkreislaufs konnten auch für die Gewächse im extrem trocken-heißen Südosten Spaniens, der Region mit der einzigen natürlichen Wüstenbildung Europas, für die dort typischen Retama-Gebüsche und ihren Unterwuchs nachgewiesen werden (MORO et al. 1997). Gehölze fangen allgemein Regen-, Nebel- und Kondenswasser mit ihren Kronen auf und leiten es am Stamm als Stammabfluss dem Boden zu, was zu einer Versauerung am Stammfuß des Baumes führen kann. Sichtbar machen die Versauerung am Stamm die dort wachsenden Säurezeiger wie etwa Drahtschmiele am Fuße von Buchen. Die Büsche im Südosten Spaniens führen das aufgefangene Wasser im Stammbereich tieferen Bodenschichten zu (ARCHER et al. 2002). Die immergrünen Retama-Büsche aus der Verwandtschaft der Ginster reichen als absolute Spezialisten mit ihren Pfahlwurzeln 20 Meter tief und profitieren von den Wasserreserven des Bodens, an die andere Gewächse nicht heran kommen (ARCHER et al. 2002). Pflanzen sind die Vermittler in den Kreisläufen zwischen Boden und Atmosphäre.

Intensivwurzler holen begehrte Nährstoffe aus den Tiefen nach oben, wo sie benötigt werden

Retama (Retama sphaerocarpa) ist ein zu den Ginstern gehörender Rutenstrauch. In Rambla de Tabernas, Europas einziger natürlicher Wüste in Andalusien, zapft dieser Überlebenskünstler mit seiner bis zu 20 Meter tief reichenden Pfahlwurzel verborgene Wasservorkommen an. Zudem fegen die immergrünen Zweige Kondenswasser aus der Luft. Als Schmetterlingsblütler kann er mit Hilfe der Mikroorganismen in seinen Wurzelknöllchen Luftstickstoff nutzbar machen – und versorgt über die Streu auch seine Umgebung mit wertvollen Nährstoffen. *Foto: Vanselow*

Das Gehölz als Summe kleiner Pflanzen

Wir Menschen tun uns oft schwer, die Lebensform Pflanze zu verstehen. Tatsächlich kann man einen Baum betrachten, verstehen und sogar mathematisch beschreiben als „*Summe kleiner Pflanzen wurzelnd im Stamm*“ (Tyree 1988). Unter dieser Kurzformel verbirgt sich die Beobachtung, dass die Teile der Pflanze wie bei einem Schachtelhalm ineinander stecken, die kleineren Teile in den nächst größeren inserieren. Anschaulich „wurzelt“ jedes Blatt wie ein Individuum, also wie eine kleine Pflanze, in einem Zweig, jeder Zweig in einem Ast, der Ast im Stamm, der Stamm in der Wurzel, die Wurzel im Boden. So wird verständlich, warum es oftmals so einfach ist, Stecklinge zu ziehen oder Ableger zu machen.

Aus einem Steckling gezogene Trauerweide. *Foto: Fersing*

Andererseits wird auch verständlich, wie es dazu kommen kann, dass ein Baum nach großer Dürre ganze Äste abwirft: Lufteintritte in die feinen Leitungsbahnen führen zur Unterbrechung der Wasserfäden. Tyree (1988) stellte fest, dass Pflanzen ständig am Rande der katastrophalen Wasserleitungsbahnen-Dysfunktion und somit nahe am Kollaps leben (Tyree & Sperry 1988). Wenn die Spannung in den Wasser leitenden Gefäßen zu hoch wird, kann der Wasserfaden reißen (Tyree & Sperry 1989a). Das Reißen der Wasserfäden bei angespannter Wasserversorgung ist tatsächlich hörbar (Tyree & Sperry 1989b). Diese Gefäße werden vom hydraulischen Leitungssystem isoliert, wissenschaftlich bezeichnet als Cavitation, um Schaden abzuwenden.

Dieselbe Trauerweide elf Jahre später bei sommerlicher Trockenheit. Das Abfressen der herunterhängenden Zweige verträgt der Baum. *Foto: Fersing*

Da das Reißen der Wasserfäden unter zu hoher Anspannung ganz normal für Pflanzen ist, haben sie unterschiedliche Mechanismen entwickelt, um den Schaden zu beheben oder einzugrenzen. Krautige Pflanzen nutzen gerne einen hohen Wurzeldruck und die aktive Wasserausscheidung, um ihr Leitungssystem wieder von hydraulischen Unterbrechungen zu befreien. Das geschieht meist über Nacht. Das Fachwort dafür ist Guttation. Mais, Wegerich und Huflattich sind hierfür bekannte Beispiele (TYREE et al. 1986). Typisch sind die morgendlichen Wassertropfen an den Blattspitzen und Blatträndern dieser Pflanzen dort, wo große Leitungsbahnen enden. In der Hälfte der Leitungsgefäße im Mais riss im Feldversuch im Laufe des Tages der Wasserfaden und wurde über Nacht repariert (TYREE et al. 1986). Dabei waren diese Wasser leitenden Gefäße im Mais durchschnittlich zwei Zentimeter lang, maximal sogar bis zu 15 Zentimeter.

Je höher eine Pflanze, desto geringer muss der Leitungswiderstand durch möglichst glatte Gefäßwände sein. Geradezu ideale Leitungseigenschaften extrem langer und weitlumiger Gefäße mit minimalen Wandwiderständen zeigen Kletterpflanzen, also Lianen. Oft vergessen wir, dass unsere heimische Flora auch derartig wachsende Lebensformen beherbergt: Clematis, Waldgeißblatt, Wilder Wein, Brombeere oder Hopfen sind Lianen unserer heimischen Wälder und Teil des Ökosystems Wald. In verholzten großen Pflanzen werden

Das Waldgeißblatt ist eine wichtige Nektarquelle für Nachtfalter, die wiederum Fledermäuse ernähren. Vögel fressen die roten Früchte und verbreiten die Samen mit ihrem Kot, wenn sie auf Zweigen rasten.

Spitzwegerich profitiert auf Pferdeweiden von mäßigem Vertritt und kurz gefressenen Gräsern, seinen Konkurrenten um Licht, Nährstoffe, Wasser und Platz. Seine Samen gelangen oft mit der Heufütterung auf die Weideflächen, entweder direkt oder über den Dung.

Hopfen gehört zu den Hanfgewächsen. Arzneilich von Interesse sind die fruchtenden weiblichen Blüten, deren Inhaltsstoffe interessante Wirkungen haben.

Fotos: Vanselow

Unterbrechungen des Wasserfadens mit Hilfe von Substanzen gezielt repariert, die den Wasserdruck erhöhen. Diesen Vorgang der Osmose kennen wir vom Salz, das Wasser zieht und nass wird, und vom Berliner, der am Neujahrsmorgen klebrig feucht ist.

Blattabwurf ist Selbsthilfe der Pflanze

Trotz aller Maßnahmen, zu denen auch gezielte pflanzliche Bewegungen wie das Einrollen der Blätter oder Veränderungen des Winkels zur Sonneneinstrahlung gehören, sind Verluste in Notzeiten nicht immer zu vermeiden. Der Hauptwiderstand für die Wasserleitung, und also der für Embolien anfälligste Ort, liegt im Baum im Bereich der Zweige, während der Stamm und die Blätter einen Wasserspeicher bilden (Tyree 1988). In Astansätzen sind die Widerstände gegen den Wasserfluss besonders hoch (Tyree & Sperry 1988). Diese Bauweise der Bäume und die aktive Regulierung der Wasserabgabe über die Blätter durch deren aktiv regulierbare Poren, die Stomata, minimiert die Verwundbarkeit durch Embolien in den Wasserleitungen (Tyree & Sperry 1989a). Gerät das Verhältnis von Wassernachleitung und Wasser abgebender Fläche dennoch aus dem Gleichgewicht, dann muss über Blattabwurf und Rücksterben von Zweigen oder ganzen Ästen die Wasserbalance des überlebenden Restbaumes wieder hergestellt werden (Tyree & Sperry 1989a, Tyree et al. 1993). Blattabwurf geht auf Kosten der die Sonnenenergie in Kohlenhydrate umsetzenden Reaktionsfläche und also an die Substanz des Baumes.

Brettwurzeln ermöglichen der hochwüchsigen Flatter-Ulme, auf schweren, wechselnassen Auenböden ohne Tiefwurzeln trotz zeitweiser Überstauung standhaft zu bleiben. Brettwurzeln wurden früher mit Ästen geschlagen und so zur Verständigung genutzt. *Foto: Vanselow*

Laub abfressende Tiere können einem Gehölz helfen, bei Sommerdürre zu überleben, weil sie die wasserabgebende Blattmasse reduzieren. *Foto: Fersing*

Unter diesem Aspekt betrachtet können Laub abfressende Tiere einem Gehölz durchaus helfen, bei Sommerdürre zu überleben.

Blattabwurf kann weitere Gründe haben. Ein Blatt, das nicht mehr genug Wasser abgeben kann, droht Hitzeschäden zu erleiden. Die Alterung, also die Seneszenz von Blättern, kann tatsächlich auch durch zu hohe Lichtintensitäten verursacht werden. Bei der Photoinhibition wird die Photosynthese durch ein Zuviel an Sonnenlicht behindert, bei der Photodestruktion treten am Photosyntheseapparat Schäden auf. Abgeworfenes Laub reduziert die Fläche, mit der die Pflanze im Zuge der Photosynthese Kohlenhydrate aus Wasser und Kohlendioxid mit Hilfe des Sonnenlichts herstellen kann. Abgeworfenes Laub ist eine Form pflanzlicher Müllentsorgung oder sogar eine Form der Entgiftung. Das gilt nicht nur für die Pflanzen der Salzmarschen, die über die Blätter das Überangebot an Salz entsorgen. Auch Parasiten kann die Pflanze durch Abwurf kurzerhand entsorgen.

Auch Parasiten kann eine Pflanze durch Blattabwurf kurzerhand entsorgen

Gehölze und Kommunikation

Pflanzliche Körper sind eine für viele Menschen schwer zu denkende Lebensform. Die Summe der miteinander verbundenen Pflanzenzellen baut sich im pflanzlichen Körper ihre eigene stabilisierende und schützende Umgebung. Die von den Zellen nach außen abgegebenen Substanzen bilden das stabile Korsett aus Zellwänden. Sie bestehen aus totem Material, überwiegend aus Zellulose und Holzstoffen. Durch lebendige, feinste Zellschläuche, die Plasmodesmen, bleiben alle lebendigen Zellen miteinander in ständigem Kontakt und Austausch. Daher unterscheidet der Botaniker den pflanzlichen Körper in Symplast (alle miteinander verbundenen lebenden Zellen) und Apoplast (alle nicht lebendigen Strukturen). Die Kommunikation von Zelle zu Zelle durch die lebendigen Zellverbindungen bezeichnet man als intrazellulär, während der Bereich zwischen den Zellen voller Wandstrukturen als „interzellulärer Spalt" bezeichnet wird. Alle diese pflanzlichen Zellen werden umgeben von ihren eigenen Strukturen und liegen quasi in ihrem eigenen Saft.

Was im ersten Moment nach ziemlich trockener Theorie ausschaut, entpuppt sich beim zweiten Blick als unglaublich spannende Ähnlichkeit zu tierischen Geweben: Die pflanzlichen Zellen sind umgeben von einer gigantischen Oberfläche, ähnlich den Zotten an der Darmwand. Riesige Oberfläche steht für den Austausch von Stoffen, Informationen und Signalen. Geringste, fast schon homöopathische Mengen an Botenstoffen außerhalb der Zellen treffen hier auf enorme Flächen von Zellmembranen. Armleuchteralgen des Süßwassers (*Chara*, *Nitella*) können beispielsweise mit ihren teilweise mehrere Zentimeter langen, fädigen Zellen als pflanzliches Modell genutzt werden für die biophysikalische Erforschung von Transportmolekülen (Carriern) durch Zellmembranen, wie sie auch in tierischen Nervenzellen zu finden sind (Hansen et al. 2003).

Echter Mutterkornpilz (Claviceps) auf Ruchgras (Anthoxanthum odoratum, links) und auf Rohrschwingel (Festuca arundinacea, rechts). *Fotos: Vanselow*

Das Pilzgeflecht (Mycel) des Graskernpilzes (Erstickungsschimmel, Epichloë typhina) verhindert die Blütenbildung seines Wirtsgrases, hier Gewöhnliches Rispengras (Poa trivialis). Das hier noch weiße Mycel färbt sich im Zuge der Reifung orange. *Foto: Vanselow*

Doch damit nicht genug kommen noch Mikroorganismen wie Bakterien und Pilze ins Spiel. Der interzelluläre Spalt aller Pflanzen wird als Lebensraum oft besiedelt durch Endophyten. Dabei bieten die großen Oberflächen den Organismen die Möglichkeit, durch minimale Konzentrationen von Wirk- und Botenstoffen sehr intim Informationen auszutauschen. Mikroorganismen, die innerhalb des Pflanzenkörpers leben, bezeichnet man als Endophyten. Unsere Futtergräser leben oftmals in Gemeinschaft mit Pilzen aus der nächsten Verwandtschaft der Mutterkornpilze (Krauss et al. 2020). Die Pilze können dabei für die Widerstandskraft der Gräser und die Abwehr von Fraßfeinden der Futtergräser von größter Bedeutung sein (Vanselow 2019). Die Erforschung der Kommunikation zwischen diesen pilzlichen Endophyten und den pflanzlichen Zellen der Gräser hat gerade erst begonnen (Bacon & Hinton 2018).

Kapitel 4

Naturnahe Pferdehaltung

Bäume sind keine überflüssige Dekoration. Sie sind wichtige Elemente unserer Landschaft mit vielfältigen Funktionen für alle Prozesse zwischen Boden und Atmosphäre, eingebunden in alle Stoffkreisläufe. „Bäume auch in der Pferdehaltung!“ ergibt sich daraus als logische Forderung.

Gehölze sind in vielerlei Hinsicht unverzichtbar. Angesichts der bislang dargelegten Fakten erscheinen Büsche und Bäume in der Weidetierhaltung und ihr traditioneller Einsatz dort in ungewohntem Licht. Daher lohnt es sich, genau anzuschauen, welche Gehölze in Pferdehaltungen warum wo gedeihen können, wie sie in der Vergangenheit gezielt eingesetzt wurden und wie sie helfen können, die Zukunft auf diesem Planeten lebenswert zu gestalten.

Das „System Eichelhäher“

Wie entsteht eigentlich die europäische Fraßsavanne? Gibt es Zusammenhänge, die Pferdehalter bei der Gestaltung einer naturnahen Weidelandschaft beachten sollten? Welche Strukturen gehören zusammen? Tatsächlich kommt es in bereits artenreichen Weidelandschaften erstaunlich schnell zu einer Verbuschung. Wer sind die Gärtner? Nur durch Verbiss, vor allem im Winter, können die Gehölze zurückgedrängt werden. Wer sät sie wo aus und wer hält sie in Schach? Welche Gegenspieler sollten wir kennen und gezielt einsetzen?

Viele Gehölze lassen ihre Samen durch Tiere verbreiten. Die Farbe Rot spricht weniger Säugetiere als vielmehr die Vögel an. Beide sehen die Farbe Rot. Aber während Säugetiere Zähne haben und Samen zerkauen können, schlucken Vögel Früchte unzerkaut herunter. Kein Wunder, dass die Europäische Eibe im New

Links: Auch wenn Pferde nicht rund um die Uhr auf Grasflächen gehalten werden können, lassen sich doch ihre Ausläufe begrünen: mit Gehölzen, die nicht abgefressen werden wie etwa Holunder, und mittels Hecken außerhalb der schützenden Umzäunung, hier eine alte Wildrosenhecke. Foto: Fersing

Forest in England mit uralten, stattlichen Exemplaren vertreten ist. Ihre Samen sind von rotem, zuckersüßem Gewebe des Samenmantels (Arillus) umgeben. Der Same ist giftig, der verlockende Samenmantel keineswegs. Der Vogel schluckt den Samen unbeschadet herunter und verbreitet ihn quasi als Dank für den leckeren Bissen mit seinem Kot.

Auch der Weißdorn setzt bei der Samenverbreitung auf Vögel, zumeist Amseln und andere Drosseln. Ohne den Aufenthalt im Verdauungstrakt des Vogels keimt der Weißdornsame schlechter. Manche Gärtnereien hatten daher früher eine Amselvoliere. Oft keimen diese Sträucher unter Zäunen. Nicht etwa, weil dort zu selten gemäht wurde, sondern die Gehölze werden dort vermehrt von auf dem Zaun rastenden Vögeln mit dem Kot ausgeschieden und so ausgesät. Auch als Sitzplatz attraktives Totholz, Felsvorsprünge oder vertrocknete Stauden, die zur Rast einladen, sind Geländestrukturen, an denen Vögel Samen über ihren Kot ausbringen. Diese Tatsache machen sich sogenannte Benjeshecken zunutze.

Der Eichelhäher pflanzt lichte Eichenwälder

Andere Samen werden vom Wind verweht. Das gilt besonders für Pappeln und Weiden, deren Samen winzig sind und von wattig-feinen Haaren umgeben weite Strecken durch die Luft zurücklegen. Doch wenn die Eiche der Schirmbaum der europäischen Savanne sein soll, wie verbreiten sich dann diese schweren, äußerst schmackhaften Samen in der Fläche? – Nicht nur Wildschweine lieben Eicheln: Hier kommt ein ganz besonderer Gärtner ins Spiel: der Eichelhäher.

Dieser bunte, anpassungsfähige Clown unter den Rabenvögeln ist ein kluger Eurasier. Er sammelt das ganze Jahr über Vorräte, aber im Herbst sorgt er für die kalte Jahreszeit bis ins Frühjahr vor. In der Hauptsammelzeit für Nüsse und Eicheln im Oktober ist er den gesamten Tag, also etwa zehn bis elf Stunden, fleißig damit beschäftigt. Der Häher legt bevorzugt in strukturreichem Gelände, gerne unter Büschen, in der Erde Vorräte aus jeweils wenigen Eicheln an, um im Winter genug Futter zu haben. Er versteckt mehr Vorräte, als er verbraucht. Tatsächlich pflanzt er mit seinem Eifer den Wald für seine Nachkommen. Dabei ist sein Einsatz ganz erstaunlich: Wenn in der näheren Umgebung keine guten Futterbäume stehen, legt er bis zu acht Kilometer zwischen Futterquelle und Versteck zurück. Pro Flug transportiert er fünf bis sieben, maximal zehn Eicheln im Schlund und eine zusätzliche Eichel im Schnabel. Ein einziger Eichelhäher sammelt so im Jahr über 3000 Eicheln, was mehr als 15 Kilogramm Eichensamen entspricht. Diese sehr schweren Samen werden also enorm weit verbreitet. Ein lichter Wald wird gepflanzt.

Die keimende Eiche wird von dem Busch über ihr vor hungrigen Mäulern geschützt. Handelt es sich um einen Weißdorn, dann ist der Busch umso dichter und dorniger, je intensiver er angeknabbert wird. Der Weißdorn wird in seinem Wuchs durch die ständigen Verletzungen zur Bildung von Dornen und zu einem gedrungenen Wuchs angeregt. Nicht beknabberte Weißdorne tragen kaum Dornen und zeigen einen

ausladenden Wuchs. Im Schutz der heckenartig verdichteten Zweige und Dornen sind viele Insekten, Spinnen und Vogelnester versteckt – und manchmal auch eine junge Eiche.

Weißdorn wird umso dichter und dorniger, je intensiver der Busch angeknabbert wird – und bietet damit viel Lebensraum

Eichenkeimlinge sind ihrerseits optimal an Fraß angepasst. Da die dicken Keimblätter des Samens in der Erde bleiben, kann der Keimling, wenn er abgefressen wird, neu austreiben. Die Buche und der Ahorn mit ihren über die Erde erhobenen, ergrünten Keimblättern verkraften den Verlust der Keimblätter nicht. Der Grund ist einfach: Unterhalb der Keimblätter finden sich keine Gewebe, die einen Neuaustrieb ermöglichen. Daher vernichtet ein tief eingestellter Rasenmäher Buchen- und Ahorn-Keimlinge, nicht jedoch Eichenkeimlinge.

Sobald die junge Eiche sich über den Busch erhebt, wird auch sie von Weidetieren angefressen, denn ihr Laub und ihre Rinde sind sehr schmackhaft. Auch damit kommt die Eiche über Jahrzehnte klar. Sie wächst dann sehr dicht und bildet einen knorrigen Zwergwuchs, der hungrigen Mäulern schwer zugänglich ist. Irgendwann schafft sie es, sich über die Reichweiter der Mäuler zu erheben. Ein neuer Schirmbaum entsteht.

Die Fraßsavanne ist ein dynamisches Mosaik mit einer Umbruchzeit von etwa 500 Jahren, also der durchschnittlichen Lebenserwartung einer Eiche. Wo heute eine kräftige Eiche steht, wird an ihrem Lebensende Humus aus Totholz liegen und daraus vielleicht ein Weiderasen entstehen. Irgendwann könnte dort ein Weißdorn Fuß fassen und der Kreislauf würde mit dem Eichelhäher von vorne beginnen.

Keimende Eicheln. Die dickfleischigen Keimblätter sind gut zu erkennen. Sie bleiben unterhalb der Reichweite von Weidetierzähnen am oder im Boden.
Foto: Vanselow

Aus dem Blickwinkel des Pferdehalters

Ein solcher intensiv beweideter Wald erscheint uns heute eher als die Aneinanderreihung von Lichtungen mit eingestreuten Bäumen. Durch die allgegenwärtigen Büsche trägt dieser Wald zudem den Charakter eines permanenten Waldrandes. Die Vegetation wird in ihrem Übergang (Sukzession) durch die weidenden Tiere im Prozess der ständigen Bewaldung aufgehalten. Die Experten streiten bis heute darüber, was ein Urwald im eigentlichen Sinne in Europa wäre, wie natürlich weidende Tiere im Naturschutz sind und ob der Prozess oder die Sukzession zu schützen sei.

Intensiv genutzter Bereich einer Pferdeweide. Die Vegetation ist durch Tritt und Fraß an dieser Stelle oberirdisch entfernt, erholt sich aber aus den Wurzeln nach Weidewechsel und Regen rasch. Das Pferd im Vordergrund streckt sich nach Schlehe. *Foto: Vanselow*

Wir Pferdehalter haben eine andere Sicht auf diese Dinge: Uns geht es in erster Linie um eine gesunde, artgerechte Tierhaltung. Tatsächlich haben Pferde hier bereits lange vor den Menschen gelebt. Die großen Herden Europas mit ihrer lange Zeit übersehenen Ähnlichkeit zur Fauna Afrikas waren vielleicht sogar die Triebfeder der Einwanderung des modernen Menschen nach Europa. Die Malereien früher Menschen in den Höhlen zeigen die Tiere, mit denen sie lebten, sehr konkret. Unsere heutigen Haustiere sind mehr oder weniger Nachfahren dieser Tiere. Welche Bedürfnisse haben unsere Tiere heute, wie viel Witterung dürfen wir ihnen zumuten, wie viel Schutz benötigen sie?

Pferde haben hier bereits lange vor den Menschen gelebt

„*Zum Gedeihen des Jungviehs auf der Weide ist es unerläßlich, daß es in den Koppeln windgeschützte Räume und Schutz vor Sonnenbrand oder Gewittergüssen findet und jederzeit ausreichend mit gutem Tränkwasser versorgt ist*“ (Zitat aus: HAUCK 1952). WÖLFER (1932) schreibt über den Nutzen norddeutscher Wallhecken in der Weidehaltung: „*In waldarmer Gegend haben diese Knicks Vorzüge, sie schützen das Vieh und Saaten vor Wind, spenden Schatten und geben dem Weidevieh Schutz vor schräg einfallendem Regen*“.

Wovon ernährt sich ein Pferd optimal? Auf die Aussagen führender Hippologen wie Oberinspektor A. Bürger, Leiter des Preußischen Hauptgestüts Vollblutgestüt Altefeld, hatte ich bereits hingewiesen (siehe Seite 106, „Gehölze gegen Artenschwund“). Bürger warnte schon vor hundert Jahren, dass „*manche seuchenartig auftretende Krankheiten … sich vielleicht auf allzu einseitige Ernährung gründen*“ (Zitat aus: BÜRGER 1928). Und WÖLFER (1932) vermutete: „*…die Tiere fressen sich wohl auch an mancherlei bitteren Kräutern und Blättern, die der Knick bietet, bei Krankheiten wieder gesund.*“

Zum Wohlbefinden gehört auch das Komfortverhalten mit Wälzen und Scheuern. Dies muss ebenso befriedigt werden wie der Bedarf an Fasermaterial im dafür ausgelegten Verdauungstrakt, an undurchdringlichen Strukturen zur Aggressionsvermeidung rivalisierender Tiere und gleichzeitig genug Überblick als Sicherheit vor potenziellen Raubtieren. Die traditionelle Weidetierhaltung in Europa mit völlig frei laufendem oder gehütetem Vieh entspricht weitgehend dem modernen Naturschutz mit Hilfe großer Pflanzenfresser in einer nicht nur vom Eichelhäher gepflanzten Fraßsavanne.

Keine Viehweide ohne Gehölz

Für ein buntes Mosaik braucht es viele Mitspieler und also eine hohe Artenvielfalt. „*Überall da, wo sich infolge örtlich anstehender Gesteinsrippen, Unebenheiten der Bodenoberfläche und Viehpfaden auf eng begrenzter Fläche Unterschiede des Standortes finden, ist auch ein sehr kleinräumiger Wechsel des Pflanzenbestandes zu beobachten*" (Zitat aus: KNAPP & KNAPP 1953). Eine hohe Biodiversität hängt weniger davon ab, ob das Land konventionell oder ökologisch bewirtschaftet wird, sondern vor allem von einer reich strukturierten Umgebung, also einem Mosaik aus kleinen Feldgrößen, breiten Hecken, Gehölzen und liegen gelassenen Ecken (TSCHARNTKE et al. 2021).

Eine Verringerung der Pferdedichte fördert einen vielfältigeren und höheren Aufwuchs und schafft mehr Lebensraum für Wirbellose

Maßnahmen, die regelmäßig entstehende Strukturen auslöschen, unterbinden die Mosaikbildung. Insbesondere die (Nach-) Mahd und das Mulchen wirken sich verheerend auf die Kleinlebewesen im Grasland aus. Die traditionelle Beweidung mit wenigen Tieren auf Standweiden, also ohne Umtrieb, entspricht dagegen weitgehend dem, woran sich Tiere und Pflanzen seit Jahrmillionen angepasst haben (NICKEL 2019).

Pferde erhöhen im Vergleich zu Rindern die Biodiversität durch ihr Weideverhalten stärker (SCHMITZ & ISSELSTEIN 2020), doch darf die Besatzdichte nicht zu hoch sein. Pferde reduzieren die Dichte und Artenanzahl von Grashüpfern, Heuschrecken und anderen Wirbellosen des feuchten Graslands, in dem sie ihnen im kurz gefressenen Gras den Schutz vor Witterung und Beutegreifern, vor allem Vögeln, nehmen (GARDINER & HAINES 2008). Eine Verringerung der Pferdedichte von 3,5 Pferden pro Hektar auf zwei Pferde pro Hektar könnte über die Schaffung eines mehr heterogenen und höheren Aufwuchses diesen Tieren den für sie wichtigen Lebensraum schaffen (GARDINER & HAINES 2008). In Besatzdichten von 0,4 Jährlingshengsten pro Hektar naturnahem Grasland unter ganzjähriger Beweidung in Schweden bewirkten die eingesetzten Gotlandpferde eine Zunahme der Artenvielfalt, insbesondere von Blütenpflanzen sowie Bestäubern wie Hummeln und Schmetterlingen (GARRIDO et al. 2019). Auch eine Beweidung durch polnische Koniks in Frankreich konnte die Artenvielfalt im Grasland messbar erhöhen (MOINARDEAU et al. 2021).

Mahd, Nachmahd und Mulchen wirken sich verheerend auf die Kleinlebewesen aus, ebenso der Einsatz von Aufbereitern

Die Erntetechnik ist bei der Heuernte von entscheidender Bedeutung für die Vernichtung oder Schonung der Wiesenfauna (CROFTS & JEFFERSON 1999, SCHIESS-BÜHLER et al. 2011). Je kleinräumiger und in verschiedenen Flächen zeitversetzt die Maßnahmen, desto geringer die Tierverluste. Hoher Schnitt schont Gelege von Vögeln ebenso wie Amphibien, Reptilien und bodennah lebende Insekten. Stehen gelassene Ecken und Inseln bieten Rückzugsräume für die fliehenden Tiere.

Hoher Schnitt schont Vogelgelege, Amphibien, Reptilien und Insekten

Beim Mähen werden die fliehenden Tiere getrieben. Das gilt für Heuschrecken genauso wie für Frösche und den Wachtelkönig. Daher beginnt man dort, von wo die Tiere vertrieben werden sollen, und arbeitet sich auf die Bereiche zu, in denen die Tiere Ruhe finden können, also ausgesparte Randbereiche, Ecken oder vorübergehend zeitversetzt stehen gelassene Inseln hoher Wiesenpflanzen.

Sogenannte Aufbereiter in der Mahd erhöhen die Tierverluste nochmals erheblich: *„Der Einsatz des Konditionierers beeinflusste den prozentualen Anteil beschädigter Individuen deutlich und erhöhte ihn über alle untersuchten Gruppen von 50 % ohne*

Kaltbluttraber und Vollbluttraber auf ihrer naturbelassenen Sommerweide in Schweden. Derart „steinreich" waren früher auch viele Standorte in Deutschland. *Foto: Vanselow*

Konditioniererеinsatz auf 70 % mit Konditioniererеinsatz" (Zitat aus: HECKER et al. 2022). Bei den Heuschrecken erhöhten sich die Verluste bei der Mahd von 72 Prozent auf 86 Prozent, bei den Käfern von 58 Prozent auf 85 Prozent (HECKER et al. 2022).

Bei sehr intensiver Tierhaltung auf wenig Raum kann auf Maßnahmen wie das Abäppeln, Nachmähen und Düngen oft nicht verzichtet werden, schon allein um den Parasitendruck niedrig zu halten und genug Futter zu produzieren. Wo aber genug Fläche vorhanden ist, müssen diese Maßnahmen überdacht werden, jede für sich. Ameisenhaufen, Maulwurfshaufen, Geilstellen, große Steine, Totholz, Geländeunebenheiten – all diese für die intensive Futterproduktion hinderlichen Ärgernisse schaffen Minibiotope für Pflanzen und Tiere. Das, was viele Pferdehalter als unordentlich und ungepflegt verachten und ablehnen, ist die Heimat vieler bedrohter Lebewesen. Wo sich aber Eidechsen und Blindschleichen wohl fühlen, wird ein Pferd auch eine höhere Auswahl an eiweiß- und mineralhaltigen Kräutern finden und bei Bedarf diejenigen Heilpflanzen, die sein Wohlbefinden und seine Gesundheit steigern können.

Das, was Pferdehalter oft als ungepflegt ablehnen, ist die Heimat vieler bedrohter Lebewesen. Hier wird ein Pferd auch eine höhere Auswahl an Kräutern finden und bei Bedarf die passenden Heilpflanzen

Wer glaubt, doch wenigstens auf Ameisenbauten auf der Pferdeweide verzichten zu können, dem möchte ich eine eigene Beobachtung nicht vorenthalten: Unter meinen Pferden war eines, das gerne tiefe Löcher buddelte, um sich darin ausgiebig zu wälzen. Nur männliches Machtgehabe? Vielleicht. Mir fiel irgendwann auf, dass er dazu ausgerechnet dort buddelte, wo Ameisen, genauer Knotenameisen, ihren Bau hatten. Klar, dachte ich mir, da ist der Boden schon schön locker und er kann ihn leichter ausheben. Als Biologin musste ich irgendwann daran denken, dass sich Vögel ganz gezielt auf die großen Haufen der Waldameisen setzen, dort ihre Flügel abspreizen und sich von den verärgerten, gereizt ihren Bau verteidigenden Ameisen Ameisensäure auf die wenig befiederten Bereiche unter den Flügelachseln spritzen lassen. Die Ameisensäure wirkt gut als natürliches Parasitenmittel gegen Milben und Insekten. Die Vögel nutzen das ganz gezielt. War es reiner Zufall, dass dieses Pferd zwar kein Ekzemer, wohl aber ein Allergiker war, der sehr unter Insektenstichen litt? Hat er sich im Hochsommer mit Ameisensäure ganz gezielt gegen Blutsauger parfümiert?

Die vielen Funktionen von Pflanzen für Weidetiere können wir bislang nur erahnen

Auch lästige Sträucher könnten ungeahnte Funktionen haben. Im Naturschutzgebiet Schäferhaus wächst viel Besenginster. Die dort frei laufenden Koniks fressen diesen giftigen Ginster unbeschadet phasenweise in gar nicht so geringen Mengen. Die Koniks im Naturschutz bürsten sich mit dem Besenginster zudem lästige Stechinsekten vom Bauch und den Genitalien. Fast macht es den Anschein, als würden die Koniks sich durch intensivstes Abbürsten mit dem Besenginster mit irgendwelchen Inhaltsstoffen dieses Strauches einreiben.

Nach meiner eigenen Beobachtung nutzen gewöhnliche Hauspferde die harten Stängel von Stumpfblättrigem Ampfer und sogar von Disteln, um sich Insekten vom Leib zu bürsten, und grasen gezielt in diesen Staudenfluren, um die Augen vor Fliegen zu schützen – und gleichzeitig die frischen Gräser unter diesen Stauden zu fressen, wenn rundum schon alles Weideland abgeweidet ist.

FALKE (1920) empfiehlt sogenannte Fliegenbürsten, mit denen das Vieh sich die Plagegeister abstreifen kann. Darunter versteht er ein „*kurzes, astreiches Gestrüpp, durch welches die Tiere hindurchkriechen können, um durch die Berührung mit den zahlreichen Ästen die Fliegen zu entfernen*“ (Zitat aus: FALKE 1920). Bei den Gestrüppen auf Rinderweiden handelte es sich in meiner Kindheit in den 1970ern noch häufig um Schlehen, die genau diesen Zweck erfüllten und die als natürlicher Weideunterstand von den Rindern genutzt wurden.

Die Sträucher in der Weidelandschaft bieten den Kräutern am Boden unter ihnen Schutz vor Fraßfeinden und halten durch ihren Schatten wuchskräftigere Gräser als Konkurrenten der Kräuter fern. Unter diesen Gehölzen siedeln sich daher Frühlingsblüher und Waldrandbewohner an. Wenn unsere Vorfahren beobachteten, dass die Weidetiere sich an den Hecken gesund fraßen, dann sollten wir Pferdehalter nicht nur an der Zusammensetzung traditioneller Wallhecken (siehe Seite 173ff. „Die Artenvielfalt der Knicks“) interessiert sein, sondern auch daran, was für Kräuter den Tieren dort zur Verfügung standen.

Einen kurzen Überblick der vor hundert Jahren allerhäufigsten Kräuter in norddeutschen Wallhecken, den sogenannten Knicks, bietet Christiansen (1928c). Demnach fanden sich auf der Schattenseite der Knicks Farne wie der Wald-Frauenfarn (*Athyrium filix-femina*), der Wurmfarn (*Dryopteris filix-mas*) und der Tüpfelfarn (*Polypodium vulgare*). Im zeitigen Frühjahr vor dem Laubaustrieb blühten die Frühlingsblüher unter den Sträuchern, genauer das Buschwindröschen (*Anemone nemorosa*), das Moschuskraut (*Adoxa moschatellina*) und der Gewöhnliche Sauerklee (*Oxalis acetosella*) (Christiansen 1928c).

Das Schöllkraut, ein Mohngewächs, ist eine Heilpflanze. Sein orangefarbener Milchsaft kann gegen Warzen auf die Haut aufgetragen werden.
Foto: Vanselow

An weiß blühenden Kräutern nennt Christiansen (1928c) den Vielblütigen Weißwurz (*Polypodium multiflorum*), die Möhringie (Dreinervige Nabelmiere, *Moehringia trinervis*), die Große Sternmiere (*Stellaria holostea*), die Nacht-Lichtnelke (*Melandrium album*), den Knoblauchhederich (*Alliaria officinalis*), zudem den Wiesenbärenklau (*Heracleum sphondylium*), den Wiesenkerbel (*Anthriscus silvestris*) und den Taumelkälberkropf (*Chaerophyllum temulum*).

Von den gelb blühenden Kräutern zählt er das Schöllkraut (*Chelidonium maius*), den Odermennig (*Agrimonia eupatoria*), den Gewöhnlichen Nelkenwurz (*Geum urbanum*), die Schwarze Königskerze (*Verbascum nigrum*), einige Korbblütler wie den Rainkohl (*Lapsana communis*), das Mauer-Habichtskraut (*Hieracium murorum*), das Gewöhnliche Habichtskraut (*Hieracium vulgatum*) und das Wald-Habichtskraut (*Hieracium silvestre*) auf.

Als auffällig rot blühende Kräuter nennt Christiansen (1928c) die Tag-Lichtnelke (*Melandrium rubrum*) und den Wald-Ziest (*Stachys silvaticus*). Blaue Farbtupfer brachte die Acker-Glockenblume (*Campanula rapunculoides*) ein (Christiansen 1928c). Weitere Farben im Schutze der Wallhecken brachten Gewächse wie der Gewöhnliche Hohlzahn (*Galeopsis tetrahit*), der Knotige Braunwurz (*Scrophularia nodosa*), Baldrian-Arten (*Valeriana spec.*), der Wasserdost (*Eupatorium cannabium*), der Gewöhnliche Beifuß (*Artemisia vulgaris*) und die Wiesen-Flockenblume

(*Centaurea jacea*). Einige Schlingpflanzen vervollständigen das Bild der häufigsten krautigen Knickbewohner vor 100 Jahren, nämlich der Hopfen (*Humulus lupulus*), der Bittersüße Nachtschatten (*Solanum dulcamara*), das Klettige Labkraut (*Galium aparine*) und die auf anderen Pflanzen schmarotzende Europäische Seide (*Cuscuta europaea*) (Christiansen 1928c). Die Feuchtigkeit liebenden Pflanzen wie Baldrian, Wasserdost und Bittersüßer Nachtschatten profitieren vom Wallgraben, also dem Entwässerungsgraben neben dem Knick (siehe Kapitel „Besondere lebende Zäune: Knicks" ab Seite 155), aus dem beim Aufbau vieler Wallhecken das Erdreich zur Aufschüttung des Walles ursprünglich entnommen wurde. Wo diese Gräben verschwinden, da ist auch für ihre Bewohner kein Platz mehr.

Wenn wir nun all diese scheinbar überflüssigen oder gar giftigen Teile des Ökosystems aus der Pferdehaltung entfernen, nehmen wir damit unseren Pferden die Möglichkeit, sich bei Bedarf selber zu helfen? Es spricht vieles dafür.

Heute, wo Pferde auf modernen Weideflächen Wohlstandserkrankungen erleiden, ist das Wissen zur Hutewald-Weide hochinteressant

In Zeiten, in denen Pferde auf Gras für Milchvieh Wohlstandserkrankungen erleiden und immer mehr Pferdehalter dazu übergehen, ihre Tiere in weitgehend grasfreien Paddocktrails zu halten, sind einige Angaben zur Almweide unter Gehölzen interessant (Schneider et al. 1957). So schreibt Kirchner (1957) im Abschnitt über die Almwirtschaft: „*Nach den ‚Waldweideertragstafeln' von Danklmann liefert Waldweide bei beispielsweise 0,3 Bestockung 30 %, bei 0,6 Bestockung nur noch 12 % einer ohne Weidewechsel genutzten ‚Lichtweide' in gleicher Lage. Dazu kommt, daß unter sonst gleichen Voraussetzungen das Schattenfutter an Zucker, Kalk und Aromastoffen viel ärmer ist als Lichtweidefutter*" (Zitat aus: Kirchner 1957).

Aber würde nicht gerade dies vielen Pferden in der heutigen Zeit einen Weidegang wieder ermöglichen und somit eine artgerechtere Haltung?

Weiter führt Kirchner (1957) aus, dass die Tiere weitere Strecken zurücklegen müssten, um genug Futter zu finden, dass der Milchertrag der Rinder dadurch um bis zu 90 Prozent zurückgehen könne, die Gewichtszunahme um 70 Prozent gegenüber der Lichtweide. Aber ist es nicht genau das, was Sportpferde sollen, also sich viel bewegen, ohne zu verfetten?

Das nächste Argument von Kirchner (1957) gegen die Waldweide ist die der Weiträumigkeit der Futterfläche geschuldete enorme Zaunlänge. Dieses Argument ist angesichts moderner Pferdehaltungen mit unfassbaren Zaunlängen, die die Pferde vom Gras fern (!) halten sollen, hinfällig. Auch der Düngerverlust mit dem damit einher gehenden Rückgang der Milchleistung der Rinder ist in Zeiten der Überdüngung von Böden kein Argument mehr in Pferdehaltungen.

Einzig die von Kirchner (1957) angeführte Unübersichtlichkeit des Geländes wird für Pferdebesitzer gewöhnungsbedürftig sein, wäre aber ein wichtiger Beitrag für die Natur und die (Arten-) Vielfalt, die in solch einem Mosaik aus Strukturen ihre Heimat findet.

Keine Viehweide ohne Tümpel?

Ursprünglich dienten dem Vieh alle Arten von natürlichen Gewässern als Tränken. Oft waren es nur vorübergehend vorhandene Kleingewässer. Diese Tümpel bildeten sich nach dem Regen in Senken. Sie wurden dort gerne durch Ausbaggern zu kleinen Teichen, sogenannten „Kuhlen“, vergrößert, damit das Vieh auch in Dürrezeiten genug Wasser vorfand. Tümpel fallen im Gegensatz zu Teichen bei Dürre trocken und sind somit keine Gewässer, in denen Fische langfristig überleben können.

Die Schwarzerle ist ein Spezialist stark schwankender Wasserstände an Ufern. Sie ist ein schnellwüchsiger europäischer Mangrovenbaum. *Foto: Vanselow*

Das Muli nascht den schmackhaften Schwaden (Glyceria) am Ufer des Tümpels. Ganz nebenbei weicht es sein hartes Hufhorn im nassen Boden ein. *Foto: Vanselow*

Genau das macht die austrocknenden Tümpel für die Amphibien so wichtig, deren Kaulquappen ohne die räuberischen Fische weit bessere Überlebenschancen haben. Der Bagger-Schlick aus Teichen und Gräben wurde früher als Humusdünger verwendet (Hauck 1952).

Für die Anlage künstlicher Viehtränken in Senken oder nahe von Gräben gibt Thaer (1853) eine Tiefe in der Mitte bei schrägen Wänden von mindestens 2,10 Meter an und einen von der Anzahl Tiere abhängigen mittleren Durchmesser von 18,30 Meter. Auf Sandböden, die das Wasser nicht halten, empfahl Thaer (1853) den Teichuntergrund sehr sorgfältig einzuebnen, dann gesiebten, frisch zerfallenen Kalk circa fünf bis 7,5 Zentimeter dick darüber zu streuen und so gut mit Wasser zu benetzen, dass es einen Brei gibt. Erst auf diesen Brei sollte dann der feuchte Ton circa 15,5 Zentimeter dick aufgebracht und intensiv festgeschlagen werden. Ton ist nur wasserdicht, wenn er nicht austrocknet und Risse bekommt.

Ging es anfangs nur darum, den Tieren auf jeder Weide Wasser anzubieten, so wurden bald die Qualität des Wassers und mögliche gesundheitliche Risiken hinterfragt. Von künstlich angelegten stehenden Gewässern wurde abgeraten (Lohaus 1907) und stattdessen empfohlen, auf den Weiden Brunnen mit Pumpen zu bauen. Die Gefahr der Verdreckung der naturnahen Tränken durch das Vieh war groß und das Zertreten der Ufer dieser Tränken erforderte dann aufwändige Befestigungen

(Lohaus 1907). Lohaus (1907) beobachtete zudem, dass die Tiere das stehende Wasser nur ungerne trinken, sondern sich darin lieber baden würden. Niggl (1930) empfahl, alle Tümpel trocken zu legen und wo dies nicht möglich war, Stichlinge als Räuber der Insektenlarven darin auszusetzen. Genauso geeignet als Insektenjäger wie Stichlinge sind Moderlieschen. Diese kleinen Fischarten werden auf natürlichem Wege oft als Ei oder Larve im Gefieder von Wasservögeln in Kleingewässer eingeschleppt. Sie fressen neben den Insektenlarven auch Amphibienlarven. Ein Austrocknen des Kleingewässers überleben die Fische nicht.

Sumpfige Flächen mit Gewässern sind der Lebensraum einiger Giftpflanzen wie des Duwocks (Sumpf-Schachtelhalm) oder des extrem giftigen Wasser-Schierlings. In den Marschen Norddeutschlands spielen sie auch heute noch eine Rolle. Schon früh raten daher viele Autoren (Lamberger 1911, Schneider 1926, Schulze 1937) von stehenden Gewässern wie Pfützen, Tümpeln oder Gräben ohne Zug als Tränken ab. Sie würden nur der Verbreitung von Leberegeln und Lungenwürmern dienen (Limper & Limbach 1938, Sommerkamp & Galensa 1958). Diese Gefahr sieht Geith (Geith et al. 1932, Geith & Fuchs 1943) vor allem dann, wenn kein zügiger Abfluss überschüssigen Wassers eine Versumpfung des Tränkebereichs verhindert. Es wurden allerlei Versionen von künstlichen und im Bodenbereich befestigten Tränken erarbeitet, um die natürlichen Gewässer von den Viehweiden zu trennen (Limper & Limbach 1938). Schneider (1926) empfiehlt Quellwasser, Drainagewasser

In feuchten Senken steht auch dann noch saftiges Futter in Form von Gräsern und Zweigen, wenn die Weideflächen im Umfeld allmählich vertrocknen. *Foto: Fersing*

oder einen fließenden Bach zur Befüllung der Tränken und wo das nicht möglich ist, eine Brunnenpumpe oder Wasserleitungen. VON OETTINGEN (1921) weist darauf hin, dass von allen Nutztieren das Pferd am empfindlichsten auf jede Form der Verunreinigung des Tränkwassers reagiert. Er rät prinzipiell von stehenden Gewässern und Oberflächenwässern ab und empfiehlt hartes, also kalkhaltiges Grundwasser mit zehn bis 20 Grad deutscher Härte (° d. H.).
Alle diese Einwände sind bei hohen Tierzahlen auf kleiner Fläche ganz sicher berechtigt. Rinder kühlen sich gerne im Wasser ab, da sie weniger Schweißdrüsen haben als Pferde. Das gilt insbesondere dort, wo Schatten bietende Gehölze fehlen. Manche Pferde suchen gezielt kleine Gewässer auf der Weide auf, um die dort wachsenden zarten Schwaden, Gräser der Gattung *Glyceria*, oder das schmackhafte junge Schilf bis zum Bauch im Wasser stehend zu genießen – Abkühlung inbegriffen. Zudem scheint klares Wasser, in dem Grünalgen wachsen, manchen Pferden nach meiner Beobachtung besser zu schmecken als frisches Trinkwasser aus der Leitung.
Schon FALKE (1920) ist sich vieler Vor- und Nachteile der unterschiedlichen Tränken und Gewässer bewusst und empfiehlt eine Trennung von Tränke und Bademöglichkeit für die Tiere. Die Tränke sollte seiner Meinung nach stets bestes, reines Trinkwasser führen, während die Badestelle dem Wohlbefinden der Tiere dienen sollte. Zwar forderten die landwirtschaftlichen Autoren schon früh sauberes

FALKE empfiehlt eine Trennung zwischen Tränke und Bademöglichkeit für Weidetiere. Pferde ziehen nicht selten frisches Wasser aus Senken dem Wasser aus der Tränke vor. *Foto: Fersing*

In diesem kleinen Tümpel leben seit Jahrzehnten Wasserflöhe (Daphnia). Sie sind ein Garant für Trinkwasserqualität. Foto: Vanselow

Fließwasser für die Viehtränken der Weiden. Die Realität sah aber zumeist ganz anders aus (Schulze 1937). Noch in den 1970er Jahren waren künstlich angelegte, stehende Kleingewässer auf Viehweiden im an Grasland reichen östlichen Hügelland von Schleswig-Holstein als Viehtränken die Regel. Der Wasserwagen mit Selbsttränke wurde erst in der Sommerdürre auf die Weide gefahren, wenn diese Kleingewässer nicht mehr genug Wasser führten und sichtbar verschmutzten.

All den Argumenten für und gegen Gewässer auf den Weiden ist aus heutiger Sicht der Beitrag für die Artenvielfalt hinzuzufügen, den jedes kleine Feuchtbiotop leistet. Viele Pferdehalter sehen in Kleingewässern heute nur noch Brutstätten von Stechmücken und in feuchtem Boden die Heimat von Bremsenlarven. Die früher so häufigen schwarzen Wolken aus Zuckmücken sind in unseren drainierten Landschaften selten geworden. Zuckmücken sind im Gegensatz zu Steckmücken keine Blutsauger! Sie sind für Vögel und Fledermäuse eine wichtige Beute. Ihre Larven dienen Fischen und anderen Wasserbewohnern als Nahrung. Stechmückenlarven entwickeln sich in der kleinsten Pfütze in wenigen Tagen zu ausgewachsenen Tieren, sei es die Pferdetränke oder eine vergessene Gießkanne. Sie brauchen keine Tümpel dazu. In Kleingewässern lebt aber eine Vielzahl gefährlicher Räuber, die es auch auf Stechmücken und deren Larven abgesehen haben: Neben den schon erwähnten Amphibien (Frösche, Molche, Kröten), die sowohl als Kaulquappen als auch als ausgewachsene Exemplare kleine Tiere fressen, die im und über dem Wasser erreichbar sind, ist hier der Lebensraum von Libellen, Steinfliegen, Gelbrandkäfern, Furchenschwimmern, Rückenschwimmern, Wasserläufern und anderen Räubern und deren gefräßigen Larven.

Kaum ein Pferdehalter weiß, dass dort, wo Wasserflöhe (*Daphnia*) leben, die toxikologische Qualität des Wassers gut, also die Schadstoffbelastung durch Chemikalien gering ist: Wasserflöhe, Daphnien, sind sehr empfindliche Indikatoren von Schadstoffen im Wasser. Ein genormter sogenannter „Daphnientest" gilt auch heute noch offiziell als Nachweis für die Schädlichkeit von Substanzen in Wasser. Zeitweises Austrocknen ist für die Wasserflöhe kein Problem. Sie überleben Trockenzeiten in einer Dauerform. Auf diese Weise können sie auch jahrelange Trockenzeiten überstehen und zu neuem Leben erwachen, wenn wieder Wasser vorhanden ist. Damit sind sie die idealen Bewohner von Tümpeln. Wasserflöhe sind eine wichtige Nahrungsquelle vieler kleiner Räuber wie Insektenlarven und Kaulquappen. Damit wird deutlich, wie wichtig Tümpel für den Erhalt der Artenvielfalt in unserer Landschaft sind – und was für wichtige Informationen die Lebewesen des Tümpels dem Pferdehalter über die Belastung der Fläche mit Umweltgiften verraten. Wo in der Senke ein intakter Tümpel voller Wasserflöhe vorhanden ist, da haben keine gefährlichen Einträge von Pestiziden aus der Nachbarschaft im Wassereinzugsgebiet des Tümpels stattgefunden. Sollten aber die Wasserflöhe im Tümpel aussterben, dann wäre auch für die Pferde Gefahr in Verzug.

Heute sind viele Kleingewässer stark verschmutzt, ihre Fauna ist verarmt. Als Vieh-Tränken sollten nur saubere Gewässer genutzt werden. Wo immer möglich wären kleine Feuchtbiotope aus Sicht des Naturschutzes wünschenswert. Die Ufer sogenannter Stillgewässer, also nicht fließender Gewässer, werden im Naturschutz heute sogar oft durch weidende Huftiere, vor allem Rinder und Pferde, gepflegt, um seltenen Pflanzen und Amphibien ihren Lebensraum zu schaffen und zu erhalten (Kämmer & Bunzel-Drüke 2019, Reisinger & Sollmann 2019). Jeder Tierhalter muss selber abwägen, wie viel natürliche Umgebung und natürliches Verhalten er seinen Tieren bieten will oder zumuten kann und wie hoch mögliche Risiken durch Parasiten in seiner Haltung sind.

Sterben die Wasserflöhe im Tümpel aus, gefährdet die Wasserqualität auch die Pferde

Neben dem Verlust der Artenvielfalt ist der Klimawandel heute ein drängendes Thema. Der Klimawandel zeichnet sich nicht zuletzt durch zunehmende Starkregenereignisse aus. Überflutungen lassen sich verhindern durch Rückhaltebecken und Überschwemmungsflächen. Zudem füllt nur eine langsame, durch Bewuchs gebremste Versickerung des Wassers die Wasservorräte des Bodens auf, vorausgesetzt der Boden verfügt über genug Humus und Bodenporen, kann also wie ein intakter Schwamm funktionieren. Verdichteten Böden fehlt dieses Bodenporenvolumen: Sie entsprechen einem Schwamm, der zusammengepresst bleibt und sich nicht mehr ausdehnen kann. Dann dringt der Regen nicht ein, sondern fließt oberflächlich ab und ändert nichts an der allgemeinen Dürre. Auenwälder und naturnahe Kleingewässer sind also gerade in Bezug auf den Klimawandel ganz wichtige Elemente unserer Landschaft. Speziell der Schwarzerle, sozusagen der europäische Mangrovenbaum dieser Auenwälder an Bächen und Flüssen, kommt bei stark schwankenden Wasserständen vielleicht zukünftig wieder eine besondere Rolle als Schutzwald zu.

Aus heutiger Sicht geradezu prophetisch mutet ein Text aus einer Doktorarbeit an, die vor 70 Jahren geschrieben wurde: „*Gewöhnt man sich an die Auffassung der Landschaft als ein lebendiges Ganzes, dann erscheinen in ihr auch Einzelheiten als sinnvolle, vielseitig nützliche Glieder, die man nicht ungestraft verschwinden lassen darf. Als Beispiel sei noch einmal auf die Weiher und Teiche zurückgegriffen,*

In unserer sorgfältig entwässerten Landschaft ist aufgrund des Klimawandels immer häufiger Feldberegnung zu sehen – wofür enorme Wassermengen nötig sind. *Foto: Fersing*

die uns schon bei der Humusfrage beschäftigt haben. Sehr oft verleitet die Mißachtung dieser kleinen Gewässer dazu, sie bei der Flurbereinigung in Acker oder Grünland umzuwandeln. Die Freude über den Landgewinn ist meist nicht von langer Dauer, denn die neuen Flächen leiden unter Nässe, neigen zur Verunkrautung und sind so kalt, daß das Wachstum darauf zurück bleibt. In erster Linie sind die kleinen Teiche und Stauweiher als Wasserbehälter gedacht gewesen, sie können als solche auch heute noch im Hochwasserschutz oder bei Fragen der Feldberegnung eine Rolle spielen. Sie haben daneben als Schlammfang gedient und sind dazu als Wärmespeicher nützlich gewesen. Die von den Hängen ins Tal abfließende Kaltluft kann auf solchen Wasserflächen gestaut und wieder angewärmt werden" (Zitat aus: HAUCK 1952).

Die Zweige der Alleebäume haben den Nebel aus der Luft gefegt und zu Boden tropfen lassen, sodass der Boden unter ihnen nass ist.

Auf dem Grasacker zur Silageproduktion nebenan herrscht gleichzeitig weiterhin Dürre mit Trockenrissen im Boden. *Fotos: Vanselow*

Erddämme anzulegen und mit Schlagholz *„sogenannte Ufer oder Knicks"* zu bepflanzen, die gleichzeitig als Einfriedigung für die Weiden dienen.

Mette (1996) berichtet über die gezielte Anpflanzung von Gehölzen in Osteuropa zu Beginn des 20. Jahrhunderts. Ursache waren starke Erosionsprobleme in den Steppen der Ukraine, in Ungarn und Rumänien (Gagarin 1949 und Olbricht 1949, beide zitiert in Mette 1996). Große Dürrekatastrophen Anfang des 20. Jahrhunderts im Weizengürtel der USA, den Great Plains, führten zu Anpflanzungen von Baumreihen, sogenannten „shelterbelts" (Pollard et al. 1975, zitiert in Mette 1996). *„Durch die Anlage dieser Windschutzstreifen wurden deutliche, flächenhafte Ertragssteigerungen bei verschiedenen Kulturpflanzen erzielt bzw. konnten die Erträge stabilisiert werden"* (Zitat aus: Mette 1996).

Gehölze schaffen ein eigenes Mikroklima

Gehölze mildern die nächtliche Kälte und verringern die Nachtfrostgefahr, weshalb nach Beobachtung von Limper & Limbach (1938) unter dem Schutz von Hecken der Graswuchs früher im Jahr beginnt und später endet.

Bäume entziehen zwar dem Boden Wasser, erhöhen aber über ihre Transpiration gleichzeitig die Luftfeuchte, was zum eigenen Mikroklima dieses Pflanzenbestands führt. Das gilt keineswegs nur für die feuchtwarmen

Eine stattliche Hainbuche als Schirmbaum im winterlichen Abendlicht. Der von rechts kommende Westwind hat den in Küstennähe stehenden Baum geformt. *Foto: Vanselow*

Tropenwälder des Äquators, deren Abholzung leicht zur Wüstenbildung führen kann. Feuchte Luft verursacht in unseren Breiten in der Nacht den Nebel, der schließlich zum Taufall führt. Dieses durch Gehölzstrukturen in unserer Landschaft abgemilderte, feuchtere Mikroklima am Erdboden reicht vielen flach wurzelnden Gräsern bei Dürre zum Überleben. „*Wir bauen heute zwar Niederschlagskurven auf, aber die Taubildung lassen wir vollständig aus unserer Berechnung, trotzdem sie besonders in niederschlagsärmeren Gegenden eine große Rolle spielt*" (Zitat aus: Bürger 1928).

Tiefwurzler wie die Hainbuche, die „*Krone des Knicks*" (Christiansen 1907b, 1928c), schaffen in nur oberflächlich trockenen Gebieten mit ausreichend Wasser im Untergrund ein mildes Mikroklima für den Unterwuchs. Ihr schattiges Blätterdach puffert die Einflüsse der Witterung ab. Wo aufgrund des Klimawandels in der Winterzeit die Wasserreserven in den tiefen Bodenschichten nicht aufgefüllt werden,

Gehölze mildern die nächtliche Kälte und verringern die Nachtfrostgefahr, weshalb unter dem Schutz von Hecken der Graswuchs früher im Jahr beginnt und später endet

sterben heute auffällig viele Hainbuchen ab. In diesen Regionen könnte es vielleicht innerhalb Deutschlands in der Zukunft zur Versteppung kommen. Die landwirtschaftliche Nutzung muss sich in solchen trockenen Regionen deutlich ändern und an die neue Situation anpassen.

Probleme mit seltenen Extremwetterlagen gab es in Deutschland schon vor dem heutigen Klimawandel. So gab es außergewöhnlich schwere Dürren in den Jahren 1858 und 1911 (Lamberger 1911). Der Dürre von 1911 folgte eine Mäuseplage (Lamberger 1911), genau wie nach der Dürre im Jahr 2018.

In trockenen Lagen, bei Hitze oder Dürren behalfen sich die Bauern mit einfachen, aber effektiven Beschattungen ihrer Futterflächen, um das Graswachstum zu erhalten beziehungsweise die Pflanzen zu schützen (Geith & Fuchs 1941): Sie deckten die Grasflächen nach dem ersten Schnitt oder der zweiten und dritten Beweidung dünn und gleichmäßig mit Stroh, Spreu, Kartoffelkraut oder Laubzweigen ab. Später, wenn der Bestand höher gewachsen und gegen die Witterung unempfindlicher geworden war, wurde das Material wieder abgeharkt. Leicht kompostierendes Material konnte auf der Fläche als Dünger bleiben, beispielsweise das abgefallene Laub der Sträucher.

Widerstandsfähigere Gräser, die Frost und Dürre ertragen können, wurden bereits vor hundert Jahren gefordert (Könekamp 1930). Schneider (1926) empfahl damals, das aus heutiger Sicht vergleichsweise artenreiche Grasland nicht kürzer als eine Handbreit hoch in den Winter gehen zu lassen, damit es nicht ausfriere. Damals gehörte das Deutsche Weidelgras noch zu den wenig ausdauernden, besonders anspruchsvollen, empfindlichen Grasarten (Weber 1909b). Heute gibt es zahlreiche kampfkräftige Zuchtsorten des Deutschen Weidelgrases, die davon profitieren, häufig bis auf drei Zentimeter Länge abgenagt oder tief geschnitten zu werden. Sie können auch problemlos so kurz in den Winter gehen, da sie resistent gezüchtet wurden. Gegen diese modernen Züchtungen haben Wildgräser oft keine Chance mehr. Sogar Klappertöpfe (*Rhinanthus*), pflanzliche Halbparasiten, die im Naturschutz erfolgreich zur Brechung der Dominanz von Gräsern eingesetzt werden, werden von diesen wüchsigen Zucht-Weidelgräsern (*Lolium perenne, Lolium multiflorum*), aber auch von besonders dicht wachsenden Obergräsern, speziell Wiesenfuchsschwanz (*Alopecurus pratensis*) und Rohrglanzgras (*Phalaris arundinacea*), erdrückt (Dolnick et al. 2020).

Wie entscheidend der Wasserstand im Untergrund des Graslandes und seine gezielte Führung durch Be- und Entwässerung für das Gedeihen der Pflanzen ist, war unseren Vorfahren bis ins Detail bekannt (Thaer 1853, Fuchs 1885, Klapp 1954). Unsere relative Unabhängigkeit von der Bodenfeuchtigkeit und die luxuriöse Entwässerung ganzer Landschaften als Voraussetzung für den Einsatz schwerster Maschinen haben wir erkauft – mit Hilfe der Stickstoffdüngung.

Wind über ausgeräumter Landschaft fegt Schnee und Erdboden vor sich her. Schon 1909 empfahl Weber zur Luftberuhigung und gegen zu starke Austrocknung Schutzpflanzungen. *Foto: Fersing*

Was hat Windberuhigung mit Stickstoff zu tun?

Die entscheidende Rolle der Feuchtigkeit für das pflanzliche Wachstum war in Zeiten, in denen Stickstoff ein begrenzender Faktor in der deutschen Landschaft war, von größter Bedeutung (Thaer 1853). Pflanzen stehen vor einem ständigen Dilemma: Der Balance zwischen Verhungern oder Verdursten (Raschke 1976), also einerseits der Wasserversorgung und andererseits der Aufnahme von Kohlendioxid aus der Luft zur Herstellung von Zucker im Zuge der Photosynthese. Um geringe Mengen an Nährstoffen aus dem Bodenwasser zu filtern, muss die Pflanze große Mengen an Wasser durch ihren Körper pumpen und verdunsten. Die Poren (Stomata), die die Wasserabgabe der Blätter ebenso aktiv regulieren wie die Kohlendioxid-Aufnahme, reagieren tatsächlich auf gute Nährstoffversorgung, speziell Stickstoff, mit einer Verengung ihres Lumens (Guo et al. 2003). Bei guter Düngung kann die Pflanze Wasser sparen, was bei Dürre von großer Bedeutung ist.

Ausgeklügelte Be- und Entwässerungssysteme versorgten früher ganze Landstriche mit dem begehrten Wasser (Fuchs 1885, Strecker 1923). Die Bodenverbesserung (Melioration) als Grundlage der Produktionssteigerung war eines der zentralen landwirtschaftlichen Themen, denen sich Weber (1909b) an der Preußischen Moorversuchsstation Bremen als Botaniker stellte, um die wachsende Bevölkerung zu ernähren. Früh erkannte er, dass starke Düngung den Wasserbedarf

Der winterliche Regen hat die Nährstoffe vom Hang des Rapsfeldes in die Senke geschwemmt.

Ein dicker Algenteppich darauf zeigt Ende Februar die Überdüngung (Eutrophierung) im Wasser an. *Fotos: Vanselow*

der Pflanzen deutlich senkt, oder anders gesagt, dass starke Düngung Pflanzen mit höherem Wasserbedarf das Wachstum auch auf trockeneren Böden ermöglicht – eine Erkenntnis, die später als die Daumenregel „Stickstoff ersetzt Wasser“ beispielsweise von Ellenberg (1986) gelehrt wurde.

Durch die Überdüngung (Eutrophierung) der Landschaft finden wir heute eine von hohen Stickstoffgaben geförderte Vegetation eigentlich feuchter Standorte fast überall. Die stickstoffliebende Vegetation dringt auch in Standorte ursprünglich armer Böden ein. Ihre Bestände sind für viele andere Pflanzen erdrückendend. Das gilt insbesondere für die heute oft unter Schutz stehenden Gewächse, die zwar kleinwüchsig sind, aber mit minimalen Nährstoffgehalten auskommen und viel Licht brauchen. Diese „lichtliebenden Hungerkünstler“ haben statt eines üppigen Aufwuchses häufig ein beeindruckendes Wurzelwerk (siehe auch Seite 95 „Verborgene Welt im Erdreich“). Hochgedüngte Bestände lagern leicht und verderben dann schon vor der Ernte. Solche saftigen, hochwüchsigen Bestände sind zudem kalt durch ihre Verdunstungskälte. Für Hasenjunge und Schmetterlingsraupen ist diese kühle Feuchtigkeit lebensbedrohlich. Sie sterben dann leicht an Unterkühlung und Parasitenbefall.

Eine Lösung des Problems und eine Alternative zu den hohen Stickstoffgaben wäre ein umsichtiger Umgang mit der Wasserversorgung der Pflanzen und der Vermeidung einer Versteppung – auch durch Gehölze. Ein hartlaubiger Baum, der vergleichsweise wenig Wasser verdunstet, ist die Edelkastanie *(Castanea sativa,* siehe Seite 256). Sie ist ein Tiefwurzler, der bis zu 500 Jahre alt wird, Insekten Nahrung bietet, wertvolle Früchte und Hartholz liefert, gerne im Grasland steht und zudem ein hervorragendes Ausschlagvermögen mitbringt, kurz: ein für den Klimawandel und die Pferdehaltung doppelt interessanter Baum. Auch die Baumhasel und der Europäische Zürgelbaum könnten solch eine wertvolle Hilfe sein.

WEBER (1909b) warnte vor zu starker Grundwasserabsenkung nicht nur durch industrielle Pumpwerke zur Wasserversorgung der Städte, die nach seiner Beobachtung in Norddeutschland dazu geführt hatten, dass Flächen *„ihre Bedeutung als landwirtschaftliche Nutzgrasfläche vollständig verlieren*". Ihm war auch die Vergrößerung der Verdunstungsfläche durch üppigen Aufwuchs bei stetem Wind bewusst, ebenso wie der Abtrag feuchter Luftmassen durch den angreifenden Wind. Zur Luftberuhigung und zur Verhinderung starker Austrocknung in durch Dürre gefährdeten Gebieten empfahl WEBER (1909b) daher Schutzpflanzungen, genauer Knicks, also norddeutsche Wallhecken: *„Natürlich darf man dazu keine Sträucher wählen, deren Wurzeln im weitern Umkreise der oberen Bodenschicht, wo die Mehrzahl der Graswurzeln sich befindet, das Wasser entziehen*" (Zitat aus: WEBER 1909b).

Gehölz ist aber nicht Gehölz, nicht einmal in seiner Anwendung zur Regulation der Feuchteverteilung in einer Landschaft: *„Da die Fichtenbestände stark austrocknend wirken, ist angeregt worden, im Oberwald* [Anm.: des hohen Vogelsberges] *eingestreute kleine Wiesenflächen mit Laubholzsäumen beizubehalten. Das rechte Gleichgewicht zwischen Bewaldung und Lichtung würde dem Übermaß an Feuchtigkeit ebenso entgegenwirken wie die natürliche Ergiebigkeit der hochgelegenen Quellen erhalten*" (Zitat aus: HAUCK 1952).

Edelkastanie (Castanea sativa). Ihr bodenverbesserndes Laub ist reich an Kalium und zersetzt sich leicht. Foto: Vanselow

In ihrer Dissertation über die Gemeindeweiden im Hohen Vogelsberg merkte Hauck bereits 1952 an: *„Eine sehr wesentliche Aufgabe ist in der Heckenwirtschaft noch zu lösen: Die bäuerliche Bevölkerung wieder vertraut zu machen mit dem Leben der Hecke, mit ihrer*

Erlenbrüchen und in nicht zu sauren Eichenwäldern aus (Gottlieb 2015). Die Pferde halten den Unterwuchs niedrig und ermöglichen so Samen, zu keimen und langfristig zu überleben (Gottlieb 2015). Insbesondere werden junge Buchen, Grauerlen (*Alnus incana*), Pfaffenhütchen und Hainbuchen intensiv von den Pferden verbissen, während die Stämme hochgewachsener Bäume weitgehend unangetastet bleiben (Gottlieb 2015).

Schwarzerlen (*Alnus glutinosa*) sind als Schirmbäume auf Pferdeweiden durchaus interessant. Sie werden von den meisten Pferden nicht gerne gefressen, haben also eine Chance, auch ohne Zaun bei ausreichend Futter den Fraß zu überstehen. Schwarzerlen sind Pioniere auf nicht bewaldeten Flächen. Junge Bäume können bis zu einem Meter jährlich in die Höhe wachsen. Ausgewachsene Bäume können etwa 30 Meter hoch, aber nur knapp über hundert Jahre alt werden. Ihr gutes Stockausschlagvermögen macht sie für Knicks geeignet. Obwohl die Erle Gewässernähe liebt und wenig dürreresistent ist, kann sie durchaus auf nur oberflächlich trockenen Böden wachsen, auf denen sie aber unter natürlichen Verhältnissen sehr bald durch Buchen verdrängt würde.

Dort, wo die Konkurrenz nicht wachsen kann, im Überschwemmungsbereich, zeigt die Licht liebende, raschwüchsige Erle ihr volles Potenzial. Das Stammholz ist ähnlich dem Holz der Linde. Die Erle bildet tiefe Senkwurzeln, die sie im sumpfigen Erdboden gut verankern, und bodennahe Atemwurzeln, oft mit sogenannten Atemknien. Diese Wurzeln verfügen über ein Durchlüftungsgewebe und erklären den Konkurrenzvorteil dieses Baumes im Überschwemmungsgebiet. Während andere Bäume bei hohem Wasserstand Gewebszerstörungen an den unter Wasser an Sauerstoffmangel zugrunde gehenden Wurzeln und Stammabschnitten erleiden, kann die Erle ihr atmendes, lebendes Gewebe auch bei vorübergehender Überschwemmung mit Sauerstoff versorgen. Somit kann die Erle als ein europäischer Mangrovenbaum betrachtet werden.

Doch die Erle kann noch mehr. Sie lebt im Wurzelraum in Symbiose mit Wurzelknöllchenbakterien, die Luftstickstoff binden können. Die Erle ist somit hervorragend mit Stickstoff versorgt. Sie hat es nicht nötig, im Herbst vor dem Laubfall den Stickstoff aus den grünen Chlorophyll-Molekülen ins Holz zur Wiederverwendung einzulagern. Sie wirft ihre Blätter mitsamt dem grünen Blattfarbstoff und dessen braunen Zerfallsprodukten grün-braun ab, während sparsamere Bäume mit dem Abbau der grünen Pigmente die bunten Nebenpigmente sichtbar werden lassen und gelb-rot werden. Das leicht abbaubare Erlenlaub ist also stickstoffreich und ein wertvoller Dünger. Es verwundert nicht, dass das Graswachstum unter Erlen von Thaer (1853) als besonders üppig beschrieben wird.

Weideunterstände und Schutzhütten für das Vieh gegen Regen, Wind, Sonne und Insektenplagen wurden auch vor einhundert Jahren diskutiert. Schutzhütten hält

LAMBERGER (1911) bei unserer Witterung und bei auf den Weidegang vorbereitetem Milchvieh für überflüssig. „*Für den Weidegang genügend vorbereitete Tiere suchen solche Schutzhütten nicht auf und selbst bei starkem Regen kann man beobachten, daß die ganze Herde, mit dem Rücken gegen den Wind liegend, mit erbaulicher Ruhe das Ende des Gusses abwartet, das Auswaschen des Fells als eine Erquickung betrachtend*" (Zitat aus: LAMBERGER 1911). Stattdessen benötigt das betreuende Personal den Witterungsschutz (WÖLFER 1932; FALKE, zitiert in LAMBERGER 1911).

LIMPER & LIMBACH (1938) schreiben, dass das Vieh diesen Schutz nicht vor Regen und Wind, sondern vor Sonne nutzt. Der (Sommer-) Regen würde als Fellpflege dienen, dem scharfen, nasskalten Wind würden die Tiere das Hinterteil zukehren. Bei Herbststürmen würden sie statt der Schutzhütten natürlichen Windschutz durch Gehölze, Hecken, Erdwälle und Hügelkuppen bevorzugen. Fluchttiere wollen alles im Blick behalten, alle Geräusche wahrnehmen und jederzeit ohne Hindernisse vor Gefahren fliehen können. Daher überrascht diese Beobachtung von LIMPER & LIMBACH (1938) nicht.

LAMBERGER (1911) und FALKE (1920) befürworten als Sonnenschutz mit Stroh gedeckte Schattendächer, also Bauten ohne Seitenwände oder nur an der Wetterseite

Erster Aufwuchs des Knicks nach dem Auf den Stock-Setzen im Winter. Schutz vor Sonne und Regen gewährt er noch nicht, wohl aber bereits wieder vor Wind. Nur die große Schirmeiche (siehe Foto Seite 135) bietet jetzt Schatten. *Foto: Vanselow*

geschlossen, sowie Baumpflanzungen aus Einzelbäumen oder in Gruppen. Für Rinderweiden führen sie dazu neben Obstgehölzen Kastanien, Ahorn und Linden auf. Limper & Limbach (1938) empfehlen als Schattenbäume für Rinder und für die Nistplätze der Singvögel Kastanien, Flatterulmen, Linden und Feldahorn. Geith & Fuchs (1943) listen neben der Rosskastanie auch Silberpappel und Eberesche auf. Insbesondere in der Pferdehaltung sind Ahorne heute nicht mehr vertretbar, seit die meistens tödlich verlaufende atypische Weidemyopathie auf das Gift Hypoglycin A der Ahorne zurückgeführt wird (Vanselow 2010, van der Kolk et al. 2010, Sponseller et al. 2012, Valberg et al. 2013, van der Kolk et al. 2013, Rudolph et al. 2017). Allerdings soll der Feldahorn kaum giftig sein, während Berg- und Spitz-Ahorn als für Pferdehaltungen gefährlich betrachtet werden.

Berg- und Spitzahorn sind aufgrund ihrer Giftigkeit in der Pferdehaltung nicht vertretbar

Wölfer (1932) empfiehlt Schattendächer zum Schutz vor Sonne und hält einen Witterungsschutz gegen Regen und Kälte nur bei Kälbern und Absatzfohlen für sinnvoll. Da Fliegen und Mücken Wind meiden, dürfen Schattendächer keine Seitenwände haben (Limper & Limbach 1938) und sollten erhöht stehen, nicht etwa in Senken (Wölfer 1932). „*Gegen die Insektenplage wie gegen Hitze schützt in vorzüglicher Weise ein auf einer luftigen Anhöhe gelegenes, auf vier Pfählen ruhendes, einfaches Schattendach. Dadurch, daß das Gebäude auf eine Höhe gelegt wird, die auch sonst die Weidetiere aufzusuchen pflegen, wenn es gilt, Schutz gegen Insekten und Hitze zu finden, da hier stets ein kühlender Lufthauch zu finden ist, den die Insekten meiden, wird diese natürliche Wirkung noch verstärkt; denn unter einem allseitig offenen Dach herrscht stets ein stärkerer Luftstrom als unmittelbar daneben unter freiem Himmel. Dagegen ist es falsch, wenn man ein Schattendach in ein Tal oder einen geschützten Winkel legt; von den beabsichtigten Wirkungen wird nichts erreicht, dies beweisen am besten die Weidetiere selbst, die ein derartig gelegenes Dach niemals aufsuchen. Guten und billigen Schutz vermag aber auch hier die Natur zu gewähren, und zwar durch größere, schattenspendende Bäume oder kleinere Gebüsche, in denen sich die Tiere der Fliegen leichter erwehren. Wenn man es ermöglichen kann, ist es immer nützlich, eine kleine Ecke Waldes, einzelne größere Bäume oder etwas Gebüsch in die Weide mit einzuzäunen, und man vermag hierdurch den Bau teurer Dächer völlig zu ersparen. In solchen Wald- und Gebüschhecken finden die Weidetiere*

Für Galloway-Rinder am Bültsee gepflanzter Weideunterstand aus jungen Eichen. Foto: Vanselow

außerdem stets Pflanzen mit aromatischen und arzneilich wirkenden Stoffen, die auf sehr intensiv betriebenen Weiden schließlich ganz fehlen können" (Zitat aus: FALKE 1920).

Das reine Schattendach braucht nicht ganz regendicht zu sein und kann aus Reisig, also dünnen Zweigen, bestehen, während regendichte Schutzhütten mit Stroh, Rohr (Halme derber Gräser, meistens Schilf) oder Schindeln gedeckt wurden (LIMPER & LIMBACH 1938).

Weideunterstände aus Fichten oder Eichen kann jeder pflanzen, sie unterliegen keinem Baurecht. Einen Hallenwald aus Fichten oder Tannen kann man regelmäßig köpfen und den Hackschnitt als Waldboden unter den Bäumen verteilen.

Auf manchen alten Weideflächen finden sich noch einzelne uralte Schirmbäume. Früher wurden ganz gezielt große Bäume in die Weideflächen gepflanzt, damit die Tiere Witterungsschutz fanden und das Gras nicht verdorrte. Die Bäume wurden gerne als Reihe gepflanzt, beispielsweise an der Südseite von Gewässern zur Tränkwasserentnahme, oder sie wurden als Kreis zu einem Schattenplatz mitten auf der Weidefläche gesetzt, damit das Vieh zu jeder Tageszeit Schutz finden konnte. Diese Bäume dienten zugleich dem Vogelschutz und so der Insektenbekämpfung und düngten mit ihrem Laub das Weideland. Für die Stare befestigte man an einigen Holzpfosten der Zäune bis zu sechs Meter hohe Stangen, an denen mehrere Starenkästen befestigt wurden.

Diese Fichtenschonung, gepflanzt auf dem Truppenübungsplatz Schäferhaus als Versteck für Panzer, dient den Koniks und Gallowayrindern als Weideunterstand. Foto: Vanselow

Wie wichtig Ansitze für Greifvögel sind, zeigt die landwirtschaftliche Literatur in Hinblick auf frühere Feldmausplagen: „*Krähen, Eulen, Störche, Bussarde, Turmfalke, Füchse, Iltisarten und Igel leben von Mäusen; wir werden sie schonen und auch für Sitzstangen der Mäusebussarde sorgen durch 2½ m lange*

Die Koniks in Schäferhaus haben sich Weißdornbüsche durch Verbiss zu einem idealen Weideunterstand gestaltet. Foto: Vanselow

Bohnenstangen mit 20 cm langem Querstück am oberen Ende" (Zitat aus: Wölfer 1932).
Alle diese Methoden und Erfahrungen stellen sich bei genauerer Betrachtung immer als Ersatz für einzelne, verloren gegangene Funktionen der ehemaligen europäischen Fraßsavanne dar, die in den Hutungen und im Ödland lange Zeit in Resten überleben konnte. Ein Blick hinüber in den Naturschutz in die Halboffenen Weidelandschaften kann helfen, das natürliche Ökosystem zu verstehen und naturnahe Wege im Sinne der artgerechten Weidetierhaltung zu finden (Bunzel-Drüke et al. 2008 und 2019). Im Gegensatz zu künstlichem Ersatz wie Schutzhütten oder Sitzstangen bieten Gehölze noch zahlreichen weiteren Organismen einen Lebensraum und helfen, das Artensterben aufzuhalten.

Doppelnutzung Obststreuwiese

Früher war es völlig normal, Vieh unter Obstgehölzen weiden zu lassen. Obstgehölze können in Nord-Süd-Richtung in einer Reihenentfernung von 25 bis 30 Meter und einem Abstand von 12,50 bis 15 Meter in den Reihen ohne nennenswerte Ertragsminderung der Viehweide gepflanzt werden, also etwa 25 bis 30 Obstbäume pro Hektar (Falke 1920, Lamberger 1911). Höhere Baumzahlen beschatten das Weideland zu sehr und mindern so den Graswuchs. Strecker (1923) empfiehlt, nur solche Bäume zu verwenden, die mehr in die Höhe als in die Breite wachsen, bei einem Mindestabstand von 30 Metern zwischen den Bäumen. Falke (1920) empfiehlt, Obstgehölze nach dem Vorbild der Distrikts-Jungviehweide Luippenhof in Neu-Ulm mit 2000 Obstbäumen auf 64 Hektar zu wählen. Namentlich führt er als Bäume, die mehr in die Höhe als in die Breite wachsen, die Apfelsorten Winter-Goldparmäne, Schöner von Boskop, Roter Eiserapfel und Großer Rheinischer Bohnapfel auf. Die Bäume wurden gegen Verbiss und Scheuern jeweils mit einem stabilen Obstbaumschutz versehen. Wölfer (1932) empfiehlt 30 mal 15 Meter als Abstände zwischen den Obsthochstämmen und weist darauf hin, dass zu viele Bäume die Pflege der Weide mit Gerät erschweren. Limper & Limbach (1938) fordern, dass zwischen Obstgehölzen und Weißdornhecken viel Abstand gehalten werden muss, da der Weißdorn oft von gefährlichen Brandpilzen heimgesucht wird, die dann auch die Obstbäume befallen. Aus diesem Grund wurde schon damals der Weißdorn oft bekämpft, obwohl er gerade als dichte Hecke einen idealen Lebensraum für Singvögel bietet (Limper & Limbach 1938).
Da manche Pferde nicht nur reife, sondern auch recht unreife Früchte fressen (siehe Foto Seite 74), sogar geschickt direkt vom Baum, ist eine Beweidung zur Reifezeit nicht ohne Risiko. Unreife Früchte können Koliken verursachen, ebenso wie allzu große Mengen reifer Früchte. In reifen Früchten können Wespen eine Gefahr für

die Weidetiere werden. Liegen gebliebene, nach ersten Nachtfrösten gegorene Früchte können die Tiere betrunken machen. Pflaumenkerne werden von manchen Pferden fein säuberlich ausgespuckt und andere schlucken sie ganz herunter, aber viele Pferde zerkauen sie auch und fressen sie dann mit. Letzteres kann wegen des Blausäuregehaltes der Samen sehr gefährlich werden.

Ebenfalls können unreife Walnüsse, die Schalen reifer Walnüsse und auch zu große Mengen an Walnuss-Laub die Gesundheit der Pferde gefährden.

Wer sein Pferd gut kennt und weiß, wie es mit diesen Situationen umgeht, der kann das Risiko abschätzen und nach genauer Beobachtung gegebenenfalls seinem Pferd vertrauen. In meiner Kindheit war es üblich, die Pferde im Herbst bis zum Beginn des Winters in den kaum noch genutzten Apfelgärten weiden zu lassen. Die Pferde fraßen nur so viel (Fall-) Obst, wie es für sie ohne Schaden blieb. Wespenstiche spielten keine Rolle, da die Pferdenasen sehr vorsichtig waren und jeder Wespe auswichen. Zu Winterbeginn konnten sie aber nicht von den gegorenen Früchten lassen und kamen mit Schwips von der Weide – womit dann die Weidesaison beendet war. In einer Pensionspferdehaltung mit wechselnden Einstellpferden sind derartige Experimente ganz sicher nicht zu empfehlen.

Unreife Walnüsse, die Schalen reifer Walnüsse und zu große Mengen an Walnuss-Laub können die Gesundheit von Pferden gefährden

Diese zweijährige Trakehnerstute hat bereits ein umfangreiches Geruchs- und Geschmacksgedächtnis aufgebaut. Die Weide bietet genug Futter für die Pferde. Gehölze dienen somit nur als Ergänzung. Hier werden junge Walnussblätter genascht, die besonders reich sind an Vitamin C. *Foto: Vanselow*

Auf nassen Feuchtwiesen wurden früher auf den Beeten zwischen den Entwässerungsgräben Korb- und Flechtweiden gepflanzt (Strecker 1923). Die Beete hatten eine Breite von acht bis zehn Metern. Ihr Erdreich stammte aus den sie begrenzenden Gräben. Die Zweige der Weiden, also die Gerten, wurden im Weinbau ebenso verwendet wie zum Binden von Garben. Strecker (1923) hält die Gelbe Bandweide (*Salix alba ssp. vitellina*) für die am besten geeignete Weidenart. Heute dürfte Holz und Dünger eher gefragt sein, weshalb die Schwarzerle eine durchaus interessante Baumart zur Doppelnutzung auf Feuchtwiesen sein könnte (siehe auch Seite 135, „Schirmbäume auf Viehweiden"). Die düngende Wirkung des Herbstlaubes der Schwarzerle hat sogar einen großen Vorteil gegenüber anderen Gehölzen: Die Ursache für den Anbau von Korb- oder Flechtweiden und (Elbe-) Obst auf den nassen Wiesen der Elbufer war oftmals der Duwock, also der Sumpfschachtelhalm (*Equisetum palustre*). Sein Massenauftreten im Grasland führte zum Verlust dieser Futterflächen, sowohl als Viehweide als auch als Heuwiese. Die Tiere verschmähten diesen giftigen Schachtelhalm. Vergiftungen beim Vieh traten auf. Selbst heute ist diese erfolgreiche Urweltpflanze aus feuchten Flächen kaum zu verdrängen (Weber & Vanselow 2011). Die einzige Möglichkeit, den Duwock in seinem Biotop zu kontrollieren, ist es, seine Konkurrenz, das Gras, optimal zu unterstützen. Ganz wesentlich trägt dazu eine ständige, gute (Laub-) Düngung bei, wie sie die Schwarzerle liefert.

Tatsächlich wurden Obstgehölze sogar im mit Zugtieren betriebenen Ackerbau gepflanzt. Wauer (1937) gibt als Mindestmaße für Unterkulturen im Ackerbau unter hochstämmigen Obstbäumen 15 mal zehn Meter an, wobei der Reihenabstand 15 Meter beträgt. Zwischen den Reihen kann dann mittig zehn Meter breit eine Tiefkultur gepflügt werden. Bei Abständen von 15 mal 15 Metern kann bei gleicher Ackerfrucht in den Reihen längs und quer gepflügt werden (Wauer 1937). Die verbleibenden 2,50 Meter Baumscheibe direkt unter den Obstgehölzen sind laut Wauer (1937) mit dem Plantagenpflug zu bearbeiten. Unter hohen Halbstämmen können sogar kleine Arbeitspferde eingesetzt werden, wenn sie Sielengeschirre (Brustzug) tragen und nicht die hohen Kummetgeschirre (Wauer 1937).

Gebüsche als Wellness-Oase

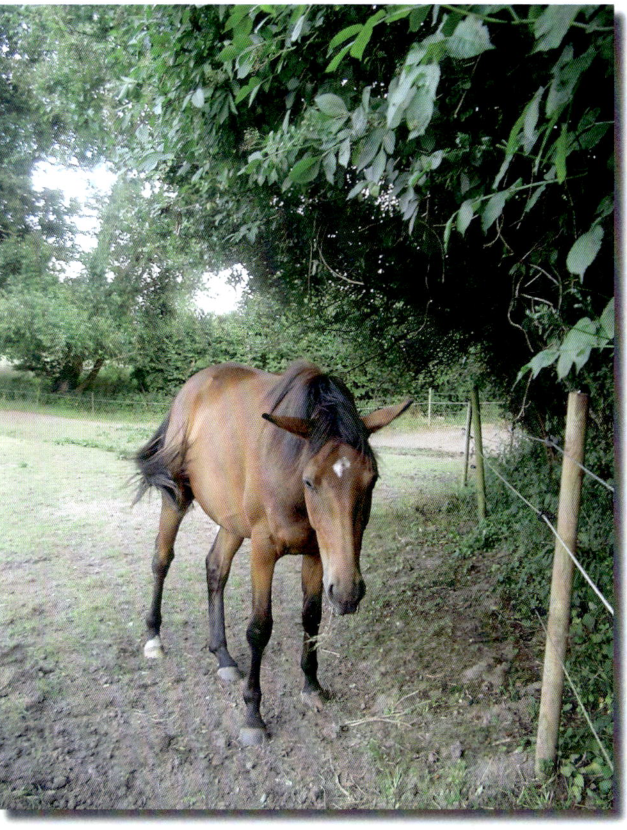

Im Schatten über unbewachsenem Boden ist die Luftfeuchte gering. Hier halten sich weniger Insekten auf als über bewachsenem Boden. Die Pferde warten dort die Mittagshitze ab und vertreiben die lästigen Plagegeister.
Foto: Vanselow

Wie wichtig Gehölze für die Gesundheit der Weidetiere sind, haben uns bereits ihre Mineralgehalte und arzneilich wirksamen, je nach Dosis auch giftigen Inhaltsstoffe gezeigt (Tabellen 2.2 und 2.3, Seite 71 und 79).

Seit Jahrzehnten durchgeführte Verhaltensstudien an freilebenden Koniks im polnischen Reservat mit angrenzendem Staatsgestüt in Popielno, Masuren, zeigen, wie wichtig eine strukturreiche Umwelt für das Verhalten der Tiere ist. Die Koniks der Stallgruppe (Staatsgestüt) und der auf der waldreichen Halbinsel frei lebenden Reservatsgruppe leben in direkter Nachbarschaft, nur getrennt durch einen mächtigen Zaun am Waldrand. Die durch Rodung des Waldes entstandenen Weideflächen der Reservatspferde (siehe Foto Seite 64) liegen wenige hundert Meter von denen der Gestütspferde entfernt. Die Reservatskoniks zeigten eine signifikant höhere Frequenz an Abwehrbewegungen gegen Insekten als die Stallkoniks, wobei erwachsene Pferde mehr Insekten abwehrten als Fohlen (Jezierski & Jaworski 2008). Nur das Kopfschütteln war bei den Gruppen gleich häufig. Grasende Koniks wehren sich weniger intensiv gegen Insekten als stehende.

„Bei den Reservatskoniks hängt die Frequenz der Abwehrbewegungen vom Biotop ab, in dem sie sich momentan aufhalten. Auf offenen Flächen war die Frequenz der Abwehrbewegungen größer als im dichteren Wald (Kopfschütteln ausgenommen). Wenn die Reservatskoniks zu sehr von Insekten geplagt werden, unterbrechen sie das Grasen, verlassen die offenen Plätze und begeben sich an ganz bestimmte Stellen im Wald, meistens unter dichte Fichten, wo kein Unterholz wächst. Dort verbringen sie fast den ganzen Tag bewegungslos in einer dichten Gruppe stehend. Nur gelegentlich gehen sie ein paar Schritte umher. Die Stallkoniks auf der Kulturweide versammeln sich ebenfalls in dichten Gruppen auf bestimmten, zertrampelten

Holunderaroma scheint Pferden zu helfen, sich Insekten vom Leib zu halten. Regelmäßig reiben die Tiere ihr Fell an Stamm und Blättern.

Keine gefährdete Stelle wird vergessen, solange für alles der passende Holunderbusch erreichbar ist. *Fotos: Fersing*

Stellen, wo keine Pflanzen mehr wachsen" (Zitat aus: Jezierski & Jaworski 2008). Diese Beobachtungen sind für die Pferdehaltung sehr wichtig. Bewuchs bietet nicht nur Verstecke für Insekten. Er erhöht vor allem auch die Luftfeuchtigkeit in Bodennähe, da die Pflanzen Wasser verdunsten und so ein mildes, feuchtes Mikroklima erzeugen. Eine lebensfeindliche, trockene Luftschicht über bloßem, trockenen Boden ist wenig attraktiv für Blutsauger.

Die unter dem Aspekt der Futterproduktion unerwünschten, intensiv betretenen, vegetationsfreien oder -armen Bereiche unter Schirmbäumen oder auf windigen Kuppen haben unter diesem Aspekt eine bisher übersehene wichtige Funktion. Dichte Fichtenbestände sind zudem dunkel. Lichtliebende Insekten wie Bremsen meiden Dunkelheit. Mücken sind dagegen auch nachtaktiv. Sie meiden aber auch trockene Luft. In der Dämmerung mit steigender Luftfeuchte werden sie an warmen Sommertagen ähnlich aktiv wie bei tropischer Schwüle. Die Nadelstreu der Fichten hält Pflanzen fern. Harze, ätherische Öle und andere Inhaltsstoffe der Nadeln wehren keimende Konkurrenz, Bakterien, Pilze und Fraßfeinde ab. Erst nach Jahren zersetzen sie sich vollständig zu Humus. Davor bildet die Streu eine dicke, lebensfeindliche Rohhumusschicht. Im Sommer ist diese Nadelstreu sehr trocken und isoliert geradezu den Boden. Der fehlende Bodenbewuchs kann die trockene, bodennahe Luft nicht befeuchten. Die meisten Blutsauger unter den Insekten lieben aber nicht nur Wärme, sondern auch hohe Luftfeuchtigkeit. Mücken leben bevorzugt in Mooren und Sümpfen. Bremsen und Mücken sind bekanntlich vor Wärmegewittern in der schwülen Hitze besonders aktiv. Die Koniks zeigen uns genau, wie Pferde sich vor Insektenplagen schützen, wenn sie die Wahl haben.

In diesem Zusammenhang bemerkenswert ist noch eine weitere Beobachtung an den polnischen Koniks in Popielno: „*Es wird darüber spekuliert, ob die spezifische Diät im Reservat (Kräuter, Äste, Heilpflanzen) die Attraktivität der Koniks für stechende und Blut saugende Insektenarten beeinflussen kann. Mangels genauer wissenschaftlicher Studien bleibt diese Frage bisher ungeklärt. Tatsache ist, dass die Reservatspferde für die menschliche Wahrnehmung ganz anders riechen als die Koniks aus der Stallgruppe, die am selben Ort (Popielno) leben*“ (Zitat aus: Jezierski & Jaworski 2008).

In diesen Zusammenhang passt die schon erwähnte Beobachtung aus dem Naturschutzgebiet Schäferhaus an der dänischen Grenze bei Flensburg. Auf diesem ehemaligen Truppenübungsplatz auf Sandboden wächst Besenginster. Der Besenginster wird von den Pferden gefressen und zum Abfegen der Insekten benutzt. Fast scheint es so, als würden die Tiere sich mit dem Besenginster einreiben, vielleicht gegen Blutsauger parfümieren.

Gehölze haben für das Wohlbefinden der Weidetiere wichtige Funktionen: „*Bei der Weideanlage ist schließlich nicht zu vergessen, daß in jeder Koppel mehrere starke Juckpfosten freistehend eingegraben sein müssen, damit das Vieh sich jederzeit daran schuppen kann. (…) Wo es möglich ist, von einem angrenzenden Wald einen schmalen Streifen mit in die Weide einzuzäunen, damit das Vieh dort bei großer Hitze im Schatten ruhen kann, sollte man dies tun*“ (Zitate aus: Schneider 1926).

Selbst wenig Grün in einem Auslauf erhöht die Lebensqualität für die Pferde und hilft den Vögeln. Genügend Raufutter verhindert, dass als Futter nicht geeignete Hölzer angeknabbert werden. *Foto: Fersing*

Schere in eine bestimmte Form getrimmt werden müssen. Nicht geschnittene Hecken müssen in ihrer natürlichen Höhe den jeweiligen Ansprüchen entsprechend gewählt werden (LIMPER & LIMBACH 1938). Diese nicht geschnittenen Hecken mussten meist auf Erdwällen angelegt werden (STRECKER 1923). Die dabei entstehenden Gräben, die die Wälle umgaben, hatten ihrerseits Vorteile: Sie entwässerten die Flächen, sie verhinderten bei regelmäßiger Räumung das Einwachsen der Gehölzwurzeln in die Futterflächen, sie erschwerten als mit Brombeerranken überwachsenes Hindernis das Überwinden des lebendigen Zauns zusätzlich und sie schützten die Hecke vor Beschädigungen.

Soll eine Hecke dicht genug werden, um als Zaun zu dienen, muss sie in der Höhe begrenzt und gelegentlich zurückgeschnitten werden. *Foto: Fersing*

Die Erdwälle wurden laut STRECKER (1923) zur Ernährung der Gehölze je nach Boden in unterschiedlichen Maßen angelegt: je ärmer und sandiger, desto breiter. Die Höhe betrug auf armem Boden einen bis 1,35 Meter bei einer mittleren Breite von 2,50 bis 3,50 Metern. Auf lehmigem oder tonigem Boden reichte bei gleicher Höhe eine mittlere Breite von 1,35 bis 1,65 Meter. Die Gräben empfiehlt er nicht direkt an den Wall anzuschließen, damit der Wall nicht abrutscht. Der Boden bestimmt die Böschung, sodass ein Abrutschen verhindert wird. Der humose Oberboden aus dem Bodenaushub der Gräben sollte die zur Wasser haltenden Mulde eingedellte Krone des Walles bilden.

Als geeignete Gehölze durch guten Stockausschlag gibt STRECKER (1923) an: Eiche, Hainbuche, Birke, Ahorn, Esche, Erle, Pappel, Weide, Ulme und Hasel. Für arme Sandböden empfiehlt STRECKER (1923) Kiefern, die in den oben zur Mulde vertieften Wall gesät werden und erst geschlagen werden, wenn sie nach etwa zehn bis 15 Jahren unten kahl werden. Nach dem Abholzen der Kiefern wird der Wall mit Birken bepflanzt. Entsprechend gibt er für Gebirgsgegenden als Erstbepflanzung Tannen an, unter denen bereits die nachfolgenden Buchen angezogen werden. Nach dem Schlagen der Tannen übernehmen die Buchen die Bildung der Hecken. Von unten dicht wachsende Gehölze können laut STRECKER (1923) einreihig gepflanzt werden, während an der Basis weniger verästelte Gehölze in zwei bis drei parallelen Reihen gepflanzt werden. Mehrreihige Hecken haben laut STRECKER (1923) den Vorteil, dass man die Reihen zu unterschiedlichen Zeiten schlagen kann und so immer eine Hecke bestehen bleibt.

Kopfweiden müssen geschnitten werden, sollen sie erhalten bleiben. Die Zweige lassen sich wunderbar verfüttern. *Foto: Vanselow*

Das Schlagen der Gehölze soll alle sieben bis zwölf Jahre erfolgen. Entweder schlägt man sie nahe am Boden oder in einer Höhe von 75 Zentimetern bis einem Meter ab. Das Ziel sind dicht buschig ausschlagende Schutzhecken. Durch ein Niederbiegen junger Bäume, die man an benachbarten Stämmen festbindet, wird die Dichtigkeit nochmals erhöht.

Strecker (1923) empfahl zu seiner Zeit die Bepflanzung mit Korbweiden als Doppelnutzung. Als am besten geeignet sah er *Salix kerksii* an, wobei es sich wohl um die aus Nord-Amerika stammende Herzblättrige Weide *Salix eriocephala `Kerksii`* handelt. Diese Weide ist durch Anpflanzungen in Bayern heute weit verbreitet. Wo immer möglich, sollten zum Schutz der Natur und ihrer nicht nur genetisch wertvollen Ökosysteme heimische Gehölze verwendet werden. Zur Anpflanzung der Weiden empfiehlt Strecker, 30 Zentimeter lange Abschnitte von zwei bis drei Jahre alten Zweigen als Stecklinge zu verwenden. Diese kurzen Ruten empfiehlt er im Abstand von zehn bis zwölf Zentimetern ganz in den Boden zu bringen. Der Erfolg sei größer, wenn der Boden zuvor auf einer Breite von etwa 1,20 Meter 35 bis 40 Zentimeter tief umgegraben und von sämtlichem Bewuchs befreit, gedüngt und entwässert wurde. Als weitere Methode zur Bepflanzung des gut vorbereiteten Bodens gibt Strecker 1,25 Meter lange, an den Enden angespitzte Weidenruten an, die im Abstand von zwölf Zentimetern etwa 30 Zentimeter tief in den Boden gedrückt werden sollen. In gerader Richtung einreihig gesetzt, wurden die ausschießenden Seitenzweige später ineinander verflochten. Bei in schräger Richtung von etwa 50 Grad gesetzten mehrreihigen Pflanzungen wurden die Zweige nicht verflochten, aber durch Bastbänder verbunden, damit die Triebe

Halt hatten. Sobald die Ruten ausschlugen, fanden sie von alleine aneinander Stabilität.

Auch SCHNEIDER (1926) empfiehlt lebende Hecken als Schutz vor rauem Wind und als Vogelschutz. Geeignete Gehölze sind seiner Meinung nach Fichten, Hainbuchen, Weißdorn und die schottische Zaunrose (Wein-Rose, *Rosa rubiginosa*). *„Ganz besonders empfehle ich die schottische Heckenrose, weil sie infolge ihrer starken Dornen vom Vieh gemieden wird, weil auch im späteren Alter keine Menschen hindurch kriechen können, weil die Vögel sehr gern darin nisten, und weil sie in ihrer Blütenpracht einen wunderschönen Anblick bietet“* (Zitat aus: SCHNEIDER 1926). Diese Information klingt sehr interessant für alle Pferdebesitzer, deren Weideflächen in der Nähe von Wegen verlaufen, auf denen Hundehalter gerne Gassi gehen. Ein Dornröschenzaun kann eine echte Alternative zu Mauern sein und ist dabei noch ein aktiver Beitrag zum Schutz der heimischen Artenvielfalt.

SCHNEIDER (1926) rät zu Pflanzung in drei parallelen Reihen. Die verwendeten Sämlinge sollten ein- bis zweijährig sein. Die Reihenentfernung gibt SCHNEIDER (1926) mit 25 Zentimetern an, innerhalb der Reihe beträgt der Abstand der Sämlinge zehn bis 15 Zentimeter. In den ersten Jahren empfiehlt SCHNEIDER (1926) einen kräftigen Rückschnitt, um eine starke Verästelung zu erzielen. Ganz allgemein gilt, dass an Verbiss angepasste Gehölze umso dichter austreiben, je intensiver sie verbissen werden. Das ist für ihre Bewohner, also Insekten, Singvögel, Spinnen und anderes Getier, ganz wichtig, da es Feinde zurückhält, Sicht- und Witterungsschutz bietet. Manche Dornengewächse wie der Weißdorn bilden überhaupt erst eine dichte, wehrhafte Bedornung aus, wenn sie verletzt werden. Je häufiger, umso intensiver und wehrhafter werden die Dornen des verletzten Weißdorns.

Drahtzäune, die junge Heckenpflanzen anfangs noch schützen, werden mit der Zeit überrankt. *Foto: Fersing*

Von vornherein sollte die Hecke in eine konische Form geschnitten werden, also unten breit, oben dünn *„wie ein steiles spitzes Dach“* (SCHNEIDER 1926). Anfangs muss ein fester Zaun die Heckenpflanzung schützen. Später kann dieser Zaun in die Hecke einwachsen. Auch LIMPER & LIMBACH (1938) geben für geschnittene Hecken die Pyramiden- und Bienenkorb-Form als gut an. Die

Kastenform betrachten sie dagegen als ungeeignet. Kastenförmige Hecken dünnen durch Beschattung unten aus und sind nicht dicht genug.

WÖLFER (1932) rät in Gegenden mit starker Fliegenplage zu Drahtzäunen, um den Luftzug nicht zu hindern. Dazu schlägt er vor, diese Drahtzäune mit Zaunrosen und großen Brombeeren beranken zu lassen, während als Schutz vor Sonne und Regen Eichen, Nuss- und Obstbäume gepflanzt werden könnten. Solche Schirmbäume müssten in der Jugend einen Verbissschutz aus drei Pfählen und Draht erhalten.

Die von Wölfer zur Berankung der Drahtzäune empfohlene Schottische Zaunrose (Weinrose, *Rosa rubiginosa*) hat gekrümmte Stacheln, rosafarbene Blüten und gehört zu den Duftrosen. Die Bestachelung schreckt manche Pferdehalter und Landwirte ab, da sie Verletzungen und platte Schubkarrenräder fürchten.

Wer nach weniger bestachelten Rosen für Zäune sucht, wird bei den Filzrosen (Gattung Rosen: *Rosa*, Sektion Hundsrosen: *Caninae*, Untersektion Filzrosen: *Vestitae*) fündig. Hierzu zählen eher schwach und borstenförmig bestachelten Arten wie die Apfelrose (*Rosa villosa*), die Samtrose (*Rosa sherardii*) und die Weiche Rose (*Rosa mollis*). Die Filzrosen haben auch den Vorteil, dass sie selten höher als zwei Meter wachsen. Aufgrund ihrer geringeren Wehrhaftigkeit sind sie allerdings gefährdet, als Delikatesse in gierigen Mäulern zu enden.

Selbst da, wo wegen befestigter Böden keine Hecke gepflanzt werden kann, sind doch oft grüne Lösungen möglich wie diese Holunderreihen in Betonringen vor einem Offenstall.
Foto: Fersing

Weidenäste bewurzeln sich und werden zu vielseitig formbaren Weidenhecken, brauchen aber einige Jahre Schutz vor den Pferdezähnen.
Foto: Fersing

Blüte der Apfelrose (Rosa villosa). Diese Rosen werden allerdings beknabbert und müssen gegebenfalls einige Jahre geschützt werden.
Foto: Vanselow

Pappeln sind interessante Futterpflanzen für Insekten. Raupe des Pappelschwärmers (Laothe populi), die von Parasiten (Brackwespen) befallen ist.

Der Pappelblattkäfer (Melasoma populi) hat ziegelrote Flügeldecken. Er frisst an Pappeln (Populus) und Weiden (Salix). *Fotos: Vanselow*

Lebende Pfähle

Das Setzen sogenannter lebender Koppelpfähle ist heute weitgehend in Vergessenheit geraten. Dabei ist diese Methode einfach und schafft schnell rund um die Weide aus Zaunpfählen Schattenbäume. Verwendet wurden laut Wölfer (1932) armdicke, etwa 2,50 Meter lange Stämme von Pappel- (*Populus*) und Weidenarten (*Salix*), die zu Baumwuchs fähig sind und als robust galten. Diese in der Umgebung der Flächen frisch geschlagenen Pfähle wurden im Abstand von zwei Meter Entfernung gesetzt und auf etwa einem Drittel ihrer Länge eingegraben. Im Winter geschlagene Pfähle müssen im Frühjahr zeitig gesetzt werden, bevor Sonne und Trockenheit die lebendige Rinde schädigen und ein Anwachsen unmöglich machen. Dabei ist es nicht einmal entscheidend, ob der Ast richtig herum steht oder aus Versehen über Kopf eingegraben wird. Auch beindicke Stämme können verwendet werden.

Wölfer (1932) empfiehlt, diese selber wurzelnden und neu austreibenden Zaunpfähle bis zum vierten Jahr durch Dornenumkleidung vor Verbiss zu schützen. Damals waren Rinder die vorherrschenden Weidetiere. Pferde und vor allem Esel fressen insbesondere bei Futtermangel und Langeweile Gehölze ganz massiv an, so dass hier ein dauerhafter Verbisschutz nötig sein kann.

Wölfer (1932) hat die Erfahrung gemacht, dass Steinweide (Purpurweide, *Salix purpurea*) anspruchslos ist, die

Links: Erster Weideauftrieb für die Jährlinge. Rechts: Ein Jahr später sind die nun Zweijährigen, verletzungsfrei dank der Hecken hinter den Zäunen, fast erwachsen geworden. *Fotos: Vanselow*

Mandelweide (*Salix amygdalina, S. triandra*) lehmigen und die Hanfweide (Korbweide, *Salix viminalis*) moorigen Boden bevorzugt, während Pappeln auf jedem Boden gedeihen, bei genügend Feuchtigkeit sogar auf Sand. *„Daß in den Weichhölzern dem Weidevieh schädliche Insekten sich aufhalten, ist kaum zu befürchten"*, stellt Wölfer (1932) fest.

Ende des 19. Jahrhunderts war Schleswig-Holstein unter den preußischen Provinzen diejenige mit dem relativ größten Rinderbestand und zugleich stellte die Stallfütterung begünstig durch das milde, ausgeglichene, ozeanische Klima im Land zwischen den Meeren die Ausnahme dar. Die Weidesaison war und ist auf der grünen Halbinsel deutlich länger als in anderen Regionen Deutschlands. Die norddeutschen Wallhecken, Knicks genannt, waren als einfach zu bewirtschaftende Zäune, die ihr Material selber lieferten und kaum Unterhaltskosten verursachten, zur damaligen Zeit für die Weidewirtschaft von großer Bedeutung (Erichsen 1898a).

Es gab schon damals durchaus Argumente gegen diese lebendigen Zäune. Erichsen (1898a) hält dagegen, dass diese Umgrenzung der Koppeln eine vorzügliche Schutzabwehr gegen das Vieh des Nachbarn sei und dass die Knicks dem Vieh einen hervorragenden Witterungsschutz bieten und so die Tiergesundheit fördern. In ungeschützten Lagen wirkt sich das Fehlen der Knicks auf die Milchleistung der Rinder aus (Erichsen 1898a). Diese freistehenden norddeutschen Wallhecken sind etwas Besonderes. Daher stehen sie nach § 30 des Bundesnaturschutzgesetzes und in Verbindung mit den Landesnaturschutzgesetzen unter Schutz. Es lohnt eine intensive Beschäftigung mit ihnen, insbesondere als Ergänzung in heutigen Pferdehaltungen – sie sind eine spannende Lösung für Pferdeweiden nicht nur in Norddeutschland!

Kapitel 5

Besondere lebende Zäune: Knicks

Der Knick fungiert wie ein sich linear in die Landschaft erstreckender Waldrand. Knicklandschaften bewahren auf diese Weise Eigenschaften der ursprünglichen Fraßsavanne, die durch große Pflanzenfresser geprägt und erhalten wurde.

Die UNESCO hat die Knickpflege in Schleswig-Holstein in besonderer Weise geehrt, in dem sie sie zum Immateriellen Kulturerbe erklärt hat (NDR, 15.3.2023). Der Grund dafür ist, dass die norddeutschen Wallhecken, also die Knicks, nicht nur die Feldgrenzen markieren. Sie schützen vor allem das Agrarland vor Wind und Erosion. Zudem liefern sie weit mehr Biomasse als ein vergleichbarer Wald und stellen bei richtiger Pflege ein grünes Band aus naturnahen Biotopen dar.

Für Pferdehalter sind die vor dem Hintergrund der Mega-Herbivoren-Theorie neuen Blickwinkel auf eine Weidelandschaft als Fraßsavanne sehr interessant. Ihnen geht es um einen natürlichen Witterungsschutz, um eine vielfältige Ernährung ihrer Tiere und um pflanzliche Wirkstoffe zur Nahrungsergänzung, teilweise sogar mit Heilwirkung.

Hecken bilden nicht nur als grüne Adern geschützte Verbreitungswege für Wildtiere zwischen Wald und offener Landschaft (MacLean 1992, Projektzentrum Ökosystemforschung 1996). Sie bieten dem Vieh und den Wildtieren auch Schutz vor Wegen und Straßen (MacLean 1992) und sorgen bei Tier und Mensch für Ruhe und Erholung. Ebenso wie um die vielfältige Ernährung der Weidetiere muss es uns Tierhaltern um das ökologische Gleichgewicht in der Weidelandschaft gehen. Natürliche Gegenspieler zum Beispiel von Insektenplagen sind notwendig. Massenvermehrungen einzelner, besonders konkurrenzstarker Pflanzen und Tiere können Futterflächen gefährden.

Links: Die Gehölze des Hohlwegs, also eines von Gebüsch an jeder Seite geschützten Weges, sind ausgedünnt. Der Wind wird kaum gebremst. Alleebäume (rechts vorne) sind kein Ersatz für die vernichteten Heckenstrukturen. *Foto: Vanselow*

Die Fähigkeit, sich aus Wurzeln und Stockausschlägen zu verjüngen, wird heute als eine ursprüngliche Anpassung der Gehölze an intensiven Fraß durch riesige Pflanzenfresser, die sogenannten Mega-Herbivoren, interpretiert. Zu diesen gehörten vor ihrem Aussterben in Europa in allen Warmzeiten neben dem Europäischen Wald-Elefanten und Europäischen Nashörnern auch Auerochsen und Wildpferde, die in Herden durch die savannenähnlichen, lichten Laubwälder mit an Kräutern und Gräsern reichen Lichtungen streiften.

Viele Wissenschaftler gehen heute davon aus, dass die großflächigen, dichten Wälder Europas keineswegs natürlich sind. Diese Wälder konnten erst so dicht und geschlossen die Landschaft erobern, weil der moderne Mensch Europa in Besitz nahm und die Elefanten, Nashörner und andere riesige Pflanzenfresser verdrängte oder ausrottete. Rotbuchen sind nicht nur empfindlich gegen intensiven Verbiss, sie schmecken den Tieren auch sehr gut. Buchen sind Schattenkeimer, im Gegensatz zur Eiche, die viel Licht benötigt. Werden Buchen nicht durch Fraß vernichtet, dann verdrängen die Buchen auf geeigneten Böden die Eichen durch Überwachsen und Beschatten. Fraß durch große Tiere entscheidet also darüber, was für ein Wald entsteht – ein dunkler, artenarmer Buchenwald oder ein lichter, extrem strukturreicher und artenreicher Eichenwald mit sehr viel Unterholz und Lichtungen aller Größen. Solch ein von Wildtieren aller Art beweideter Eichenwald wäre bei intensivem Verbiss durch Europäische Waldelefanten und Europäische Nashörner kaum von einer afrikanischen Savanne zu unterscheiden – und böte riesigen Herden von Grasfressern eine Heimat.

So verstanden, ist der Knick ein letzter Gruß aus der ursprünglichen Heimat der großen Pflanzenfresser, der ständige, dynamische Übergang zwischen Wald und Grasland. Der Knick erscheint als ein ursprünglich von weidenden Wildtieren zu einem Mosaik in die Fläche versprengter Waldrand, der vom Menschen künstlich, wie die aus Lesesteinen entstandenen Steinwälle Irlands, an die Außengrenzen der Felder verpflanzt wurde. Somit stellt er ein bewahrtes Schlüsselelement dessen dar, was die von großen Pflanzenfressern besiedelte Natur in weiten Teilen Europas in allen Warmzeiten des Quartär ausmachte.

Knicklandschaften und ihre Ursprünge in Europa

Die Ausdehnung der europäischen Knicklandschaft gibt METTE (1996) entlang des maritimen Grünlandgürtels vom Norden Jütlands über den angelsächsischen Raum sowie die Normandie bis nach Nordspanien an (TERRASSON & TENDRON 1975, zitiert in METTE 1996). ERICHSEN (1898a) gibt die Verbreitung der Knicks außerhalb Schleswig-Holsteins für Großbritannien, die dänischen Inseln, Teile Hannovers, in Westfalen und in der Prignitz an, während sie in Jütland fast ganz fehlen würden.
Die Ursprünge der Knicks sind vermutlich uralt und vielleicht in Zusammenhang mit ursprünglich aus Steinen um Gehöfte und Ortschaften angelegten Verteidigungswällen zu sehen (ERICHSEN 1898a). Das Knicknetz um 1900 führt ERICHSEN (1898a) zwar auf die Aufgabe der bäuerlichen Feldgemeinschaft und die Aufteilung des Landes in der Mitte des 18. Jahrhunderts zurück. Er berichtet aber auch, dass Knicks schon sehr lange vor dieser Zeit vorhanden waren: *„So erwähnt schon das „Jütsche Lov," das für Jütland und Schleswig gültige Gesetzbuch, Buch III, Kap. 58 (Vgl. ‚Landw. Wochenblatt für Schlesw.-Holst.', 43. Jahrg. Nr. 21: Denkschrift Knicke betreffend) das Vorkommen von Zäunen, jedoch nur zwischen den Ländereien benachbarter Dorfschaften zum Schutz gegen das fremde Vieh, an Dorfwegen und zwischen bebauten Plätzen"* (Zitat aus: ERICHSEN 1898a).

Knicklandschaft in Schleswig-Holstein. Ursprünglich war jedes noch so kleine Feld oder Grasland vollständig von Knick eingefasst, nur Gatter in der Breite eines Pferdefuhrwerks verbanden die einzelnen Flächen. *Foto: Vanselow*

Intakter, seitlich nicht beschnittener Knick zwischen den Äckern eines Bioland-Betriebes. Foto: Vanselow

Dieses Jütische Recht ist eine Gesetzesverordnung aus dem Jahr 1241 unter dem Herzog von Schleswig und Dänischem König Waldemar II, die ihre Gültigkeit als Recht im Herzogtum Schleswig formell bis 1900 hatte. Zur Zeit der bäuerlichen Feldgemeinschaft wurde laut Erichsen (1898a) nach zwei Jahren Kornanbau durch Winterkorn gefolgt von Sommerkorn im dritten Jahr die Ackerbrache gemeinschaftlich beweidet.

Erichsen (1898a) vermutet, dass die ersten Knickanlagen die Gehöfte und den Hofraum vom dörflichen Gemeindeland abzäunten. Er betrachtet die Wälle als den ursprünglichsten Teil des Knicks. Verteidigungswälle wurden seit jeher um das Eigentum aufgeworfen. Dazu wurden oft Steinwälle angelegt. Zudem werden im Ackerbau Feldsteine gesammelt und außerhalb aufgeschichtet. Erichsen (1898a) berichtet von Steinwällen in Ortschaften und um Gehöfte vor allem im Raum Lauenburg und Stormarn, während die nach der Aufteilung angelegten Knicks reine Erdwälle waren.

Äste und Dornsträucher dienten Menschen seit der Vorzeit und Frühgeschichte als Schutz vor Raubtieren in Höhlen und Wohnplätzen sowie als Korral für das Vieh, ähnlich wie Stacheldraht.

Blätter und reifende Fruchtstände der Hainbuche im Spätsommer. Intensives Fruchten der Bäume außerhalb der Mastjahre kann ein sogenanntes Notfruchten sein, also eine Reaktion auf Stress, oder sogar eine letzte massenhafte Samenproduktion vor dem Absterben. *Foto: Vanselow*

Wehrhecken (Landwehre) wurden in Mitteleuropa von Caesar im Raum des heutigen Belgien beschrieben und waren mindestens noch im Dreißigjährigen Krieg üblich: „*Um die räuberischen Einfälle der Reiterei ihrer Nachbarn abzuwenden, hatten sie überall Hecken angelegt. Sie kappten zu dem Ende junge Bäume, so dass sie nach den Seiten junge Zweige ansetzten, und pflanzten dann Dornsträucher dazwischen. So bildeten diese Hecken förmlich dicke Wände, die nicht bloß den Durchgang, sondern selbst den Blick hindurch unmöglich machten*“ (Übersetzung aus Wikipedia aus: Caesar, De bello Gallico, Buch II, Kapitel 17).

Eine aufwändigere Version mit Wällen und Gräben wird von Tacitus über den Grenzschutz der Angrivarier (Angrivarierwall, 16 n. Chr.) gegen die Cherusker beschrieben. In Angelsachsen soll es eine Bebbanburg gegeben haben, die um 547 ursprünglich von einer Hecke geschützt wurde. Bekannte Befestigungsanlagen in England aus Hecken und Wällen waren Bokerley Dyke, Grim´s Ditch und Offa´s Dyke. Die Normannen kannten derartige Wehranlagen als „Hagediken“. In Deutschland waren sie noch im Mittelalter weit verbreitet. Ortsnamen wie Landwehr, Gebück, Hagen und Hain weisen auf derartige Anpflanzungen hin, die auch Knickicht, Wehrholz oder Landheeg genannt wurden.

Dabei spielte die Hainbuche als zentraler Hagebusch eine wichtige Rolle: Die jungen Bäume wurden mit der Axt angehauen, niedergedrückt, also umgeknickt – gebückt – und oft ineinander verflochten. Ein Landwehr war 50 bis 100 Schritt breit. Zwischen den gebückten Hainbuchen, dem sogenannten Gebück, wuchs undurchdringliches Dorngestrüpp, das Gedörn, bestehend vor allem aus Brombeeren, Wildrosen, Stechpalme, Schlehen und Weißdornen. Nur an wenigen Stellen gab es Durchlässe zur Kontrolle oder zur Erhebung von Wegezoll. Die Instandhaltung besorgte ein sogenanntes Haingericht. Pfade entlang der Landwehre ermöglichten Patrouillenritte.

Als erste urkundliche Erwähnung von Wallhecken in Deutschland im ausgehenden frühen Mittelalter benennen von Stamm & Welters (1996) eine „Urkunde von 889 bei Erhard, Cord dipl. Westphaliae I.; Nr. 40“.

Rechtsverständnis und lebende Zäune

Die Gesetze über lebende Zäune im 18. Jahrhundert und danach weichen laut ERICHSEN (1898a) aus nachvollziehbaren Gründen von unserem heutigen Rechtsverständnis grundlegend ab:

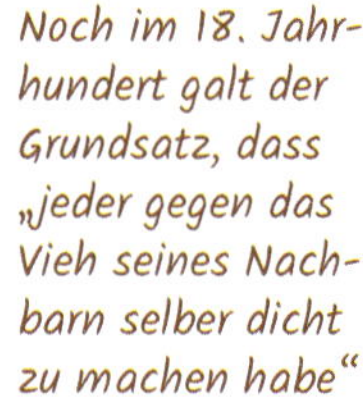

„Eine Verordnung aus jener Zeit (vom 10. Februar 1767) bestimmt für das Herzogtum Schleswig (Vgl. ‚Landw. Wochenbl. F. Schl.-Holst.‘, 43. Jahrg. Nr. 21: Denkschrift): ‚daß derjenige, der die Separation beantragt habe, auch die Kosten und Unterhaltung der Einhegung allein zu übernehmen habe, bis seine Nachbarn auch dazu schreiten, die sodann, soweit die Koppeln zusammenstoßen, pro rata die Befriedigung mit zu erhalten haben.‘ Nach dem Gesetz vom 19. November 1771 § 1 kann jeder Besitzer, der sein Land für sich zu haben wünscht, verlangen, aus der Gemeinschaft ausgeschieden zu werden, und nach § 2 müssen die übrigen sich fügen, wenn die Hälfte einer Dorfgemeinschaft nach Pflug- und Landzahl wegen der Separation einig ist“ (Zitat aus Erichsen 1898a).

Die sogenannten Verkoppelungsverordnungen hoben im 18. Jahrhundert die Feldgemeinschaften, die Dreifelder-Wirtschaft und den bis dahin geltenden Flurzwang auf (VON STAMM & WELTERS 1996). Gemeinschaft und Gemeindeland war das Ursprüngliche, Separation und Privateigentum dagegen die Neuerung. Hier galt daher der Grundsatz, „*dass jeder gegen das Vieh seines Nachbarn selber dicht zu machen habe*“ (Zitat aus ERICHSEN 1898a). Das Dichtmachen sollte ausdrücklich mit „*lebendem Pathwerk*“ (Landesamt für Naturschutz und Landschaftspflege SH 1992) geschehen. Die örtlichen Gesetze zur Schonung der übernutzten, von Verheidung bedrohten Wälder und mit dem Zwang zur Nutzung lebendiger Zäune statt Totholz wurden als Holzverordnungen bezeichnet, so zum Beispiel die Holzverordnung von Glücksburg aus dem Jahr 1681 (nach MARQUARDT 1950, zitiert in VON STAMM & WELTERS 1996). Der Verpflichtung zum Selber-Dichtmachen und den damit verbundenen Mühen stand das Einsparen eines Hirten gegenüber.

Um Vieh zu beeindrucken, müssen Hecken dornig und dicht sein. Heute hat sich Elektrozaun durchgesetzt.. Foto: Fersing

„Weitere Verordnungen, wie die vom 26. Januar 1770 für Schleswig und

vom 19. November 1771 für Holstein, bestimmen dann noch Näheres über Ausführung und Unterhaltung der Knicke. Unter anderem wird festgesetzt, daß jeder der Nachbarn ,nicht allein mit dem Land, den Kosten und der Arbeit, sondern auch zukünftigen Unterhaltung zur Hälfte zu concurrieren schuldig sein soll.' Dies ist nun nicht so zu verstehen, dass jeder seine Seite des Knicks in Ordnung zu machen hat – das hätte besonders wegen der Nutzung des Knickbusches zu vielen Streitigkeiten geführt –, sondern man einigte sich in der Weise, daß man sich den Knick teilte und jeder die Unterhaltung und Nutznießung des ganzen Knicks seiner Hälfte übernahm. Die Grenze der Koppeln verläuft daher selten auf der Mitte der Wallkrone. Wo dies der Fall ist, wie in der Gemeinde Ausacker in Angeln, liegt nachweislich ein Irrtum seitens der fremden, mit den örtlichen Verhältnissen unbekannten Vermesser vor" (Zitat aus: ERICHSEN 1898a).

Selbst eine schmale Hecke ist besser als ein toter Zaun. Diese Formhecke wurde mit eingezogenem Gurtband und Latten an den Weißdorn-Stämmen gegen Ausbrechen gesichert. *Foto: Fersing*

Gleichzeitig herrschte laut ERICHSEN (1898a) in einigen Gegenden wie Oldenburg/Holstein und im südlichen Holstein mit vorherrschend leichten Böden, auf denen die Anlage und Unterhaltung guter Knicke nicht leicht sei, abweichend vom sonstigen Gewohnheitsrecht der Grundsatz: „*Wer Vieh weidet, muß Vieh hüten.*" Zu Erichsens Zeit mehrten sich Stimmen, die diesen letztgenannten Grundsatz, auch bezüglich der Knickpflege, entgegen der Gewohnheit durchsetzen wollten (ERICHSEN 1898a). Allerdings war der gehauene Busch vor allem an der Elbe für Strombauten begehrt und gut bezahlt, weshalb Knicke wirtschaftlich durchaus vorteilhaft waren. Ganze Buschkoppeln, also Koppeln ausschließlich mit Buschwerk bepflanzt, wurden mangels Wald zur Gewinnung von Stangenholz und Nutzholz angelegt (ERICHSEN 1898b). Die zunehmend privatisierte Bewirtschaftung, bei der jeder unabhängig von seinen Nachbarn agierte, verlagerte die Rechtsauffassung dennoch mehr und mehr hin zu dem Grundsatz, dass der Viehhalter seine Tiere selber hüten müsse.

Die zunehmend privatisierte Bewirtschaftung verlagerte die Rechtsauffassung dahin, dass der Viehhalter seine Tiere selber hüten müsse

Ein Knick mit Kopferlen. An den Enden stehen Kopfweiden. Alte Kopfweiden haben hohle Stämme und viele Astlöcher – hervorragende Verstecke für Tiere. *Foto: Vanselow*

Die ursprüngliche Knicklandschaft

Noch um 1900 galt in Schleswig-Holstein eine Bebauungsordnung, die die Knicknutzung eng an die Fruchtfolge knüpfte (Erichsen 1898a). Der Knick wurde kurz vor dem Übergang zum Körnerbau abgehauen, *„so daß er während dieser Zeit nur niedrig" war* (Erichsen 1898a). Das Kürzen der Gehölze, bezeichnet als Auf-den-Stock-Setzen oder als Knicken, wie es im Niederwaldbetrieb zur Gewinnung von Brennholz oder Futter durch Schneiteln der Kopfbäume üblich war, geschah regelmäßig nach sieben bis neun Jahren und war Teil eines an den jeweiligen Standort angepassten Bebauungswechsels der Feldfrüchte. Meist wurden die Gehölze knapp über den Wurzeln abgeschlagen. Manchmal wurden die Stämme aber auch höher angesägt und nur niedergebogen und verflochten zur Erzeugung eines festen, lebenden Zaunes als Knickharfe: *„Die herunter gebogenen Schösslinge wuchsen zu einem dichten Flecht-Zaunsystem zusammen, aus dem die früheren Seitentriebe oft nach oben wachsend ‚harfenförmige' Strukturen erzeugten. Diese vereinzelt erhalten gebliebenen kulturhistorischen Zeugnisse der alten Zaunfunktion können heute örtlich noch als ‚Knickharfen' bewundert werden"* (Landesamt für Natur und Umwelt des Landes Schleswig-Holstein 2002).

Erichsen (1898b) gibt für Ahrensbök im östlichen Holstein auf schwerem Boden und für Kollerup in Angeln auf leichterem Boden anschaulich die dort üblichen Bebauungspläne (Fruchtfolgen) und die damit einher gehende Nutzung und Pflege der Knicks an:

Tabelle 5.1: Fruchtfolge und Knickpflege – schwere Böden

Jahr nach dem Knicken	Bebauung	Knick
1	Brache	
2	Rapssaat (oder Rübsen)	
3	Weizen (oder Roggen)	
4	Roggen (oder wenn im Vorjahr Roggen: Gerste)	
5	Hafer (oder Mengkorn = Weizen und Roggen)	
6	Klee	Dichtmachen des Knicks gegen Durchbrechen des Viehs
7	Weide	Bei Umbruch im Herbst zu Brache wird der Knick im folgenden Winter (Dez. bis Feb.) auf den Stock gesetzt

Tabelle 5.1: Reihum wechselnde Fruchtfolge (Bebauungsplan) für schwere Böden bei Ahrensbök im östlichen Holstein auf sieben Schlägen (Feldern). Quelle: Erichsen 1898b.

Tabelle 5.2: Fruchtfolge und Knickpflege – leichtere Böden

Jahr nach dem Knicken	Bebauung	Knick
1	(Dreesch-) Hafer	Nach Bestellung der Hafersaat wird der Knick im folgenden Winter (Dez. bis Feb.) auf den Stock gesetzt
2	Buchweizen und Gerste	
3	Roggen	
4	(Hartlands-) Hafer	
5	Klee	Dichtmachen des Knicks gegen Durchbrechen des Viehs
6	Weide	
7	Weide	
8, 9	Weide	

Tabelle 5.2: Reihum wechselnde Fruchtfolge (Bebauungsplan) für leichtere Böden bei Kollerup in Angeln auf acht bis neun Schlägen (Feldern). Quellen: Erichsen 1898b und Thaer 1853.

THAER (1853) kannte die von ERICHSEN (1898 a, b) beschriebene Holsteinische Koppelwirtschaft gut und legt sie ausführlich dar. Er glaubte die Ursprünge, insbesondere die der Koppelwirtschaft auf der dänischen Halbinsel, bereits bei Tacitus (ca. 58–120 n. Chr.) in dessen Beschreibung der Landwirtschaft des Nordens zu finden: *„arva per annos mutant et superest ager' – sie verändern jährlich die Felder und der Boden ist überflüssig vorhanden** (Zitat und Übersetzung aus: THAER 1853). Die anfänglich vermutlich ungeordnete Nutzung der Böden wurde schließlich zu einem geordneten, auf Erfahrungen basierenden und sehr erfolgreichen System. THAER (1853) nennt unterschiedliche Werke und Autoren aus Italien (*Camillo Tarello: Ricordo d´agricultura*) im 16. Jahrhundert, vor allem aber aus Deutschland (*Rosenow´s Versuche einer Abhandlung vom Ackerbau in der Koppelwirthschaft, Leipzig 1759; Schumacher´s gerechtes Verhältniß der Viehzucht zum Ackerbau aus der Mecklenburgischen Wirthschaftsverfassung; Gedanken von der Mecklenburgischen Wirthschaft und Ausführungskunde von Densow; von Fegesack: Zur Aufnahme der Landwirthschaft, Berlin 1766*) und der Schweiz (*Bertrand zu Orbe: éléments d´agriculture*) im 18. Jahrhundert, die die Koppelwirtschaft vorstellen und diskutieren.
Laut THAER (1853) zeichnet die holsteinische Koppelwirtschaft sich dadurch aus, dass die Weide und Viehhaltung hier den Ackerbau in ihrer Bedeutung deutlich überwogen (THAER 1853). Der einzelne Landwirt beackerte in Holstein weniger Land und tat auch dies mit weniger Aufwand als in der für Mecklenburg typischen

In tief beweidetem Grasland aus ehemaligem Ackerland können sich viele Ackerkräuter halten. Acker-Gauchheil (Anagallis arvensis) auf einer Pferdeweide. *Foto: Vanselow*

Koppelwirtschaft. Die Beackerung wurde bewusst gering und flach gehalten, um den natürlichen Graswuchs möglichst wenig zu schädigen. Sommerpflügen und vollständige Brache wurden gemieden. Stattdessen wurde auf das frisch gepflügte Grasland gleich Hafer, genannt „Dreeschhafer", oder auf sandige Böden Buchweizen gesät. Beim Übergang von Ackerbau zurück zu Grasland vermied der holsteinische Landwirt laut THAER (1853) erneut eine zu starke Auflockerung und Krautzerstörung. Es wurde vor der letzten Ackerfrucht nur einmal flach gepflügt und in den möglichst ungestörten, also „hart" gehaltenen Boden gewöhnlich nochmals Hafer gesät, der sogenannte „Hartlandshafer". Gewöhnlich beträgt die Aufteilung laut THAER (1853) ein Fünftel Winterung, ein Fünftel Sommerung, drei Fünftel Weide und falls eine Brache eingeschoben wird, oft mit Mergelung, dann nimmt sie nur ein Zehntel ein. Demnach beginnt die Abfolge beim Dreeschhafer, gefolgt von Brache, Winterung, Sommerung, schließlich Winterung (ungünstiger: Sommerung) und dann fünf Jahre Weide. „*Es ist nicht zu leugnen, daß dieses Verfahren zweckmäßig war, wenn man den Graswuchs vorzüglich begünstigen, ihn aber auf keine andere Weise ersetzen wollte*" (Zitat aus: THAER 1853). Die Bauern bewirtschaften dabei selten unter zehn, gerne aber mehr Schläge, wobei der Weideanteil mit zunehmender Schlagzahl steigt, denn es war damals nicht üblich, mehr als fünf Früchte pro Hofstelle anzubauen (THAER 1853). Die hohen Viehzahlen brachten viel Dünger ein, der zu fruchtbaren Flächen führte.

Laut THAER (1853) bestand diese Bewirtschaftung in Holstein seit uralten Zeiten, wobei die Fruchtbarkeit der Böden ständig zunahm, obwohl es sich bei den Böden nicht um bessere Ausgangssubstanzen handelte als in anderen Regionen Deutschlands. THAER (1853) führte das auf den hohen Humusgehalt der teilweise sehr armen Sandböden zurück, auf die Mistdüngung, vor allem aber auf die gleichzeitig durchgeführte Mergelung.

Interessant in Bezug auf die regelmäßige Nutzungsänderung der Felder, also die „Wechselweiden" im Gegensatz zu den „beständigen Dauerweiden" (THAER 1853), ist eine neue Untersuchung in den artenreichen Grasländern im Apuseni-Gebirge der rumänischen Karpaten. Diese zeigt, dass eine kleinteilige Nutzung mit gelegentlicher Beackerung, Brache und Mistdüngung durch traditionelle Landwirtschaft den Artenreichtum im Vergleich zum dauerhaft beweideten und gemähten Grasland fördert: „*Wir untersuchten Zusammenhänge zwischen der Artenzusammensetzung sowie dem Artenreichtum des traditionellen extensiven Graslands und der Landnutzungsform im Apuseni-Gebirge, einem Teilgebiet der rumänischen Karpaten. Einerseits wird im Apuseni-Gebirge die traditionelle Landnutzung noch in ganz verschiedener Form praktiziert, und andererseits wurde der Einfluss unterschiedlicher traditioneller Landnutzungssysteme auf die Artenzusammensetzung und den Artenreichtum des extensiven Graslands bisher kaum untersucht. (...) Unserer*

Durchdachte Wechselnutzung kann die Artenvielfalt gegenüber reinem Weideland sogar noch fördern

Seitlich beschnittener Knick mit frisch ausgeräumtem Knickgraben. Der riesige Schirmbaum ist eine Ulme. *Foto: Vanselow*

Meinung nach stellt nach der Ackerphase ein frühes und regelmäßiges Mähen oder Beweiden eine Voraussetzung für diese schnelle Regeneration des Graslands dar, da dadurch konkurrenzkräftige Ruderalarten unterdrückt werden. Eine weitere Voraussetzung ist ein Ausbringen von Stallmist mit vielen keimfähigen Diasporen der Graslandarten. Wichtig ist ebenfalls, dass die Ackerparzellen nicht zu groß und von artenreichem Grasland als Ausgangspunkt für eine Wiederbesiedlung umgeben sind. Diese Regeneration dürfte also v. a. in stark strukturierten Graslandsystemen mit kleinen Parzellen und ausreichend vielen artenreichen Graslandbeständen gut funktionieren, nicht aber in den intensiv-industriell genutzten Landschaften mit ihren großen Parzellen und ihrem höchstens artenarmen Intensivgrasland. Eine rotierende Abfolge von Grasland- und Ackernutzung kann also unter den genannten Umständen ein nachhaltiges Nutzungssystem für artenreiches Grasland bilden" (Zitat aus: JANISOVA et al. 2020).

Traditionelle Knickanlagen

Falke (1920) unterscheidet einfache Knicks als Außenbegrenzungen mit nur einem Graben und Doppelknicks mit Gräben auf beiden Seiten als Abteilungsgrenze zwischen zwei Weiden. Die Gräben sollten laut Falke (1920) etwa einen halben Meter tief sein. Ihr Erdreich sollte nach außen hin zu einem Damm aufgeschüttet werden. Die Böschung zwischen Graben und Damm sollte steil bleiben, während die andere Dammseite allmählich abgeflacht werden sollte. Die Höhe des Dammes sollte etwa einen Meter betragen. Für Doppelknicks mit beidseitigen Gräben reichte so eine Grabentiefe von 35 Zentimetern, um einen Wall von einem Meter Höhe zu erhalten. Oben auf dem Damm empfahl Falke anfangs einen Zaun zu ziehen, der später von den Gehölzen überwachsen wurde. Graben und Damm waren bereits ohne Zaun und Gehölze beeindruckende Barrieren für das Vieh, die vollständige lebendige Zaunanlage war rentabel, nachhaltig und stabil. Die Seitenwände des Walls wurden mit Grassoden befestigt.

Thaer (1853) nennt für die Sohlenbreite des Walls acht Fuß (fast 2,50 Meter), für die obere Weite der Gräben auf beiden Seiten vier bis fünf Fuß (circa 1,20 bis 1,50 Meter) und gibt als Gesamtbreite des Bauwerks 16 bis 18 Fuß (circa 4,90 bis 5,50 Meter) an. Thaer (1853 Bd. 3, S. 140 § 220) beschreibt auch sehr genau, wie die Grassoden entnommen und mit der Grasseite nach unten an den Wallrändern

Mutwillige Zerstörung des Knicks durch jährliches Auf den Stock-Setzen und Anpflügen des Knickwalls von den Rändern her . So von Gehölzen befreit wird der mächtige Wall sichtbar. *Foto: Vanselow*

eingesetzt werden. Ein Wall von acht Fuß Basisbreite und 3,5 Fuß Höhe (circa ein Meter) sollte nach Thaer (1853) oben noch drei Fuß (circa 90 Zentimeter) breit sein. Thaer (1853) empfiehlt, den Wall im Herbst zu beginnen und in einer Höhe von 1,5 bis zwei Fuß (circa 45 bis 60 Zentimeter) über Winter zu pausieren, damit sich das Erdreich setzt, bevor im Frühjahr der Wall fertig gestellt wird. Der undurchdringliche Ortstein, der unter dem Podsol der Heideböden häufig zu finden ist, sollte laut Erichsen (1898a) wenn möglich vor der Anlage drei Fuß (circa 90 Zentimeter) breit aufgebrochen werden, um den Wurzeln den Weg in die Tiefe zu ermöglichen.

Bepflanzt wurden die Wälle vom Heidekulturverein wegen der für Gehölze äußert ungünstigen Standortbedingungen der Heiden vor allem mit „holländischem Dorn" (Bocksdorn oder Teufelszwirn, *Lycium halimifolium*) und der unverwüstlichen und gegen Verbiss resistenten Bergkiefer (*Pinus montana var. uncinata*) (Erichsen 1898a). Emeis empfahl die Verwendung von heimischen Knickgehölzen und insbesondere Eichen (Erichsen 1898a), wie sie in alten Knicks Ostholsteins vorkamen. Thaer (1853) nennt zur Bepflanzung unter anderem Weißdorn (Mehlbeere, Hagedorn), Schwarzdorn (Schlehe), Hagebutte (Hahnebutte), Hasel (Hassel), Holunder, Hainbuche (Hagebuche), Stachelbeere, Birke, Ulme (Rüster) oder Weidenarten und rät von Berberitze ab, da sie „dem Getreide bis zu einer Entfernung von fünfzig Schritten höchst schädlich werde". Die Berberitze ist der Zwischenwirt des Getreideschwarzrostes. Sie wurde daher vielerorts fast ausgerottet.

Insbesondere für arme Sandböden hat Thaer (1853) noch eine andere Methode der Knickpflege dokumentiert, von der er vermutet, dass sie der ursprüngliche

Weißdorn gehört zu den Gehölzen, deren Verwendung im Knick schon vor 150 Jahren dokumentiert und empfohlen wurde. *Foto: Fersing*

Namensgeber der Knicks war: Es wurden gemischte Hecken mit oder ohne Erdwall um die Äcker angelegt. Die jungen Gehölze wurden wenige Zoll über dem Erdboden gestutzt. Alle vier Fuß blieb eine Lohde in einer Höhe von drei bis vier Fuß Höhe als Pfahl stehen. Wo keine geeignete Lohde vorhanden war, wurde ein Weidensetzling in gerader Linie eingesetzt. Alle zwölf Fuß ließ man einen Stamm ganz hochwachsen. Das Erdreich der frisch gesäuberten Gräben wurde auf die Erdwälle zur Düngung derselben geworfen. Die hochgewachsenen Lohden wurden, wenn sie groß genug waren, an zwei Stellen tief eingeschlagen, einmal dicht über dem Boden und das zweite mal einen Fuß darüber. Die beiden Einhiebe sollten so tief sein, dass nur Splint und Borke stehen blieben, also gerade so viel, dass der Baum weiter leben konnte. Dann wurde der junge Baum zur entgegengesetzten Seite niedergebogen, „geknickt", und zwischen den lebenden „Pfählen" verflochten. So entstanden sehr stabile lebende Zäune. Bei den Gehölzen auf diesen armen Sandböden handelte es sich überwiegend um Birken und Haseln. Der Holzgewinn stand hier hinter dem Nutzen als undurchdringliche lebende Hecke zurück. Auf besseren Böden hat sich dagegen das komplette Auf-den-Stock-Setzen der Knicks und der hohe Holzertrag aus dieser Form der „Niederwald"-Nutzung durchgesetzt.

Der Faulbaum ist die Futterpflanze der Raupe des Zitronenfalters. *Foto: Vanselow*

Vögel fressen die Beeren des Faulbaums und säen die Samen mit ihrem Kot überall da aus, wo sie gerne rasten: Knicks, Zäune, Waldränder, Gebüsche. *Foto: Vanselow*

Der Provinzial-Forstdirektor Carl Emeis veröffentlichte in dem von ihm gegründeten Vereinsblatt des Heidekulturvereins laut Erichsen (1898a) ebenfalls konkrete Anweisungen. Vermutlich handelt es sich bei der von Erichsen zitierten Quelle um „Emeis 1891", empfohlen als Literatur auch bei Falke (1920). Für die

Fortsetzung Tabelle 5.4: In Knicks häufige Pflanzen

Dt. Name	Lat. Name	Standort, Herkunft	Quelle
Hirtentäschel	*Capsella bursa-pastoris*	Grasbewachsene Seitenwände und Gräben der Knicks	Erichsen 1898b
Wald-Segge	*Carex sylvatica*	Waldbewohner	Erichsen 1898b
Gemeine Flockenblume	*Centaurea jacea*	Grasbewachsene Seitenwände	Christiansen 1928c
Phrygische Flockenblume	*Centaurea phrygia*	Zuflucht im Knick	Erichsen 1898b
Kälberkropf	*Chaerophyllum spec.*	Grasbewachsene Seitenwände und Gräben der Knicks	Erichsen 1898b
Taumel-Kälberkropf	*Chaerophyllum temulum*	Halbschatten	Christiansen 1928c
Schöllkraut	*Chelidonium majus*	Grasbewachsene Seitenwände und Gräben der Knicks; Samenverbreitung durch Ameisen	Erichsen 1898b; Christiansen 1907b
Gänsefußarten	*Chenopodium spec.*	Grasbewachsene Seitenflächen	Christiansen 1907a
Maßlieb, Margerite	*Chrysanthemum leucanthemum*	Grasbewachsene Seitenwände und Gräben der Knicks	Erichsen 1898b
Rainfarn	*Chrysanthemum vulgare*	Grasbewachsene Seitenwände und Gräben der Knicks	Erichsen 1898b

Rechts: Taglichtnelke

Ganz rechts: Schwebfliege auf Kratzbeere

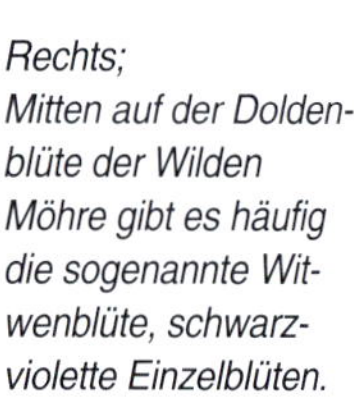

Rechts; Mitten auf der Doldenblüte der Wilden Möhre gibt es häufig die sogenannte Witwenblüte, schwarzviolette Einzelblüten.

Ganz rechts: Rühr-mich-nicht-an, Springkraut

Fotos: Vanselow

Ganz links: Taglichtnelke

Links: Hummel auf Wasserdost

Fotos: Vanselow

Fortsetzung Tabelle 5.4: In Knicks häufige Pflanzen

Dt. Name	Lat. Name	Standort, Herkunft	Quelle
Milzkraut	*Chrysosplenium spec.*	Waldbewohner	Erichsen 1898b
Hexenkraut	*Circaea lutetiana*	Waldbewohner	Erichsen 1898b
Ackerkratzdistel	*Cirsium arvense*	Grasbewachsene Seitenwände	Gries & Kappen 1996
Wirbeldost	*Clinopodium vulgare*	Waldbewohner	Erichsen 1898b
Maiglöckchen	*Convallaria majalis*	Waldbewohner	Erichsen 1898b
Lerchensporn	*Corydalis cava, C. fabacea*	Waldbewohner; Samenverbreitung durch Ameisen	Erichsen 1898b
Fadenseide	*Cuscuta europaea*	Zuflucht im Knick	Erichsen 1898b
Knaulgras, Knäuelgras	*Dactylis glomerata*	Grasbewachsene Seitenwände	Christiansen 1928c
Möhre	*Daucus carota*	Grasbewachsene Seitenwände und Gräben der Knicks	Erichsen 1898b
Drahtschmiele	*Deschampsia flexuosa*	Saure Böden	Projektzentrum Ökosystemforschung 1996
Einseitswendiges Kleingabelmoos	*Dicranella heteromalla*		Projektzentrum Ökosystemforschung 1996
Wurmfarn	*Dryopteris filix-mas*	Waldbewohner	Erichsen 1898b; Christiansen 1928c
Weidenröschen	*Epilobium spec.*	Grasbewachsene Seitenwände und Gräben der Knicks	Erichsen 1898b
Winterschachtelhalm	*Equisetum hyemale*	Waldbewohner	Erichsen 1898b
Waldschachtelhalm	*Equisetum sylvaticum*	Waldbewohner	Erichsen 1898b

Rechts: Rote Taubnessel

Ganz rechts: Hirtentäschel

Fotos: Vanselow

Fortsetzung Tabelle 5.4: In Knicks häufige Pflanzen

Dt. Name	Lat. Name	Standort, Herkunft	Quelle
Hungerblümchen	*Erophila verna*	Knicks auf Sandboden	Christiansen 1907a
Wasserdost	*Eupatorium cannabium*	Feucht-nasse Wallgräben	Christiansen 1907a
Waldschwingel	*Festuca altissima*	Waldbewohner	Erichsen 1898b
Riesenschwingel	*Festuca gigantea*	Waldbewohner	Erichsen 1898b
Rotschwingel	*Festuca rubra*	Grasbewachsene Seitenwände	Projektzentrum Ökosystemforschung 1996
Erdbeeren	*Fragaria vesca, Fragaria moschata*	Waldbewohner	Erichsen 1898b
Goldstern	*Gagea lutea*	Waldbewohner	Erichsen 1898b
Scheidenförmiger Goldstern	*Gagea spathacea*	Waldbewohner	Erichsen 1898b
Gemeiner Hohlzahn	*Galeopsis tetrahit*	Grasbewachsene Seitenwände	Christiansen 1928c
Kletterndes Labkraut	*Galium aparine*	Samenverbreitung durch Tiere	Christiansen 1907a,b
Wiesenlabkraut	*Galium mollugo*	*Grasbewachsene Seitenwände*	Christiansen 1907a
Waldmeister	*Galium odoratum*	Waldbewohner	Erichsen 1898b
Ruprechtskraut	*Geranium robertianum*	Waldränder, Geröll	Projektzentrum Ökosystemforschung 1996
Gemeine Nelkenwurz	*Geum urbanum*	Waldbewohner; Samenverbreitung durch Tiere	Erichsen 1898b; Christiansen 1907b
Gundelrebe, Gundermann	*Glechoma hederacea*	Grasbewachsene Seitenwände	Christiansen 1907a
Eichenfarn	*Gymnocarpium dryopteris*	Waldbewohner	Erichsen 1898b

Fortsetzung Tabelle 5.4: In Knicks häufige Pflanzen

Dt. Name	Lat. Name	Standort, Herkunft	Quelle
Efeu	*Hedera helix*	Im Knick als Bodendecker	CHRISTIANSEN 1907a
Wiesen-Bärenklau	*Heracleum sphondylium*	Grasbewachsene Seitenwände	CHRISTIANSEN 1928c
Habichtskräuter	*Hieracium laevigatum, H. murorum, H. silvestre, H. umbellatum, H. vulgatum*	Waldbewohner, grasbewachsene Seitenwände und Gräben der Knicks	ERICHSEN 1898b; CHRISTIANSEN 1928c
Honiggras	*Holcus mollis*	Allerweltsgras	PROJEKTZENTRUM ÖKOSYSTEMFORSCHUNG 1996
Hopfen	*Humulus lupulus*	Zuflucht im Knick	ERICHSEN 1898b
Zypressenschlafmoos	*Hypnum cupressiforme*		PROJEKTZENTRUM ÖKOSYSTEMFORSCHUNG 1996
Rührmichnichtan	*Impatiens noli-tangere*	Waldbewohner	ERICHSEN 1898b
Binsen	*Juncus spec.*	Feucht-nasse Wallgräben	CHRISTIANSEN 1907a
Mauerlattich	*Lactuca muralis*	Grasbewachsene Seitenwände	CHRISTIANSEN 1928c
Weiße Taubnessel	*Lamium album*	Zuflucht im Knick	ERICHSEN 1898b
Goldnessel	*Lamium galeobdolon*	Waldbewohner	ERICHSEN 1898b
Gefleckte Taubnessel	*Lamium maculatum*	Zuflucht im Knick	ERICHSEN 1898b
Rote Taubnessel	*Lamium purpureum*	Grasbewachsene Seitenwände	GRIES & KAPPEN 1996

Ganz links: Schafgarbe

Links: Waldziest

Fotos: Vanselow

Fortsetzung Tabelle 5.4: In Knicks häufige Pflanzen

Dt. Name	Lat. Name	Standort, Herkunft	Quelle
Rainkohl	*Lapsana communis*	Grasbewachsene Seitenwände	Christiansen 1928c
Wald-Platterbse	*Lathyrus silveste*	Grasbewachsene Seitenwände	Christiansen 1907a
Sumpf-Hornklee	*Lotus uliginosus*	Grasbewachsene Seitenwände	Christiansen 1907a
Hainsimsen	*Luzula spec.*	Waldbewohner	Erichsen 1898b
Wolfstrapp, Wolfstritt	*Lycopus europaeus*	Feucht-nasse Wallgräben	Christiansen 1907a
Abend-Lichtnelke, Nacht-Lichtnelke	*Melandrium album*	Waldbewohner	Erichsen 1898b
Tag-Lichtnelke	*Melandrium rubrum*	Grasbewachsene Seitenwände	Christiansen 1928c
Perlgras	*Melica uniflora*	Waldbewohner	Erichsen 1898b
Minzen	*Mentha spec.*	Feucht-nasse Wallgräben	Christiansen 1907a
Bingelkraut	*Mercurialis perennis*	Waldbewohner	Erichsen 1898b
Schwanenhals-Sternmoos	*Mnium hornum*		Projektzentrum Öko-systemforschung 1996
Möhringie, Nabelmiere	*Moehringia trinervia*	Waldbewohner	Erichsen 1898b
Sauerklee	*Oxalis acetosella*	Waldbewohner	Erichsen 1898b
Einbeere	*Paris quadrifoli*	Waldbewohner	Erichsen 1898b
Große Bibernelle	*Pimpinella magna*	Zuflucht im Knick	Erichsen 1898b
Hain-Rispengras	*Poa nemoralis*	Waldbewohner	Erichsen 1898b
Wiesenrispengras	*Poa pratensis*	Grasbewachsene Seitenwände	Gries & Kappen 1996
Gewöhnliches Rispengras	*Poa trivialis*	Allerweltsgras	Projektzentrum Öko-systemforschung 1996
Weißwurz	*Polygonatum multiflorum*	Waldbewohner	Erichsen 1898b
Heckenknöterich	*Polygonum dumetorum*	Zuflucht im Knick	Erichsen 1898b
Tüpfelfarn	*Polypodium vulgare*	Waldbewohner	Erichsen 1898b; Christiansen 1928c
Schönes Widertonmoos	*Polytrichum attenuatum*		Projektzentrum Öko-systemforschung 1996
Erdbeerblättriges Fingerkraut	*Potentilla spec.*	Waldbewohner	Erichsen 1898b
Schlüsselblumen	*Primula elatior, P. acaulis*	Waldbewohner	Erichsen 1898b
Adlerfarn	*Pteridium aquilinum*	Waldbewohner	Erichsen 1898b
Lungenkraut	*Pulmonaria maculosa*	Waldbewohner	Erichsen 1898b
Hahnenfußarten	*Ranunculus spec.*	Grasbewachsene Seitenwände und Gräben der Knicks	Erichsen 1898b

Ganz links:
Rundblättrige Glockenblume

Links:
Baldrian

Ganz links:
Scharbockskraut

Links:
Goldstern

Ganz links:
Aurorafalter auf Klettenlabkraut

Links:
Knoblauchhederich

Fotos: Vanselow

Rechts: Nelkenwurz

Ganz rechts: Schwebfliege auf Rainkohl

Fotos: Vanselow

Fortsetzung Tabelle 5.4: In Knicks häufige Pflanzen

Dt. Name	Lat. Name	Standort, Herkunft	Quelle
Scharbockskraut	*Ranunculus ficari*	Grasbewachsene Seitenwände	Gries & Kappen 1996
Stumpfblättriger Ampfer	*Rumex obtusifolius*	Grasbewachsene Seitenwände	Gries & Kappen 1996
Seifenkraut	*Saponaria officinalis*	Zuflucht im Knick	Erichsen 1898b
Knotige Braunwurz, Knollige Braunwurz	*Scrophularia nodosa*	Grasbewachsene Seitenwände	Christiansen 1928c
Fetthenne	*Sedum purpurascens*	Knicks auf Sandboden	Christiansen 1907a
Bittersüßer Nachtschatten	*Solanum dulcamara*	Wallgräben; kann als Liane sehr hoch ranken	Christiansen 1907a
Wald-Ziest	*Stachys silvatica*	Grasbewachsene Seitenwände	Christiansen 1928c
Großblumige Sternmiere	*Stellaria holostea*	Waldbewohner	Erichsen 1898b
Vogelmiere	*Stellaria media*	Grasbewachsene Seitenwände	Projektzentrum Ökosystemforschung 1996
Wald-Sternmiere	*Stellaria nemorum*	Waldbewohner	Erichsen 1898b
Löwenzahn	*Taraxacum officinalis*	Grasbewachsene Seitenwände und Gräben der Knicks	Erichsen 1898b
Gamander	*Teucrium scorodonia*	Waldbewohner	Erichsen 1898b
Buchenfarn	*Thelypteris phegopteris*	Waldbewohner	Erichsen 1898b
Feldquendel, Wilder Thymian	*Thymus serpyllum*	Knicks auf Sandboden	Christiansen 1907a
Wilde Tulpe	*Tulipa silvestris*	Waldbewohner	Erichsen 1898b
Große Brennnessel	*Urtica dioica*	Grasbewachsene Seitenflächen	Christiansen 1907a

Fortsetzung Tabelle 5.4: In Knicks häufige Pflanzen

Dt. Name	Lat. Name	Standort, Herkunft	Quelle
Heidelbeere, Bickbeere	*Vaccinium myrtillus*	Waldbewohner	Erichsen 1898b
Baldrian	*Valeriana spec.*	Feucht-nasse Wallgräben	Christiansen 1907a; Christiansen 1928c
Efeu-Ehrenpreis	*Veronica hederifolia*	Grasbewachsene Seitenwände	Gries & Kappen 1996
Persischer Ehrenpreis	*Veronica persica*	Grasbewachsene Seitenwände	Gries & Kappen 1996
Schwarze Königskerze	*Viburnum nigrum*	Grasbewachsene Seitenflächen	Christiansen 1907a
Vogelwicke	*Vicia cracca*	Zuflucht im Knick	Erichsen 1898b
Zaunwicke	*Vicia sepium*	Zuflucht im Knick	Erichsen 1898b
Rivins Veilchen	*Viola riviniana*	Waldbewohner; Samenverbreitung durch Ameisen	Erichsen 1898b; Christiansen 1907b
Waldveilchen	*Viola silvestris*	Waldbewohner; Samenverbreitung durch Ameisen	Erichsen 1898b; Christiansen 1907b

Tabelle 5.4: Häufig vorkommende Kräuter, Gräser, Farne und Schachtelhalme in norddeutschen Knicks um 1900 und später. Viele dieser Pflanzen enthalten arzneilich wirksame Stoffe und sind mehr oder weniger giftig.

Neben der Flora zeigte auch die Fauna der Knicks eine enorme Vielfalt. Den Reichtum an (Sing-) Vögeln gab Christiansen (1907b) im Osten Schleswig-Holsteins als besonders hoch an und führte das auf das im Vergleich zum Westen engmaschige Knicknetz zurück. Er stellte fest, dass die meisten Kleinvögel nicht gern über das freie Feld fliegen, sondern im Schutze der Gehölze möglichst ungesehen hin und her huschen. Auch die Vielfalt an Insekten, Säugetieren und Reptilien war nach Christiansen (1907b) entsprechend der vielfältigen Lebensräume und Nahrungsgrundlage in den Knicks enorm hoch. Hier lebten besonders viele Laubfrösche, deren rufende Männchen nach Christiansen (1907b) den ganzen Sommer über in den Knicks zu hören waren. Die zahlreichen Tierstimmen und die vielen Blüten der verteilt über das ganze Jahr blühenden Pflanzen im Knick boten dem Besucher vor über hundert Jahren ein eindrucksvolles Erlebnis.

Die Gründe für diesen enormen Artenreichtum der norddeutschen Wallhecken vor einem Jahrhundert sind sicherlich neben der naturnahen Vielfalt an Lebensräumen in ihrer Anlage, Nutzung und Pflege sowie ihrem Umfeld und dessen Bewirtschaftung zu suchen.

Wirtschaftliche Nutzung der Knicks

Die meisten Landwirte bekämpfen heute ihre Knicks und verbrennen deren Aufwüchse – was für ein Irrsinn!

Die Artenvielfalt der Gehölze der Knicks war früher von großer wirtschaftlicher Bedeutung. Ungefähr ein Kilometer Knick konnte einen Haushalt mit Winterholz versorgen (JENSEN & HEINTZE 1987, zitiert in KAPPEN 1996). Das verwundert nicht, hat der Knick zum Zeitpunkt des Abholzens doch eine Höhe von bis zu acht Metern erreicht (KAPPEN 1996).

„*In 5 Jahren produzieren 100 laufende m Knick 0,58 Tonnen Trockenmasse, also ein höheres Energieäquivalent als ein vergleichbares Laubwaldstück*" (Zitat aus: KAPPEN 1996). Knicks liefern als nachwachsender Rohstoff enorme Energiemengen. Die meisten Landwirte bekämpfen heute ihre Knicks und verbrennen deren Aufwüchse – was für ein Irrsinn im Angesicht des Klimawandels!

Brombeeren und Vogelbeeren sind typische Bewohner des Knicks. Sie bieten Tieren und Menschen reiche Ernte. Foto: Vanselow

In waldarmen Gegenden wurde aus den Knicks mit ihren Schirmbäumen und Kopfbäumen soweit möglich das Holz für den ständigen Bedarf gewonnen, also Bauholz, Brennholz, Hölzer für Drainagerohre auf den Äckern (FUCHS 1885), Hölzer für Werkzeuge, Peitschen, Spindeln, Holzschuhe und Körbe.

Einige aus den Knicks entnommene Hölzer für Geräte des täglichen Bedarfs gibt ERICHSEN (1898a) an: Aus den Stämmen des Weißdorns wurden Stiele für Hämmer und anderes Werkzeug hergestellt. Weidenholz verwendete man für Sensen- und Schaufelstiele. Aus dem harten Holz des Spindelbaums (Pfaffenhütchen, Spillboom) wurden nicht nur Spindeln und Holzknöpfe, sondern auch Holzzinken für Harken, Schusterpinnen – das sind Befestigungsstifte der Schuster – und Holzlöffel hergestellt.

Holzlöffel und Zeugklammern stellte man auch aus Eschenholz her. Die geraden Äste der Esche sind zudem besonders geeignet als Stiele für

Schaufeln, Spaten und Forken. Gabelige Haselruten wurden in Gärtnereien als Senker zum Halten von Rosen und Nelken eingesetzt.
Für die Stiele edler Fahrpeitschen verwendet man bis heute Rosenholz. In den Knicks ausgegrabene Wildrosen wurden als Pfropfunterlagen für Zuchtrosen an Gärtnereien verkauft. Spazierstöcke wurden ebenfalls aus den Hölzern der Knicks gefertigt.
Die Früchte wurden zu Lebensmitteln verarbeitet (Erichsen 1898a, Weidinger 1996) und manche Gehölze lieferten Rohstoffe für Drogerien und Apotheken (Weidinger 1996, Bruton-Seal & Seal 2008). Zu den oft geernteten Früchten zählten Haselnüsse; die Beeren des Holunders, auch häufig bezeichnet als Fliederbeeren, werden verarbeitet zu Saft und Suppe, aus Hagebutten wird Mus, die Mehlbeeren des Weißdorns sind roh, als Kompott, Gelee, Saft und Sirup genießbar. Vogelbeeren, bekannt auch als Quitschen, werden verarbeitet zu Kompott und Gelee, Schlehen, regional Muultrecker genannt, können verarbeitet werden zu Saft, alkoholischen Getränken und Gelee, ebenso die auch unverarbeitet essbaren Brombeeren. Unsere frühen Vorfahren haben wahrscheinlich auch die Früchte der heimischen Traubenkirsche gegessen.

Früchte und Beeren werden heute kaum noch gesammelt. Früher waren sie wichtig auch für die menschliche Speisekammer. *Foto: Fersing*

Birken nutzte man für die Gewinnung von Birkenwasser als Haarwasser und gegoren als Birkenwein, ein schaumweinartiges Getränk. Christiansen (1928c) gibt an, dass 50 Stämme von 47 bis 52 Zentimeter Durchmesser innerhalb von vier Tagen etwa 175 Kilogramm Birkensaft liefern. Die Rinde des Faulbaums hat abführende Wirkung.
Aufgrund der wirtschaftlichen Bedeutung der Knicks ist es verständlich, dass auch versucht wurde, die Ernte zum Beispiel an Früchten zu steigern. Auf Alsen im benachbarten Dänemark wurden von Brombeerpflückern an einem Vormittag bis zu 40 Kilogramm gepflückt (Christiansen 1928c). In Schleswig-Holstein wurden auch „große amerikanische Brombeeren“ in die Knicks gepflanzt (Wölfer 1932). Um welche „große amerikanische Brombeere“ es sich dabei gehandelt hat, gibt Wölfer leider nicht an.

Auch Beeren, die roh nicht genießbar sind wie Holunder- oder Schlehbeere, werden verarbeitet zu Delikatessen. Ein weiterer Grund, Büsche zu pflanzen! *Foto: Fersing*

Getrocknete Hagebutten sind gesunde Pferde-Leckerbissen

Die Ausbringung von verwandten, aber genetisch fremden Pflanzen in der freien Natur verfälscht die heimische Wildflora und ist inzwischen verboten. Die genetische Verbindung sehr unterschiedlicher, aber dennoch nahe verwandter Pflanzen kann katastrophale Auswirkungen bei deren Auskreuzung in die freie Natur auf die dort standörtlich angepassten Ökotypen dieser Arten haben. Genau wie Inzucht kann auch die sogenannte „Auszucht", das ist die zu weite genetische Entfernung, zu einer Degeneration der Fähigkeiten in den Nachfolgegenerationen führen. Neben Minderwuchs und Empfindlichkeit können zum Beispiel ein unpassender Blütezeitpunkt, ungünstiger Austrieb im Frühjahr oder eine Fruchtreife zur Unzeit nicht in das neue Ökosystem mit all seinen Partnern passen und im Zahngetriebe des empfindlichen Uhrwerks der Natur zu Blockaden führen. Die genetische Anpassung und somit die optimale Leistung am jeweiligen Standort ist dann gestört, die Funktion der Pflanze als Nahrungspflanze für Insekten, als Bestäuber oder Konkurrent anderer Gewächse im Ökosystem kann eventuell nicht mehr wahrgenommen werden (Crispi & Hoiss 2021).

Ergebnisse über Knicks aus der modernen Ökosystemforschung

Das Projektzentrum für Ökosystemforschung im Bereich der Bornhöveder Seenkette an der Universität Kiel hat in den 1990er Jahren alle Strukturen der hügeligen schleswig-holsteinischen Moränenlandschaft im Übergangsbereich vom Hügelland zur Geest unter konventioneller landwirtschaftlicher Nutzung intensiv erforscht. Die Forschung erfasste Äcker, Wiesen, Weiden, Wallhecken, Buchenforst, Erlenbruchwald, Schilfgürtel und Seen (Fränzle et al. 2008). Sämtliche Nährstoffkreisläufe wurden analysiert, alle Mitspieler kartiert, ihr Stoffwechsel und ihre Lebensäußerungen in der Natur im Wechselspiel mit allen Umweltfaktoren gemessen, die Witterung, Böden, Nährstoff- und Wasserverhältnisse vor Ort erfasst und die Ergebnisse interdisziplinär ausgewertet.
Da wichtige Ergebnisse der umfangreichen Forschung bis heute kaum Beachtung gefunden haben, zitiere ich hier die Quellen wortwörtlich. Was die Autoren damals formuliert haben, ist heute für uns durch Klimawandel und Artensterben von großer Bedeutung und aktueller denn je. Viele Vorgänge im Ökosystem wurden mathematisch beschrieben und die verifizierten, validierten Modelle veröffentlicht. Die wissenschaftliche Zusammenfassung wurde in der renommierten Buchreihe

Blick vom Buchenwaldrandturm auf den Hauptforschungsraum mit den Äckern A1, A2 und A3. Auf A3 steht die Wetterstation des Deutschen Wetterdienstes am Belauer See. *Foto: Vanselow*

Der besonders intensiv untersuchte Knick zwischen den Äckern A2 und A3 im Hauptforschungsraum der Ökosystemforschung im Bereich der Bornhöveder Seenkette.

Interessierte Zaungäste schauen der Botanikerin bei der Arbeit zu. Diese als „Scholanderbombe" bekannte Apparatur dient der Messung des Blattwasserpotentials. *Fotos: Vanselow*

„Ecological Studies" als Band 202 veröffentlicht. Die Ergebnisse zu den traditionellen Knicks wurden zudem in der deutschsprachigen, offiziellen Buchreihe EcoSys (ISSN 0940-7782) der Ökosystemforschung in Kiel veröffentlicht (PROJEKTZENTRUM ÖKOSYSTEMFORSCHUNG 1996). Diesen Zusammenfassungen liegen zahllose Diplom- und Doktorarbeiten mit umfangreichen Freilandmessungen zugrunde.

Das Aussehen der Knicks hat sich in hundert Jahren deutlich verändert. SCHLEUSS (1996) verglich ihre Maße früher und heute.

Ursprünglich betrug die Tiefe der Wallgräben einen Meter bis 1,50 Meter, ihre Breite 1,20 bis 1,70 Meter, die Basis der Wälle 2,20 bis 2,50 Meter und die Kronenbreite der Wälle etwa 1,50 Meter, ihre Höhe rund 1,20 bis 1,50 Meter.

Heute sind die Gräben der nicht gepflegten Wälle oft vollständig verschüttet und eingeebnet. Die Höhe nicht beschädigter Wälle lag Anfang der 1990er Jahre zwischen 0,90 und 1,20 Meter, ihre Basisbreite bei 2,50 bis drei Meter und die Kronenbreite der Wälle bei etwa 1,50 Meter. Die Breite der Bepflanzung war nach SCHLEUSS (1996) stark vom Boden abhängig. Wälle aus lehmigen Böden wurden meistens zweireihig bepflanzt, solche aus sandigen Böden eher einreihig.

Das Erscheinungsbild einer landwirtschaftlichen Kulturlandschaft aus kleinen Schlägen, umfasst mit Knicks, war in den 1990er Jahren am Belauer See geblieben (Foto Seite 18): „*Wo Knicks die Felder umsäumen, ist jede ertötende Einförmigkeit verschwunden; von einem erhöhten Standpunkt aus glaubt man eine Gartenlandschaft zu überblicken*" (Zitat aus: CHRISTIANSEN 1928c). Diese Landschaft hat einen enorm hohen Erholungswert und ist einer der Gründe, warum Touristen das Land zwischen den Meeren lieben und besuchen. „*Eine Zerstörung dieses Landschaftsbildes würde auch den Wert Schleswig-Holsteins als Urlaubsland und damit seine Erholungsfunktion einschränken*" (Zitat aus: SCHRAUTZER et al. 1996b).

Was da klingt wie eine Werbung aus einem Urlaubskatalog, hat Gründe. Da in den 1990er Jahren auch in der Ökologie der wirtschaftliche Wert einer Landschaft als entscheidend für die Diskussion mit der Gesellschaft galt, sahen die Wissenschaftler keine andere Möglichkeit, als den Erholungswert für den Tourismus zu betonen, um den Wert der Knicklandschaft für die in ihr

Die Mikroklimastation des Deutschen Wetterdienstes auf dem Acker A3 oberhalb des Belauer Sees.
Foto: Vanselow

Hier werden Wissenschaftler zu Gerüstbauern. Der Turm ermöglicht Messungen und Entnahme von Pflanzenmaterial in verschiedenen Höhenstufen.
Foto: Vanselow

Die Rinder haben sich mit den Tierfallen der Zoologen auf ihrer Weide arrangiert.
Foto: Vanselow

Ernte von Blattmaterial der Rotbuchen in luftiger Höhe.
Foto: privat

lebende Gesellschaft zu ermitteln. Der Verlust an Artenvielfalt durch Strukturverluste der Landschaft wog damals als Argument noch nicht hoch genug, um in der Bevölkerung ernst genommen zu werden (Romahn, K. 2012: *„Ist das eine Zielart oder kann das weg?" Plädoyer für mehr Nachdenken über Werte im Naturschutz. Naturschutz und Landschaftsplanung,* 44 (2): 51-55.).

Artenvielfalt hatte für die Politik kaum einen Wert. Auch die Warnungen der Ökosystemforscher vor dem Klimawandel wurden ignoriert. Der Klimawandel schien vielen Menschen eine Glaubensfrage zu sein, keine Tatsache. Festgelegter Kohlenstoff in Holz und Humus war somit ebenfalls ein eher schwaches Argument für den Erhalt dieser strukturreichen Landschaft.

Der am intensivsten untersuchte Knick mit einer Wallhöhe von 1,40 Meter hatte ohne seitlichen Rückschnitt im achten Jahr des Aufwuchses nach dem letzten Auf-den-Stock-Setzen (Knicken) eine

Arbeitsplatz zur Messung des Wasserhaushalts von Roggen. Im Hintergrund die Mikroklimastation des Deutschen Wetterdienstes.
Foto: Vanselow

Messungen zum Wasserhaushalt der Maispflanzen auf dem Acker A2. Das Stressverhalten der Pflanzen bei Hitze und Dürre ist von besonderem Interesse. Die Aufzeichnungen erfordern Messungen von Sonnenaufgang bis Sonnenuntergang in regelmäßigen Abständen.
Foto: privat

durchschnittliche Breite von 3,50 Meter und beherbergte 166,26 Gehölze pro 100 Meter Länge.

Die Forschungsergebnisse an den Knicks im Untersuchungsraum geben Pferdehaltern und Landwirten Fakten an die Hand, die Vor- und Nachteile solcher Gehölze für die eigene Situation zu prüfen: Wieviel Biomasse erzeugt ein Knick? Lohnt sich die Nutzung als Brennmaterial im Winter? Wie effektiv ist ihr windberuhigender Effekt? Welche Tiere leben im Knick und welchen Nutzen haben sie für die Pferde beziehungsweise die Biodiversität? Welche Vögel profitieren von Knicks? Für welche Tiere stellen Knicks Wanderrouten dar? Geht von diesen Tieren eine Gefahr für die Landwirtschaft aus? Warum sind Knicks heute so stark überdüngt, dass ihre Pflanzenvielfalt verloren geht? Welche Wirkung haben Knicks als Puffer und Schutz vor Einträgen? Welchen Einfluss haben Knicks auf das angrenzende Agrarland?

Die Mikroklimasensoren in verschiedenen Höhen an den Türmen liefern auch im Winter Daten, die regelmäßig ausgelesen werden müssen.
Foto: Vanselow

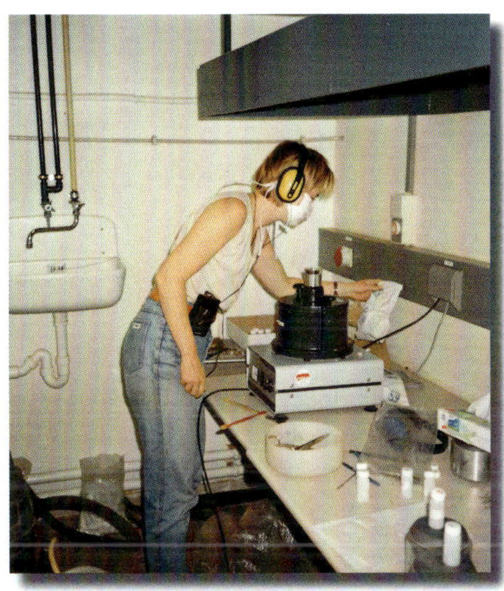

Besonders hartes Pflanzenmaterial wird mit Hilfe einer Kugelmühle gemahlen, bevor das Material für Messungen aufbereitet werden kann.
Foto: Vanselow

Vorrichtung zum Auffangen des Kronentraufs und des Stammabflusses der Rotbuchen. Die Auffangbehälter müssen auch im Winter geleert und ihr Inhalt ins Labor gebracht werden.
Foto: Vanselow

Fauna der Knicks

In Hinsicht auf die Pflanzen- und Tierwelt gelten Hecken als die artenreichsten Kleinbiotope Mitteleuropas (Kappen 1996). Die hohe ökologische Bedeutung der Knicks ist für die schleswig-holsteinische Agrarlandschaft bekannt (Tischler 1948, zitiert in Bock et al. 1996). Schleswig-Holstein ist das waldärmste Bundesland mit nur rund neun Prozent Waldfläche. Die Knicks stellen hier für viele Tierarten einen Ersatzlebensraum für die fehlenden Wälder dar. Von den dort lebenden Vögeln sind 90 Prozent direkt oder indirekt auf Gehölzvegetation angewiesen. Das Knicknetz ermöglicht vielen Vogelarten erst die Besiedlung dieser Kulturflächen (Puchstein 1980, zitiert in Bock et al. 1996).

Die Zusammensetzung der Pflanzenarten in einem Knick wird vom Boden, also zum Beispiel Sand oder Lehm, der Ausrichtung des Knicks zur Himmelsrichtung und seinem Alter beeinflusst (Bauer 1984, Schäfer 1987, beide zitiert in Bock et al. 1996).

Der Strukturreichtum der Knicks und ihre unterschiedliche Vegetationszusammensetzung führen zu einem außerordentlich hohen Artenreichtum der Tierwelt (Zwölfer & Stechmann 1989, zitiert in Bock et al. 1996). Schätzungen für die verschiedenen Landschaftsbereiche Schleswig-Holsteins belaufen sich auf rund 1800 Tierarten, die in Knicks leben (Tischler 1980, zitiert in Bock et al. 1996). Die Flurbereinigung zwischen 1950 und 1980 beseitigte 25000 Kilometer Knick. Und die Beschädigung und Zerstörung von Knicks geht seitdem weiter: Hohe Düngereinträge verarmen die Kräutervielfalt und somit das Futterangebot für Tiere. Das seitliche Schreddern der überhängenden Äste, jährliches Auf-den-Stock-Setzen von den Rändern her, sowohl seitlich der Außenreihen als auch an den Enden, schwächen und vernichten Gehölze. Oft sieht man angepflügte Knickfüße oder abgetragene Wälle beziehungsweise daraus entfernte Wurzelballen alter Gehölze. Alte Schirmeichen und -Buchen werden als Nutzholz geschlagen und stattdessen kurzlebige Weichholzarten wie Weiden als neue Schirmbäume stehen gelassen.

Tabelle 5.5: Bodenfauna und Vegetation

Deckungsgrad der Krautschicht	Artenzahl der bodenbewohnenden Spinnen und Laufkäfer
0 – 20 %	30 – 34
80 – 100 %	45 – 55

Tabelle 5.5: Beziehungen zwischen der Strukturvielfalt der Vegetation und der Bodenfauna in zwölf untersuchten Knicks im Einzugsbereich des Bornhöveder Sees von Juni bis September. Die Deckungsgrade reichten von 0 bis 100 Prozent. Die Werte sind stark korreliert (Korrelationskoeffizient 0,88, Irrtumswahrscheinlichkeit kleiner als 0,1 Prozent). *Quelle: Bock et al. 1996*

Rechnet man auf 30 Metern Knick ein Vogelnest, dann bedeutet das Verschwinden allein von 25 000 Kilometern Knick während der Flurbereinigung in Schleswig-Holstein den Verlust von rund 800 000 Bruten oder drei Millionen Jungvögeln pro Jahr (EIGNER 1978, zitiert in BOCK et al. 1996).

Im Vergleich zum Umfeld ist die Insektendichte in Knicks besonders hoch. Das gilt insbesondere, wenn der Knick an einen Wald grenzt (KAPPEN 1996).

Dennoch werden nur etwa vier Prozent der Blattmasse des Knicks durch Blattfraß verbraucht: Die Blattverluste durch pflanzenfressende Insekten werden mit fünf Prozent für die Hasel in Bayern (LANGE 1984, zitiert in AMBSDORF et al. 1996), zehn Prozent für Hecken in England (SMITH 1972, zitiert in AMBSDORF et al. 1996) und unter fünf Prozent für die Knicks im Bereich der Bornhöveder Seenkette in Schleswig-Holstein (AMBSDORF et al. 1996) angegeben, wobei aber mit großen Schwankungen von Jahr zu Jahr zu rechnen ist.

BOCK et al. 1996 zählen auf, dass in Knicks insgesamt 309 Käfer-, Spinnen- und Weberknechtarten gefunden wurden. Die meisten Arten wurden mit 118 Laufkäfer- und 123 Spinnenarten in alten, reich strukturierten Knicks gefunden (BOCK et al. 1996). Die Vielfalt der Tierwelt in derart abwechslungsreich strukturierten Knicks mit unterschiedlichsten Futterpflanzen und Lebensräumen spiegelt sich sowohl bei den wirbellosen Tieren als auch bei den Wirbeltieren wider.

Auch die Erdwälle sind für die Tiere wichtige Lebensräume: Sie bieten bodenbrütenden Vögeln und Kleinsäugern Schutz vor Staunässe. Hier können diese Tiere jahrelang dieselben Brutplätze nutzen (BOCK et al. 1996).

Ein Laufkäfer jagt auf einer Brombeere nach Insekten. *Foto: Vanselow*

Kräutern besitzen, sind daher für die Besiedlung durch Wirbellose von großer Bedeutung" (Zitat aus: Bock et al. 1996). Schirmbäume, die sogenannten Überhälter im Knick, bieten auch wärmeliebenden Waldbewohnern wie den Puppenräubern, einer Gattung von Laufkäfern, einen Lebensraum. Für die Wirbellosen sind die Pflanzenbedeckung, Steine und Laubstreulagen lebenswichtige Strukturgeber im Knick.

Optimal für ihre Ansiedlung ist eine extensive Bewirtschaftung angrenzender Felder. Knicks in einer solchen Agrarlandschaft sind sogar erheblich artenreicher als Waldrandknicks (Bock et al. 1996). Die Artenzahl pflanzenfressender Tiere hängt in Hecken von der Anzahl der verwendeten Gehölzarten ab, oder anders gesagt: Artenarme Hecken führen zu einer niedrigen Artendiversität der Insekten (Bock et al. 1996).

Zusammenfassend stellen die Forscher fest: „*Für viele Wirbeltierarten übernimmt der Knick wichtige Funktionen wie z.B. als Ansitzwarte, Schutz vor Witterung und Feinden, Überwinterungsquartier, Ganz- oder elementare Teillebensstätte und Ersatzlebensraum oder Erhöhung der Strukturvielfalt im offenen Gelände (Blab et al. 1989). Der Lebensraum kann diese Funktionen nur ausfüllen, wenn er reich strukturiert und über längere Zeiträume relativ stabil ist. Die Qualität eines Vogelrevieres hängt daher weitgehend von der Strukturvielfalt des Knicks ab. Unterschiedliche Nahrungsplätze auf engem Raum sowie das Vorkommen großer, energiereicher Nahrungstiere sind z.B. für das Rotkehlchen bei der Jungenaufzucht von Bedeutung*" (Zitat aus: Bock et al. 1996).

Alte Wildrosen- und Weißdornhecke hinter Resten einer Streuobstwiese mit fast hundertjährigen Obstbäumen. Unzählige Vögel brüten und jagen hier. *Foto: Fersing*

Knicks als Verbundsystem für Wanderrouten der Tiere

Wissenschaft ist immer auch ein Spiegel ihrer Zeit. Bis vor Kurzem spielten die zum Teil ausgestorbenen großen Pflanzenfresser wie Wildpferde, Auerochsen, Elefanten und Nashörner im europäischen Naturschutz keine Rolle. Ihre wichtige Funktion als Gärtner der Landschaft wurde nicht erkannt. Praktiziert wurde der sogenannte Sukzessionsschutz, also der Übergang von brach liegendem bloßem Boden über kräuterreiches Grasland, Staudenflur und Verbuschung hin zu einem Urwald. Der sogenannte Prozessschutz, also die ständige Störung der fortschreitenden Sukzession vor allem durch mampfende und trampelnde große Pflanzenfresser, ist neu und wird von vielen Ökologen noch heute abgelehnt. Solche Tiere lebten aber hier, und jeder Weidetierhalter kennt ihre Wirkung auf die Vegetation. Die Ökosystemforschung in den 1990er Jahren kam zu dem Ergebnis, dass die Verbundwirkung des Knick-Netzes für waldbewohnende Tierarten überschätzt wurde (Kappen 1996). Doch was sagt diese Feststellung tatsächlich aus? Diese Aussage ist unter dem Aspekt zu betrachten, dass Urwaldorganismen damals als besonders schutzwürdig betrachtet wurden, die unglaubliche Vielfalt der Kulturlandschaft Hutewald jedoch als etwas Künstliches, vom Menschen Geschaffenes und daher wenig Schützenswertes angesehen wurde.

Viele Arten sind über Jahrmillionen angepasst an eine halboffene Landschaft mit Gehölzen aller Art, umgeben von viel Weideland. *Foto: Vanselow*

Hutewälder und verbuschtes Ödland ähneln der natürlichen Savanne

Unter dem Blickwinkel der Mega-Herbivoren-Theorie (siehe Seite 13 „Die wilde Fraßsavanne") ist diese Sichtweise fragwürdig, ja, fatal. Die Artenvielfalt in Hutewäldern ist sicherlich nicht zufällig so enorm hoch. Reine Urwaldbewohner wird man hier nicht finden. Diese Waldbewohner zieht es nicht hinaus aus den dichten Wäldern. Zahlreiche andere Arten sind aber über Jahrmillionen angepasst an eine halboffene Landschaft mit Gehölzen aller Art, umgeben von viel Weideland. Dehesas, Hutewälder, verbuschtes Ödland kommen der natürlichen Savanne weit näher als alle anderen vom Menschen genutzten Landschaften. Ob nun gefährliche Auerochsen und Wildpferde oder zahme Hausrinder und -pferde sich als Gärtner betätigen, spielt für diese Landschaft kaum eine Rolle. Wie also wirken die Knicks mit ihrem Verbundsystem auf die Artenvielfalt dieser Landschaft?

Filterwirkung der Knicks

Insbesondere quer zur Windrichtung angelegte Knicks filtern Aerosole sehr effektiv aus der Luft (Krinitz et al. 1996). Das hohe Angebot an Nähr- und Schadstoffen der Agrarlandschaft wird im Knick angereichert und gleichzeitig dadurch die angrenzenden Flächen vor Schadstoffen geschützt (Kappen 1996). Die von Menschen geschaffenen Knickböden „*weisen im Vergleich zu benachbarten Böden unter land- und forstwirtschaftlicher Nutzung häufig bis in größere Tiefen organische Substanz auf, sind intensiv durchwurzelt, tiefgehend entbast und durch geringe aktuelle Nährstoffgehalte sowie intensive Bioturbation geprägt. Landschaftsökologisch sind sie als Filter für Schadstoffe, als Retentionskörper gegenüber Wassererosion und als Biotop von großer Bedeutung*“ (Zitat aus: Schleuss 1996).

Problem der Überdüngung der Knicks

Das Problem der (Knick-) Überdüngung ist seit Jahrzehnten erforscht und bekannt. Dennoch hat sich bis heute nichts geändert. Als Reiter auf Wegen und Stoppelfeldern neben Hecken wissen wir aus Erfahrung, dass die Hecken von beiden Seiten mit Mineraldünger geradezu durchschossen werden. Die vom Düngerstreuer durch die Gehölze gegen die Pferdebeine fliegenden Kügelchen verlangen dem Fluchttier Pferd einiges ab. Da die Überdüngung in unserer Landschaft heute ein breit diskutiertes Thema geworden ist, sollen hier bisher wenig beachtete Quellen zu Wort kommen.

Das Nährstoffangebot ist in Knicknähe deutlich erhöht. Mette stellt fest: „*Tatsächlich konnten im unmittelbaren Knickrandbereich der Knicks im Untersuchungsgebiet neben deutlich erhöhten Stickstoffgehalten im Boden auch höhere Gehalte der Hauptnährstoffe Kalium und Phosphor ermittelt werden (Mette 1994). Insbesondere für Phosphor und Kalium repräsentieren sie nach den „Richtwerten für die Düngung“ (Landwirtschaftskammer Schleswig-Holstein 1991) den Bereich absoluter Überversorgung*“ (Zitat aus: Mette 1996).

Vor allem im Oberboden sind die Gesamtstickstoffgehalte in Knicknähe um bis zu 100 Prozent auf 9000 Kilogramm Stickstoff (N) pro Hektar erhöht. Dabei spielt auch der Laubfall mit circa einem Prozent Stickstoff in der Blattmasse eine Rolle und kann auf der windberuhigten Seite des Knicks einen Eintrag von bis zu 69 Kilogramm Stickstoff pro Hektar bewirken (Mette 1996).

Mette (1996) erklärt die hohen Nährstoffgehalte in Knicknähe folgendermaßen: Die Kulturpflanzen im direkten Einflussbereich der Hecke zeigen eine verzögerte Entwicklung durch wenig Licht, geringere Temperaturen im Schatten und zeitweiligen Wasserstress bei Wurzelkonkurrenz. Aufgrund dieses verringerten Wachstums nehmen die Kulturpflanzen weniger Nährstoffe aus dem Boden auf. Die vom Landwirt ausgebrachte Düngermenge wird aber in diesen Bereichen nicht reduziert. Der Laubfall düngt zusätzlich. Mette konkretisiert die Nährstoffmengen in unmittelbarer Knickmenge:

„In Nordexposition betrugen diese in Abhängigkeit von der Entfernung zum Knick bis zu 382 kg N pro ha im unmittelbaren Knickrandbereich (1 m) und lagen damit um 223 % höher als in 10 m Entfernung. In Südexposition wurden aufgrund der geringen Ertragsdepressionen noch bis zu 197 kg N pro ha bilanziert. Trotz einer im Folgejahr um mehr als 100 % reduzierten Düngung (150 kg N pro ha) sowie geringerer Ertragsdepressionen des gegenüber Mais licht- und temperaturtoleranteren Hafers fielen die N-Überschüsse in Nordexposition mit 198 kg N pro ha immer noch sehr hoch aus (Mette 1994). Für diese relativ düngungsunabhängigen N-Überschüsse müssen die um 100 % höheren Gesamtstickstoffgehalte (N_t) im Boden im unmittelbaren Knickbereich verantwortlich gemacht werden, die auf Dauer zu einem deutlich erhöhten Mineralisationspotential führen. Folgen dieser N-Überschüsse sind deutlich erhöhte N_{min}-Gehalte im Bodenprofil während und insbesondere zu Ende der Vegetationszeit, die aber aufgrund ungünstiger mikroklimatischer Größen bzw. eines zeitweise angespannten Wasserhaushaltes von den Kulturpflanzen nicht in Ertrag umgesetzt werden können. So wurden zu Ende der Vegetationszeit in einem 1 m tiefen Bodenprofil bis zu 200 kg N pro ha im unmittelbaren Knickbereich ermittelt (Mette 1994), die im Falle einer späten Ernte wie bei Mais im Winterhalbjahr potentiell der Auswaschung unterliegen“ (Zitat aus: Mette 1996).

Maisanbau kann zu messbar erhöhten Stickstoffeinträgen im Bereich des Knicks führen. Im Bild der Knick im Hauptforschungsraum zwischen den Äckern A2 und A3 (siehe Foto Seite 193). Foto: Vanselow

Mette folgert, dass mit einer zunehmenden Eutrophierung, also Überdüngung, der Knicks gerechnet werden muss. Diese Folgerung sieht Mette (1996) durch die deutlich angestiegene Anzahl der N-Zeiger-Werte in der Krautschicht von Knicks (Marxen-Drewes 1987,

Der Bültsee nahe Eckernförde ist ein kalkreicher, nährstoffarmer See, der in einem unter Naturschutz stehenden Trichter aus ärmsten Böden liegt. Sein Ufer ist Lebensraum äußerst seltener Pflanzen wie Strandling, Brachsenkraut, Wasserlobelie und Pillenfarn. Diese Vegetation nährstoffarmer Seeufer wird durch die ganzjährige extensive Beweidung gepflegt. Die Weidetiere verhindern ein Überwachsen dieser vom Aussterben bedrohten Vegetation durch Schilf und Gebüsch. Im Vordergrund haben Gallowayrinder das Ufer optimal gepflegt. Im Hintergrund ist der unbeweidete Zustand zu sehen, der den bedrohten Pflanzen keinen Lebensraum bietet. *Foto: Vanselow*

fest gebunden an Bodenbestandteile. Bodenerosion stellt die bedeutendste Eintragsquelle von Phosphor in Gewässer dar und betrug Anfang der 1990er Jahre 31 Prozent des Gesamteintrags (Schernewski et al. 1996).

Parallel zu Uferlinien verlaufende Knicks halten das weggeschwemmte Erdreich auf und schützen die Gewässer vor dem Phosphor-Eintrag (Schernewski et al. 1996). Allerdings war der Knickwall nach 200 Jahren durch mächtige Materialanreicherung per Hangerosion oberwärts komplett aufgefüllt. Die Krone des Walls wurde bereits von Bodenmaterial überspült. Seine Pufferfähigkeit für den Belauer See war somit erschöpft (Schernewski et al. 1996).

„Bei einer Phosphorkonzentration im Oberboden der Hangweide (M-Horizont) von 517 g P pro m³ (Schernewski & Wetzel im Druck) wurden also rund 7,5 kg P pro m Knick zurück gehalten“ (Zitat aus Schernewski et al. 1996).

Barkmann et al. (2008) stellen fest, dass 13 Prozent der gesamten Bodenerosion im Einzugsgebiet der Farver Au durch lineare Landschaftselemente wie Hecken zurückgehalten werden, und weisen auf deren Bedeutung hin, wenn naturnahes Landschaftsmanagement mit niedrigen Bodenverlusten angestrebt wird.

Wirkung von Knicks auf Nutzpflanzen

Entscheidend für die Wirkung eines Knicks auf benachbarte Ackerpflanzen ist seine Ausrichtung. Zu unterscheiden sind Knicks mit Nord-Süd-Ausrichtung von solchen mit Ost-West-Ausrichtung. Bei in Nord-Süd-Richtung verlaufenden Knicks wurden stark reduzierte Erträge nur in unmittelbarer Nähe des Knicks nachgewiesen. Dafür fanden sich leicht erhöhte Erträge im Vergleich zu unbeeinflussten Flächen im Entfernungsbereich des etwa Drei- bis Zehnfachen der Heckenhöhe durch Windschutzeffekte.

Ganz anders ist die Situation für in Ost-West-Richtung verlaufende Knicks. Hier beträgt die ertragslimitierende Schattenzone das etwa 1,3-Fache der Heckenhöhe im Frühjahr und Herbst. Im Sommer wird das 0,5-Fache der Heckenhöhe beschattet. Auf der Südseite kann es an stark sonnigen Tagen, sogenannten Strahlungstagen, unter Umständen zu einem Wärmestau kommen (Mette 1996). Die Beschattung und die geringeren Lichtintensitäten führen zu einem Minderwuchs der Ackerpflanzen.

Die Verlaufsrichtung von Knicks beeinflusst deren Auswirkungen

Gerade die Ost-West- Ausrichtung der Hecken ist ein für Pferde wichtiger Schutz vor starken Winden vor allem an den Küsten. Westwind bringt oft Regen, Ostwind eher Dürre. Im Winter ist der Ostwind zudem oft eisig kalt. Ein breiter, astreicher, dichter Knick bietet auch im laublosen Zustand im Winter Windschutz und verhindert gefährliche Auskühlung.

Die Wurzeln der Hasel befinden sich deutlich unterhalb des Bearbeitungshorizontes und machen den Feldfrüchten keine Konkurrenz. *Foto: Vanselow*

Der Knick im Vordergrund ist durch destruktive „Pflege" deutlich an Gehölzen ausgelichtet. Statt der ursprünglichen Gehölze wachsen nun die von Stickstoff und Licht profitierenden Brombeeren auf dem Wall. *Foto: Vanselow*

Wurzelkonkurrenz mit Kulturpflanzen

Die Wurzeln der Hasel (*Corylus avellana*) können unter günstigen Umständen vier Meter und weiter in Äcker hineinreichen (von Stamm et al. 1996). Diese Wurzeln befinden sich deutlich unterhalb des Bearbeitungshorizontes. Sie machen somit den Feldfrüchten keine Konkurrenz. Die in den nährstoffreichen Acker ausgestreckten Wurzeln der Hasel befanden sich in zwei Tiefenlagen: Die erste Lage Haselwurzeln lag direkt unter dem Bearbeitungshorizont in einer Tiefe von 30 bis 50 Zentimetern, die zweite Lage dagegen in einer Tiefe von 100 bis 140 Zentimetern. Die tiefsten Wurzeln im Ackerrandbereich, aber auch im Knickprofil, wurden in 170 Zentimeter Tiefe gefunden (von Stamm et al. 1996).

Mit zunehmender Knicknähe nimmt die Saugspannung im Boden zu. Bei Probebohrungen konnten nennenswerte Durchwurzelungsintensitäten noch in zehn Metern Entfernung vom Knick nachgewiesen werden. Mette & Sattelmacher (1991, zitiert in von Stamm et al. 1996) wiesen Knickwurzeln von vor sechs beziehungsweise elf Jahren auf den Stock gesetzten Knicks in Entfernungen von 6,50 beziehungsweise 8,50 Metern Entfernung vom Knick nach.

Flächenstreichende Wurzelsysteme, die den Kulturpflanzen Konkurrenz um Wasser und Nährstoffe machen können, haben Pappeln, Eichen und Eschen. Eher tief wurzelnde Gehölze wie die Hasel scheinen für Kulturpflanzen weniger Konkurrenz darzustellen (METTE 1996). METTE (1996) stellt anhand eigener Untersuchungen fest, dass „*die Entwicklung und Orientierung des Wurzelsystems der Knickvegetation nicht ausschließlich artspezifisch bedingt ist, sondern eher durch Umweltbedingungen am Standort beeinflußt wird und somit maßgeblichen Modifikationen unterliegt.*" Er zieht aus seinen Messungen die Vermutung, dass „*das Nährstoffaufnahmepotential der Knickvegetation aus dem Ackerrandbereich trotz der intensiven Durchwurzelung besonders des Unterbodens vielfach überschätzt wird*" (Zitat aus: METTE 1996).

Anders sieht es bei der Wasserversorgung aus. Hier konnte METTE (1996) in der Streckungsphase, das heißt während des höchsten Wasserbedarfs der Kulturpflanzen, eine Ertragsverminderung in Südlage von Knicks auf das Wurzelsystem der Knickvegetation und also Wurzelkonkurrenz zurückführen. „*Vergleichende Untersuchungen von Feldern mit und ohne Hecken zeigen aber, daß sich die Ertragssenkung nur in einer schmalen Zone neben den Knicks nachweisen läßt. Daran schließt sich eine breite Zone mit leicht erhöhten Erträgen an (MARXEN-DREWS 1987)*" (Zitat aus: SCHRAUTZER et al. 1996b).

Länge und Zustand des Knicknetzes

Im Jahr 1950 betrug das Knicknetz in Schleswig-Holstein 75 000 Kilometer. Die Flurbereinigung entfernte etwa 40 Prozent, es verblieben noch circa 46 000 Kilometer (LANDESAMT FÜR NATURSCHUTZ UND LANDSCHAFTSPFLEGE 1983, zitiert in VON STAMM & WELTERS 1996). Knicks unter kleinbäuerlicher Bewirtschaftung waren in den 1990er Jahren besser erhalten als in Großbetrieben, wobei die 30 Jahre zuvor beschriebene Knick-Vegetation inzwischen oft stark degeneriert war (SCHRAUTZER et al. 1996a).

„*Nur im reich strukturierten Knicknetz bei Schmalensee werden Werte von ca. 3 Bruten pro 100 m Knick erreicht, wie sie EIGNER (1978) für Knicks zugrunde legt. Degenerierte Knicks in intensiv genutzten landwirtschaftlichen Flächen können nur noch halb soviele Vögel tragen. Ähnliche Werte wurden auch in bayerischen Hecken ermittelt (HEUSINGER 1984), wo in Abhängigkeit von Alter, Gehölzzusammensetzung und Umlandnutzung zwischen 0,6 und 3,5 Nester pro 100 m Knick gefunden wurden. Diese Bestandseinbuße muß noch zu den Verlusten durch das Verschwinden von Knicks hinzugerechnet werden, wenn das ganze Ausmaß der Bestandsreduktion in den letzten Jahrzehnten kalkuliert werden soll*" (Zitat aus: BOCK et al. 1996).

Die Breite der Hecken ist ein Schlüsselfaktor für ihre Qualität als Puffer für das Mikroklima und als Lebensraum für Flora und Fauna (LITZA et al. 2022).

Kapitel 6

Keine Weide ohne Vogelschutzgehölz

Weidetiere bevölkern die Erde, seit Pflanzen zuerst im Meer, dann auf der Landmasse von Tieren gefressen wurden. Wer bei Weidetieren nur Pferde und Rinder vor Augen hat, der möge an Galapagos denken, wo Schildkröten und Echsen Pflanzen beweiden. Und auch diese Tiere waren keineswegs die ersten Pflanzenfresser. Erdgeschichtlich so alt wie die Pflanzenfresser sind jedoch auch ihre Parasiten!

Lange Zeit gingen Wissenschaftler davon aus, dass die evolutionäre Selektion von Populationen vor allem durch Raubtiere und Konkurrenz entstünde. Parasiten stellen jedoch einen ungleich härteren Selektionsfaktor dar. Das gilt insbesondere dann, wenn der Parasit neu ist. Wenn ein Parasit sich einen neuen Wirt erobert, dann endet das für diesen Wirt nicht selten tödlich. Der Parasit kann sein Gengut aber am besten weitergeben, wenn die Infektionsrate möglichst hoch ist – und das ist dann der Fall, wenn der infizierte Wirt die Gelegenheit hat, den Parasiten zu übertragen. Tote Wirte sind eher schlechte Überträger. Evolutionär enden Parasitosen daher oft in Richtung Symbiose. Das ist ein sehr langer Weg, aber unser Planet ist auch schon etwas länger unterwegs.

Weidetierhalter haben also mit jeder Menge Parasiten zu rechnen. Die Natur bietet viele Profiteure solcher Parasitosen, die dabei helfen, das Gleichgewicht zu regulieren. Die Nutznießer können dabei alle Jäger sein, die vollgesogene Blutsauger fressen und an ihre Jungen diesen Eiweißsnack verfüttern, zum Beispiel Schwalben, Bachstelzen, Fledermäuse oder Stare.

Viele Parasiten benötigen Zwischenwirte. Das können Mäuse oder Schnecken sein. Daher bekämpfen Mäuse fressende Greifvögel und Schnecken fressende Igel genau genommen Viehseuchen. Das gilt insbesondere für die Tollwut, denn der

Eine alte Viehweide im Feuchtgebiet. Die Pferde halten sich gerne unter den Bäumen auf. Gehölze auf Weiden sind für alle Tiere wertvoll, aber immer seltener anzutreffen, weil sie der Weidepflege mit großen Maschinen im Weg sind. *Foto: Fersing*

Fuchs infiziert sich am Kadaver, den er frisst, während der Aasgeier und der Greifvogel sich nicht mit Tollwut infizieren und diese auch nicht übertragen. Tollwut wird daher dort zum Problem, wo Aasgeier aussterben, weil man ihnen den Lebensraum nimmt. In Afrika spielt dieses Szenario heute tatsächlich zunehmend eine Rolle. Jede Plage hat also natürliche Gegenspieler, um das Gleichgewicht wieder herzustellen. Wir können sie nutzen und in Stellung bringen.

Parasiten der Weidetiere

Der Große Leberegel (*Fasciola hepatica*) kommt dort vor, wo Flutrasenflächen aus Knickfuchsschwanz (*Alopecurus geniculatus*), Flutendem Schwaden (*Glyceria fluitans*) und Hundsstraußgras (*Agrostis canina*) bestehen. Diese Gräser zeigen zeitweise überflutete Weiderasen an. Sein Zwischenwirt ist die Zwergschlammschnecke (*Lymnaea truncatula*, „Leberegelschnecke“). Säugetiere allgemein können vom Großen Leberegel befallen werden. Entenvögel fressen die Schnecken. Sie verschleppen die Schnecken aber auch als blinde Passagiere im Gefieder in neue Gewässer.

Der Kleine Leberegel (*Dicrocoelium dendriticum*) braucht zwei Zwischenwirte, zuerst eine Landschnecke, dann eine Ameise, und schließlich den Endwirt. Als Endwirte kommen Säugetiere und Vögel in Frage. Bei den Zwischenwirten nutzt der

Seit es Tiere gibt, gibt es auch ihre Parasiten. Vor allem Vögel können viel dazu beitragen, Weidetieren die warme Jahreszeit etwas zu erleichtern, indem sie Stechinsekten wegfangen. *Foto: Fersing*

Kleine Leberegel eine große Auswahl an unterschiedlichen Arten. Heute sind viele Landschnecken vom Aussterben bedroht. Unabhängig von der Weidetierart beeinflusst die Beweidungsintensität und Düngung die Schneckenfauna negativ (BOSCHI & BAUR 2007). Gehölze im Weideland beherbergen Waldschnecken, während Offenlandschnecken Gehölze bis auf etwa zehn Meter Abstand meiden (BOSCHI 2007).

Der Gemeine Holzbock (*Ixodes ricinus*) ist eine Schildzecke und bei uns die häufigste Art. Er benötigt für die Entwicklung vom Ei über die Larve, dann die Nymphe und schließlich die ausgewachsene, geschlechtsreife Zecke drei Wirte. Sein Entwicklungszyklus kann daher drei Jahre dauern. Der Holzbock überträgt viele gefährliche pathogene Mikroorganismen, darunter beispielsweise die Frühsommer-Meningoenzephalitis (FSME), die Borreliose und die Rinder-Piroplasmose.

Die Pferdebremse (Tabanus sudeticus) ist so groß wie eine Hornisse und ledrig-zäh, wodurch sie Abwehr meist überlebt. *Foto: Vanselow*

Borreliose wird vor allem durch Zeckenbiss übertragen, selten auch durch andere Blutsauger. Die Zecken sitzen nicht wie oft geglaubt auf Gehölzen, sondern auf Gräsern. Sie fallen also nicht von oben herunter, sondern sie krabbeln von unten am Tier hoch. Daher sollte man immer die Hosenbeine unten verschließen, wenn man durch Zeckengebiet läuft, und die Hosen regelmäßig auf Zecken absuchen.

Die Goldaugenbremse (Chrysops relictus) ist zwar farbenprächtig, beißt aber schmerzhaft. *Foto: Vanselow*

Eine wissenschaftliche Studie zur Übertragung von Borreliose an Galloway-Rindern im Naturschutzgebiet Schäferhaus an der dänischen Grenze brachte folgende hochinteressante Ergebnisse:

„*Wilde und domestizierte Wiederkäuer scheinen kein geeignetes Reservoir für Lyme-Borreliose-Spirochäten zu sein. (...) Nicht nur, dass die Larven keine Lyme-Boreliose-Spirochäten von*

Wiederkäuern aufnehmen können, sondern auch infizierte Nymphen scheinen ihre Spirochätenlast zu verlieren, wenn sie sich von diesen Tieren ernähren, wie die vorliegende Studie zeigt. (…) Die Beobachtungen dieser Studie deuten darauf hin, dass die Spirochäten der Lyme-Borreliose von der Zecke während ihrer Blutmahlzeit an Wiederkäuern entfernt werden. Der Mechanismus, durch den die Borreliose-Spirochäten während der Blutmahlzeit entfernt werden, wird derzeit untersucht. Offensichtlich werden die Spirochäten der Lyme-Borreliose so zerstört, dass ihre DNS mit Hilfe der Nested-PCR nicht mehr nachweisbar ist. Ein Simulationsmodell zeigt, dass die Verfügbarkeit ungeeigneter Wirte für nicht ausgewachsene Zeckenstadien das Vorherrschen der Infektion verringern würde (Van Buskirk & Ostfeld 1995). Je mehr nicht ausgewachsene Zecken also vom Sammelbecken geeigneter Vögel und Mäuse auf ungeeignete Wiederkäuer umgeleitet werden, desto geringer ist das Risiko einer Infektion mit dem Erreger der Lyme-Borreliose" (Zitat aus: Richter & Matuschka 2010).

In Bremsenfallen finden sich oft kaum Bremsen, dafür aber umso mehr andere Insekten, auch Arten der roten Liste

Rinder-Piroplasmose durch Babesien (*Babesia divergens*) ist heute sogar den Tierärzten kaum vertraut, dabei war diese Seuche früher unter den Namen „Blutharnen der Rinder", „Weiderot" oder „Mairot" vor allem an den Küsten und Flussläufen bekannt. Babesien sind Einzeller. Babesien und Plasmodien (Malariaerreger) gehören zur gleichen taxonimischen Klasse *Aconoidasida*. Zugvögel bringen mit Babesien infizierte Zecken von weither mit, Wühlmäuse sind typische heimische Wirte der Zecken. *Babesia divergens* wird sogar vom Zeckenweibchen über die Ovarien direkt an die Nachkommen weitergegeben. Wie verbreitet diese Seuche früher war, ist heute in Vergessenheit geraten. Vor hundert Jahren empfahl Falke (1920) die Impfung gegen Babesien durch Tierärzte und gab an, dass diese „*den Impfstoff vom Gesundheitsamte der Landwirtschaftskammer für die Provinz Pommern in Züllichow bei Stettin beschaffen*" könnten (Zitat aus: Falke 1920).

Auch Bremsen übertragen Krankheiten und eröffnen durch ihren die Blutgerinnung verhindernden Speichel und das dadurch entstehende Nachbluten der Stichwunden anderen Krankheitsüberträgern eine Nahrungsquelle. Das gilt insbesondere für die Euterfliege (*Hydrotaea irritans*), die Bakterien wie *Actinomyces pyogenes* überträgt, was zur Sommermastitis führt. Gegen Bremsen hilft Aufstallung über Tag. Sogenannte Bremsenfallen auf den Pferdeweiden sind dagegen völlig unspezifisch in ihrer Vernichtung von Insekten. Oft finden sich kaum Bremsen, dafür aber umso mehr andere Insekten in dieser tödlichen Falle, auch Arten der roten Liste. Zudem sind diese Fallen wahrscheinlich nicht mit den Gesetzen vereinbar. Daher kommen Jäckel et al. (2020) zu der Einschätzung, dass Bremsenfallen ein überflüssiger und letztlich illegaler Beitrag zum Insektensterben sind: „*Bremsenfallen entnehmen nicht nur eine große Menge Biomasse aus den Nahrungsnetzen, sondern töten auch gesetzlich besonders geschützte Arten. Da nicht nur Bremsen gefangen werden,*

Rauchschwalbe in einem Pferde-Offenstall bei der Fütterung ihrer Jungen, die beinahe flügge sind. Ältere Junge aus vorangegangenen Gelegen helfen beim Füttern häufig mit. *Foto: Fersing*

sondern überwiegend Insekten anderer Artengruppen, sollten Bremsenfallen genehmigungspflichtig sein" (Zitat aus: Jäckel et al. 2020).

Wadenstecher (*Stomoxys calcitrans*, vorzugsweise in Ställen aktiv) und Kuhfliegen (*Haematobia stimulans*, im Freien aktiv) sehen für Laien aus wie harmlose Stubenfliegen (*Musca domestica*) oder Viehfliegen (*Musca autumnalis*). Sie gehören aber zu den Stechfliegen und haben einen Stechrüssel, mit dem sie schmerzhaft stechen und Blut saugen. Sie verursachen als Überträger von Bakterien wie *Actinomyces pyogenes* Sommermastitis und Holsteinische Euterseuche. Sie übertragen auch das Papillomavirus des Rindes auf den falschen Wirt Pferd, wo dieses Virus das Equine Sarkoid verursacht.

Die Larven dieser Stechfliegen leben im Dung. Ihre Bekämpfung mit Ivermectinen ist möglich, da die Dung bewohnenden Larven sich im vergifteten Kot nicht entwickeln können. Doch Ivermectine stellen für die Nahrungsnetze eine große Gefahr dar (siehe Seite 67 ff. „Natürliche kontra synthetische Wirkstoffe im Ökosystem Pferdeweide"). Stattdessen hilft Hygiene im Stall, insbesondere im Sommer die Entfernung aller Mistmatratzen aus den Gebäuden und die Lagerung von Mist weit entfernt von aufgestallten Tieren. Auch die Weidehygiene ist wichtig. Mistkäfer spielen beim schnellen Abbau von Dunghaufen im Grasland innerhalb weniger Stunden eine große Rolle.

Gegen Dasselfliegenplagen und Grasschädlinge empfiehlt Wölfer (1932) die Ansiedlung von Staren mit Hilfe von Starenkästen. Limper & Limbach (1938) empfehlen für die mit Reisig gedeckten Schattendächer „*am Rande zwischen den Sparren und Zweigen möglichst soviel Platz zu lassen, daß Vögel darin nisten können. Aus diesem Grunde werden bei der Packung auch feinere und kürzere Reiser mitverwendet.*“

Die von Lamberger (1911) als Witterungsschutz vorgeschlagenen Gehölze sollen ebenfalls auch der Ansiedlung von Insekten fressenden Vögeln dienen, welche die sommerliche Insektenplage abmildern sollen. Wölfer (1932) schreibt ausdrücklich: „*Vogelschutz dient der Förderung von Weide und Vieh.*“

Bürger (1928) zitiert beim Thema Vogelschutz und dessen Nutzen für Tiere und Grünland Freiherr Hans von Berlepsch (1904) mit den Worten „*Die Natur im Kampf gegen die Natur benutzen!*“ Heute würde man nicht von Kampf gegen die Natur sprechen, sondern von Gleichgewichten und Gegenspielern.

Landwirte hatten früher nicht nur mit Dasselfliegen und Mücken Probleme, sondern auch mit Engerlingen, also Käferlarven, und den Larven der Großen Schnaken (*Tipula*) im Boden.

Holunder ist durch seine zeitige Belaubung schon früh im Jahr bei vielen Vögeln beliebt und eignet sich auch für Ecken, in denen ein großer Baum keinen Platz hätte. Foto: Fersing

Bereits vorhandene Insektenfresser können bei deren Massenentwicklung die Vernichtung von Futterflächen verhindern, wie Oberinspektor Bürger (1928) aus eigener Erfahrung als Leiter des Preußischen Hauptgestüts Vollblutgestüt Altefeld berichtet. Eine *Tipula*-Plage konnten seine Stare in 600 Nistkästen, aufgehängt rund um sämtliche Weiden, abwenden. Er rechnet dazu vor: Die Starenkästen waren zu 98 Prozent bewohnt, was etwa 1200 Altvögeln entspricht. Im Schnitt waren vier Jungvögel im Starenkasten, wodurch sich die Zahl hungriger Mäuler auf 3600 erhöht. Angenommen es werden pro Tag nur 30 Schädlinge pro Vogel gefressen, dann sind das 100 000 am Tag oder drei Millionen vertilgte Schädlinge im Monat. Das hessische Gut Altefeld war 800 Hektar groß und bestand zu je 50 Prozent aus Weideland und Wald. Umgerechnet auf die 400 Hektar Weideland ergibt das 1,5 Starenkästen pro Hektar.

Bürger empfiehlt, auch für Meisen, Bachstelzen, Rotschwänze und andere Arten Nisthilfen zu schaffen, für die Schwalben zu sorgen und für die Freibrüter Hecken und Vogelschutzgehölze anzupflanzen.

Bei einer Erhebung in Altefeld im Jahr 1926 wurden auf einer Länge von einem Kilometer Hecke 135 Vogelnester gezählt. Auch hier rechnet Bürger (1928) mit sechs Tieren pro Nest (zwei Altvögel, vier gezählte Jungen im Durchschnitt), was auf einen Kilometer Hecke in der Brutzeit etwa 800 gierige Schnäbel ergibt.

Bürger (1928) hat bei seinen Beobachtungen festgestellt, dass sich Lebensgemeinschaften zwischen Vieh und Vögeln entwickeln, ja, dass jedes Pferd und jede Kuh ihren gefiederten Liebling habe, der das Weidetier ständig begleite und von Blutsaugern wie Bremsen, Mücken und von Fliegen befreie. In Altefeld konnte Bürger (1928) so die in großen Mengen vorhandene Große Bremsenfliege, die besonders an Waldrändern die Tiere erheblich beunruhigt, fast vollständig loswerden.

Die Engerlinge des Nashornkäfers (Oryctes nasicornis) leben von verrottendem Holz wie Waldbodeneinstreu und Sägemehlhaufen.

Die Larven der Wiesen-Schnake (Tipula paludosa) fressen die Wurzeln von Gräsern.

Fotos: Vanselow

Gegenspieler der Parasiten

Unsere Vorfahren setzten also Vögel gegen die Insektenplagen ein (siehe auch Seite 135 ff. „Schirmbäume auf Viehweiden"). Tancre (1929) setzt in der Bekämpfung der die Graswurzeln fressenden *Tipula*-Schnaken auf Stare. Falke (1920) nennt das Geflügel und bezeichnet insbesondere Hühner als „Feldpolizei". Schneider (1926) empfiehlt Enten im Kampf gegen die Larven der Wiesenschnaken (*Tipula*) und Hühner ganz allgemein gegen Würmer, Maden und Larven im Dung. Auch Strecker (1923) empfiehlt gegen *Tipula* den Hühner-Wagen und zitiert dazu die Erfahrungen auch anderer Landwirte (Fleischer 1913). Er widmet der Vertilgung schädlicher Tiere ein ganzes Kapitel und fasst zusammen:

„*Gegen alles Ungeziefer auf den Wiesen ist außerdem der Schutz nützlicher Tiere anzustreben. In dieser Beziehung bleibt noch viel zu wünschen übrig. Treffend sagt Prof. Anderegg: ,Wie oft greift der Mensch aus lauter Unkenntnis frevelnd in die Naturgesetze ein und würgt seine besten Freunde. Er tötet Kröten, Blindschleichen, Ringelnattern, Bussarde, Wiesel, Igel und klagt über Mäusefraß; er würgt den Maulwurf, die Spitzmäuse, die Feldmäuse und Eulen und klagt über Insektenfraß; er klagt über Engerlinge, Regenwürmer, Schnecken, Käfer und schont nicht die Singvögel!*'" (Zitat aus: Strecker 1923).

Turmfalke auf dem Abflugbrettchen vor dem Eingang zu seinem Nistkasten, der hoch oben über einem Pferdestall auf dem Heuboden angebracht wurde. *Foto: Fersing*

Zwar ist die Feldmaus ein Vegetarier, andere Wildmäuse fressen aber durchaus tierische Kost. Daher ist hier im Zitat vermutlich mit Feldmaus nicht die Art, sondern der Standort freies Feld gemeint, also Wildmäuse allgemein.

Falken kennen wir heute als Mäusejäger. Noch vor hundert Jahren spielten Feld-Grillen (*Gryllus campestris*) auf dem Speiseplan von Falken und Krähen eine wichtige Rolle:

„Der Turmfalke, dem die Grillen in den Frühlings- und ersten Sommermonaten Hauptnahrung sind, fliegt in einigen Metern Höhe, scharf beobachtend, über den Boden dahin. Gewahrt er ein Grillenloch, so hält er sich rüttelnd darüber, bis die Grille unvorsichtigerweise auftaucht. Schnell stößt er dann herab und hat auch fast immer Erfolg. (...) Auch die Krähen sind gute Beobachter. Die Grille steht nicht an erster Stelle auf ihrem umfangreichen Speisezettel, aber sie haben die Schwäche dieses Insekts erkannt und danach ihre Jagdmethode eingerichtet. Entkommt nämlich die Grille in ihr Loch, so befindet sich, da sie vorwärts läuft, ihr Kopf mit den empfindlichen Fühlern und Augen dem Ausgang abgekehrt. Das ist der Grille als sehr vorsichtigem Tier unangenehm, und da der selbstgegrabene Gang zu eng ist, um ein Wenden im Innern zu gestatten, kommt das Tier nach kurzer Zeit noch einmal vor den Eingang, wendet sich blitzschnell um und fährt rückwärts wieder zurück.

Rotschwänzchen mit Beute für die Küken. Auf diesem Hof sind viele alte Gehölze, Hecken und Bäume beheimatet. Foto: Behringer

Vogelschutzgehölze in Pferdehaltungen

Wie können wir Pferdehalter die für eine naturnahe Weidehaltung von Pferden unverzichtbaren Insektenfresser zurück auf unsere Flächen holen? Was für nahrungsreiche Rückzugsräume und Nistmöglichkeiten müssen wir ihnen bieten?

Scheunen, Stallgebäude und Schattendächer boten früher reichlich Eulenlöcher, offene Fenster und Ritzen für die gefiederten Helfer. Die alten Kopfbäume, zumeist Weiden, Pappeln, Linden, aber auch Hainbuchen, boten in ihren hohlen Astlöchern und Stämmen Höhlenbrütern wie Eulen, aber auch Fledermäusen Unterschlupf. Zudem wurden unterschiedlichste Nistkästen ausgebracht. Hühner wurden im Hühnerwagen der Reihe nach auf alle Weideflächen gebracht. Durch Beschneiden verdichtete Hecken und Knicks boten Nistmöglichkeiten.

Kopfbäume boten Höhlenbrütern wie Eulen, aber auch Fledermäusen Unterschlupf

Freiherr von Berlepsch beschäftigte sich zudem mit der gezielten, künstlichen Anlage sogenannter Vogelschutzgehölze. Sie wurden auf wenig genutzten Flächen angepflanzt und zum Teil sehr aufwendig gepflegt. Eine Eins-zu-eins-Übernahme dieser Anweisungen zur Anlage von Vogelschutzgehölzen ist für heutige Pferdehalter kaum sinnvoll da zu arbeitsaufwändig. Dennoch waren die Erfolge und einige Erkenntnisse aus diesen Anpflanzungen so überzeugend, dass die Kernaussagen zeitlos gültig sind. Und was die aufwändige Pflege betrifft, sind durchaus einfache Alternativen zur Umsetzung in der Pferdehaltung denkbar.

Vogelschutzgehölze ähneln stark den traditionellen Hutewaldlandschaften. Beweideter Wald auf einer Pferdeweide in Ungarn. *Foto: Vanselow*

Vogelschutzgehölze und ihre Wirkung

Hans Freiherr von Berlepsch (1857-1933) begründete den wissenschaftlichen und praktischen Vogelschutz auf seiner Wasserburg Schlossgut Seebach in Thüringen, die seit 1936 Vogelschutzwarte ist. Er legte gezielt Schutzzonen für Vögel an, betrieb aber auch Obstbau. Die Obstgehölze in Seebach waren dank der Vögel frei von Schädlingen.

Das älteste von Berlepsche Vogelschutzgehölz in Seebach hatte eine Breite von acht und eine Länge von 212 Metern. Es wurden im Herbst 85 Nester gezählt, das ist ein Nest alle 2,50 Meter (veröffentlicht in der Ornithologischen Monatsschrift von 1904 auf Seite 490). Im Herbst 1906 wurde erneut gezählt. Das Großherzogliche Hessische Ministerium entsandte den Forstmeister Kullmann und den Ornithologen Pfarrer Kleinschmidt. Sie zählten im selben Gehölz auf einer Länge von 103 Metern sogar 73 Nester, was ein Nest alle 1,50 Meter ergibt. Alle Nester bis auf zwei befanden sich in den durch den gezielten Beschnitt herbei geführten quirligen Verästelungen (Hiesemann 1909). In den Jahren 1906 und 1907 wurde allgemein ein deutlich geringerer Vogelbestand in Deutschland festgestellt, so auch in Seebach. Zum Vergleich ein paar andere Nesterzählungen in Hecken: Im schon erwähnten Gestüt Altefeld wurden im Jahr 1926 auf einer Länge von einem Kilometer Hecke 135 Vogelnester gezählt (Bürger 1928),

Eine alte, allerdings wegen der benachbarten Straße nur schmale Weißdornhecke wird auf den Stock gesetzt.

Links die noch hohen Weißdorne vor dem Schnitt. Zur Pferdeweide hin hatten sich die ganze Böschung hinunter auch andere Gehölze angesiedelt.

Wenige Wochen nach dem Schnitt treiben die beindicken Weißdornstämme wieder aus.

Wildbirnen sind dürreresistente Tiefwurzler. Dornen schützen sie gegen Fraß. Ihre herb-aromatischen Früchte sind wenig süß und werden kaum so groß wie ein Tischtennisball. *Foto: Vanselow*

Die von Berlepschen Vogelschutzgehölze waren allerdings nicht zur Beweidung vorgesehen und es wurde daher bei der Anpflanzung auch nicht auf Ungiftigkeit geachtet

Auf keinen Fall dürfen Vogelschutzgehölze nur aus einer oder wenigen Gehölzarten bestehen. Das Gehölz kann nur dann seinen Zweck erfüllen, wenn es extrem vielfältig in seiner Struktur ist. Es geht darum, Ansitze zu schaffen, also Zweige, auf denen die Vögel nach Nahrung Ausschau halten. Es müssen verdichtete Bereiche vorhanden sein in allen Höhenlagen vom Boden bis in die Wipfel, die sich zum Nestbau anbieten. Überall muss Sichtschutz vorhanden und schnell erreichbar sein.
Gehölze sind nicht nur Schutzräume, sondern auch Nahrungsquellen. Das beginnt mit den Blüten und ihren Blütenbesuchern, geht weiter mit Insekten, die das Laub der Gehölze fressen, setzt sich fort in reifen Früchten im Herbst und über den Winter und schließt den Kreis mit der an Insekten und Würmern reichen Laubstreu. Vielfältige Gehölze bieten einen enormen Artenreichtum an Nahrungsquellen. Fehlt dieser und bleiben auch nur über einen kurzen Zeitraum Stechinsekten, Schnaken und andere Quellen aus, dann müssen die Küken in den Nestern verhungern. Daher reicht es nicht, Nisthilfen anzubieten. Für alle Eventualitäten wie anhaltende Dürre, Dauerregen oder Sturmlagen müssen erreichbare Futterquellen in der Umgebung vorhanden sein.
Von Berlepsch hat in seinen Vogelschutzgehölzen durch wiederholten, systematischen radikalen Rückschnitt für besenartige Verästellungen und somit ideale

Nistmöglichkeiten gesorgt. Die von Berlepschen Vogelschutzgehölze waren allerdings nicht zur Beweidung durch Haustiere vorgesehen und so wurde bei der Anpflanzung auch nicht auf Ungiftigkeit geachtet.

Der moderne Naturschutz löst in seinen Halboffenen Weidelandschaften die Aufgabe des Gärtners anders: Weidetiere, die im Winterhalbjahr Gestrüppe beweiden dürfen, erzeugen einen ganz ähnlichen Effekt wie das künstliche Beschneiden.

Esel und kleine Wiederkäuer dürfen jedoch nicht zu lange an den Gehölzen fressen. Diese Tiere haben Gehölze auch bei reichlich Gras immer auf ihrem Speisezettel und zerstören die Pflanzen. Esel ringeln sogar die Stämme alter Bäume und vernichten so in kurzer Zeit riesige Schirmbäume.

Haustiere übernehmen damit die Funktionen, die ursprünglich Rehe, Hirsche und der ausgestorbene Europäische Wildesel in den Fraßsavannen Europas inne hatten.

Wer seinen Tieren Freiheit schenken möchte, muss sich allerdings der Tatsache bewusst sein, dass Dorngestrüpp ein Verletzungsrisiko darstellt.

Die Versuche von Berlepschs haben gezeigt, dass es sinnvoll ist, den Rückschnitt der Vogelschutzgehölze immer nur kleinteilig vorzunehmen, nie die ganze Anpflanzung zur gleichen Zeit. Zudem sind die verschiedenen Gehölzarten unterschiedlich zu behandeln. Die Intervalle des Rückschnitts betragen mehrere Jahre.

Gehölze müssen ausreichend breit und am besten dornenbewehrt sein, um Vögeln Sicherheit zu bieten. Nest in einer Wildrosenhecke. Foto: Fersing

Dieselbe Hecke aus anderer Perspektive: Die Dornen erlauben nur ein vorsichtiges Beknabbern der äußeren Zweige. Foto: Fersing

Rechts: Pflanzung im Verband auf Lücke – Anordnung der Weißdorne und Wildrosen in den Von Berlepschen Vogelschutzgehölzen. Nach H*IESEMANN (1909). Zeichnung: Vanselow*

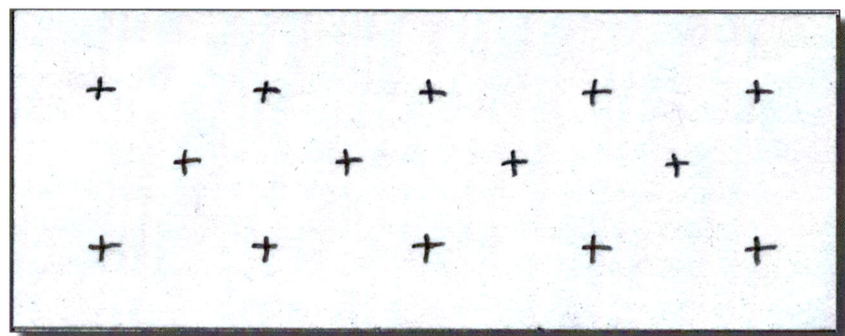

Im ersten Jahr wird in einem Rechteck die Grundfläche mit Weißdorn bepflanzt. Der Abstand der Pflanzen und Reihen beträgt 80 bis 100 Zentimeter je nach Bodengüte, wobei die Gehölze von Reihe zu Reihe jeweils auf Lücke gesetzt werden (siehe Abbildung oben). Jede zwölfte Pflanze ist statt eines Weißdorns eine Hain- oder Rotbuche.

Vogelschutzgehölz vor dem ersten Schnitt, nach dem ersten Schnitt, nach dem zweiten Schnitt (von links). Nach H*IESEMANN (1909) Zeichnung: Vanselow*

Er empfiehlt, die Anpflanzung gut zu gießen und zu jäten. Es wird keine Beweidung durch Wildtiere zugelassen und die Anpflanzung meterhoch eingegattert.

Zusätzlich ersetzt von Berlepsch nach dem Muster in Abbildung Seite 235 regelmäßig Weißdorne durch wenig beschattende Schirmbäume, also Eberesche (*Sorbus aucuparia*) und Eiche (*Quercus robur*), und pflanzt entsprechend dem Schema Stachelbeeren, Wacholder, Fichte und Holunder. Bereits auf der Fläche vorhandene Gehölze können dabei eingebunden werden.

Diese Innenfläche wird durch zwei bis drei Reihen Wildrosen als Hecke umrahmt. Die Rosen werden mit einem Pflanzabstand von 50 Zentimetern zwischen den Reihen und Pflanzen genau wie die Weißdorne gesetzt (siehe Abbildung links).

Sollten nicht alle Gehölze im ersten Jahr der Anpflanzung zu beschaffen sein, dann werden Lücken für diese Gehölze gelassen oder Weißdorne als Lückenhalter gepflanzt, die im zweiten Jahr durch die endgültigen Gehölze ersetzt werden. Die dabei entnommenen Weißdorne können anderweitig verwendet werden.

Im dritten bis fünften Jahr, je nach Bodengüte, wird bei guter Entwicklung alles, was Schnitt verträgt, auf den Stock gesetzt. Das bedeutet, Weißdorn, Weiß- und Rotbuche werden kurz über dem Boden geschlagen, während Wacholder, Eiche, Vogelbeere, Fichte,

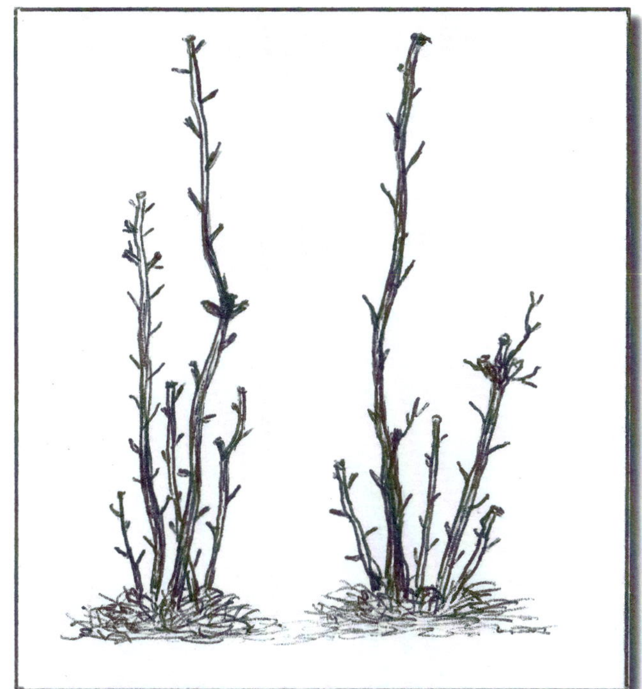

Frisch beschnittene Büsche. Nach Hiesemann (1909).
Zeichnung: Vanselow

Stark beschnittene Rose mit quirliger Verästelung. Vögel benötigen solche Strukturen als Unterlage für den Nestbau. *Foto: Vanselow*

Alte Linde (Tilia) in einer Allee auf einem Gutshof. Die Seitenäste wurden regelmäßig entfernt, die Krone gekappt. Die stark beschnittenen Bäume waren schlank genug, um Fuhrwerke passieren zu lassen, und boten Nistmöglichkeiten für Vögel, in den Astlöchern auch Unterschlupf für Fledermäuse. Foto: Vanselow

Holunder und die Rosenhecke stehen bleiben (siehe Abbildung Seite 236 unten). Die abgeschlagenen Gehölze verästeln sich dadurch buschig.

Im sechsten bis neunten Jahr, je nach Boden, werden die Weißdorne, Weiß- und Rotbuchen erneut auf den Stock gesetzt. Diesmal bleibt aber alle fünf bis sechs Schritte ein Busch als sogenannter Standbusch stehen. Dieser wird danach anschließend gezielt anders beschnitten (siehe Abbildung Seite 237): Die durch das erste Beschneiden erzielten Bodenaustriebe werden nun in unterschiedlichen Höhen geköpft (0,50, 1,00, 1,50 und 2,00 Meter) und ihre Seitenzweige werden kurz über stammnahen Knospen gekürzt.

Alljährlich im Herbst werden nun alle Standbüsche an den gebildeten Quirlen erneut eingekürzt, um attraktive Nistunterlagen zu schaffen. Der Zeitpunkt ist wichtig: „*Je früher der Schnitt vorgenommen wird, desto eher erfolgt der Austrieb. Der Herbstschnitt ist also mit Rücksicht auf die frühen Bruten dem Frühjahrsschnitt vorzuziehen*“ (Zitat aus: HIESEMANN 1909).
Alle vier bis sechs Jahre werden die Weißdorne, Weiß- und Rotbuchen, die keine Standbüsche sind, auf den Stock gesetzt. Dazu wird das Gehölz in mehrere Schläge aufgeteilt. Nie dürfen alle Schläge gleichzeitig abschlagen werden, damit die Vögel eine möglichst hohe Vielfalt an Strukturen vorfinden. Zur Brutzeit sollten die Vögel Ruhe haben. In dieser Zeit sollte das Vogelschutzgehölz an seinen Rändern nicht beweidet werden, es sollte keine Entnahme von Reisig stattfinden und kein Rückschnitt erfolgen.
Neben diesen Vogelschutzgehölzen pflanzte von Berlepsch in Seebach für die Vögel auch Hecken aus geköpften Fichten und eine Pappel-Allee, die geköpft und seitlich geschneitelt wurde. Entsprechendes sieht man heute noch teilweise an alten Linden, die allerdings zumeist lange nicht mehr beschnitten wurden.
Das Herbstlaub unter den Gehölzen rät Hiesemann nicht zu entfernen. Es bildet intensiv belebten Humus und ist ein wichtiges Substrat für die tierische Nahrung der Vögel.

Was könnte man heute anders machen?

Der Naturschutzbund (NABU) sieht für seine Vogelschutzgehölze keinen Rückschnitt vor und wenn, dann nur im Winter. Ohne Rückschnitt setzt bei manchen Gehölzen, beispielsweise beim Weißdorn, jedoch keine starke Dornenbildung ein und es kommt nicht zu den verästelten Verdichtungen, die beschnittene und intensiv verbissene Dornbüsche für Vögel und Insekten so attraktiv machen. Für ungeeignet zum Nestbau hielten Hiesemann und von Berlepsch die Haselnuss, die Korb- und die Salweide. Diese Gehölze stellen allerdings mit ihren interessant hohen Mineralgehalten eine ideale Laubweide für Pferde dar. Wenn diese Gehölze weniger Nester tragen, dann dürfen Pferde an ihnen durchaus auch gelegentlich ihren Mineralbedarf decken.

Knabberhölzer für Pferde ergänzen Schutzgehölze für Vögel

Man könnte Vogelschutzgehölze nach von Berlepsch, die im Sommer abgezäunt sind, im Winter durch Ziegen und Esel beweiden lassen. Daneben können Inseln als Knabbergehölze für Pferde gepflanzt werden. Denkbar sind hierfür neben Sal- und Korbweide beispielsweise auch die Bruch-, Silber- und Trauerweide. Allgemein bevorzugen Pferde die nackten Weidenarten deutlich vor den behaarten.
Stämme und ihre empfindliche Rinde müssen aber unbedingt außerhalb der Reichweite der Leckermäuler stehen. Die Stämme können durch wehrhafte Dornbüsche

geschützt werden, ganz so, wie der Eichelhäher die Eicheln im Schutze der Dornbüsche versteckt und so den nächsten Schirmbaum der Savanne automatisch vor Fraß und Vernichtung bewahrt.
Heilwirkungen und Mineralgehalte der Gehölze geben die Tabellen 2.2 und 2.3 an (siehe Seiten 71 und 79).
Als natürlicher Verbissschutz bieten sich Weißdorn, Brombeeren und Rosen an.

Dornenranken können Bäume vor Pferdezähnen schützen

Dornige Zweige und Ranken kann man zu einem lebendigen Freiwuchs-Schutzgitter verflechten, mit dem die Stämme der Bäume geschützt werden. Dichtes Flechtwerk ist zudem ein guter Nistplatz. Schon allein das Bündeln und feste Zusammenbinden mehrerer Zweige in einem Gebüsch wird von Vögeln gerne als Nistgelegenheit angenommen (Hiesemann 1909).
Die meisten Pferde wird ein dichter, stabiler Dornen-Ringzaun von der Rinde schmackhafter Bäume vermutlich abhalten, nicht aber Ziegen oder langhaarige Rinderrassen, die nach einer Kratzmöglichkeit suchen.
Schließlich könnten als Laubfutter genutzte Gehölze zur Abrundung spitzer Ecken an den Weideflächen hinter dem Zaun gepflanzt werden. Solche Zaunecken stellen immer eine Verletzungsgefahr für tobende Pferde dar, wenn ein rangniedriges Pferd auf einmal keinen Ausweg mehr sieht oder ein Tier seine Geschwindigkeit falsch eingeschätzt hat. Steht dort in einer abgekürzten, entschärften Ecke ein Busch, können die Tiere zudem die überhängenden Äste beknabbern und sich unter die Schatten spendende Krone stellen.

Stämme und junge Pflanzen werden befressen und sollten einige Jahre nicht frei zugänglich sein.
Foto: Fersing

Hier wurde eine zehn Jahre alte Hecke erst auf den Stock gesetzt und in den folgenden zwei Jahren immer wieder irrtümlich mit dem Balkenmäher gemäht.

Rückschnitt und Pflegefehler

Wie vertragen Sträucher ständigen radikalen Rückschnitt? Ein anschauliches Beispiel: Als Ausgleichsmaßnahme für den Bau eines Radweges zwischen Straße und Feldern wurde eine Hecke gepflanzt.

Verwendet wurden heimische Wildgehölze: Roter Hartriegel, Gewöhnlicher Schneeball, Feldahorn, Hasel, Schlehe, Weißdorn, verschiedene wilde Rosen, Brombeeren und eine Rotbuche als Schirmbaum.

Nach gut zehn Jahren wurden die Büsche im Dezember 2017 auf den Stock gesetzt, also zehn Zentimeter über dem Boden radikal zurückgeschnitten (siehe Foto oben).

Zustand der Hecke im Juni 2019: Aufwuchs nach dem wiederholten Abmähen. Fotos: Vanselow

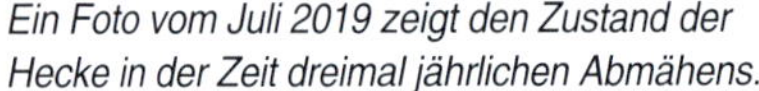

Ein Foto vom Juli 2019 zeigt den Zustand der Hecke in der Zeit dreimal jährlichen Abmähens.

Der letzte Schnitt erfolgte Ende November 2019, kurz nachdem dieses Foto aufgenommen wurde.

Danach wurde die Hecke irrtümlich zwei Jahre lang zusammen mit dem Wegrand und Straßengraben bis zu dreimal im Jahr mit dem Balkenmäher gemäht.

Die Bilder aus Juni und Juli 2019 (Foto Seite 241 unten, 242 oben) zeigen den Zustand der Hecke in dieser Zeit. Der letzte versehentliche Schnitt erfolgte Ende November 2019.

Nachdem der Irrtum bemerkt worden war, durften die Gehölze ab 2020 wieder hochwachsen. Feldahorn, Hasel, Hartriegel und Schneeball erholten sich sofort und

Feldahorn, Hasel, Hartriegel und Schneeball erholten sich schnell. Schlehen und Weißdorn hatten anfangs Probleme, sich gegen die erstarkten Brombeeren durchzusetzen. *Fotos: Vanselow*

Die Rosen waren am stärksten geschwächt. Sie brauchten fast zwei Jahre, um erste Triebe über die Brombeeren zu erheben.

wuchsen bis zum Sommer 2022 zu stattlichen Büschen heran. Schlehe und Weißdorn hatten anfangs Probleme, sich gegen die erstarkten Brombeeren durchzusetzen, und waren durch die häufigen Schnitte sichtlich geschwächt. Die Rosen zeigten die stärkste Reaktion auf das Abmähen. Sie waren am meisten geschwächt und brauchten fast zwei Jahre, um erste Triebe über die Brombeeren zu erheben.
Zu beobachten ist, dass alle Lücken in der Hecke sich allmählich wieder schließen und die Hecke dicht wird.

Alle Lücken in der Hecke schließen sich nach zwei Jahren nun langsam wieder, und ein natürliches Gleichgewicht stellt sich ein. *Fotos: Vanselow*

Kapitel 7

Der Organismus „Bauernhof"

Unsere Vorfahren hatten eine ganzheitliche Sicht auf den Bauernhof. In Deutschland verstanden sich viele Bauern traditionell als Glied einer langen Kette im Leben des von ihnen geerbten und vererbten Hofes. Nicht selten blieb eine Hofstelle über Jahrhunderte das Zentrum einer Familie.

Die Schriften von Goethe und Thaer drückten das Empfinden ihrer Zeit aus und prägten noch Generationen nach ihnen. So formuliert HAUCK (1952), das *„innere Wesen der Landschaft"* fände *„seine äußere Gestalt in verschiedenen Formen"*.

Landschaft wurde als *„lebendiges Ganzes"* gesehen, ihre *„Elemente"* als *„Glieder eines Organismus und nicht zufällig summierte Teile"* (HAUCK 1952).

Dörfer versuchten, *„sich in sich selbst als Individuum abzuschließen"* (HAUCK 1952). Jeder bäuerliche Hof stelle *„einen kleinen Organismus dar, der früher wirtschaftlich ganz auf sich gestellt und in sich geschlossen war, heute aber schon vielseitig mit der gesamten Volkswirtschaft verflochten ist. Betrachtet man die Landschaft als lebendiges Wesen, so muß man dazu begreifen, welche Rolle der Mensch darin spielt. Auf der einen Seite ist der Mensch, besonders die bäuerliche Bevölkerung – in*

Links: Diese Viehweide gehört seit Jahrhunderten zu einem Hof, der seit Generationen innerhalb der Familie weitergegeben wird. Die Vorfahren haben auch die Gehölze gepflanzt, die heute Pferden statt Rindern Schutz und Nahrung bieten.
Oben: Wie viele Tiere wohl schon über diesen Viehpfad gelaufen sind? Trotz anhaltender Sommerdürre konnte das Gras im Schatten nachwachsen. *Fotos: Vanselow*

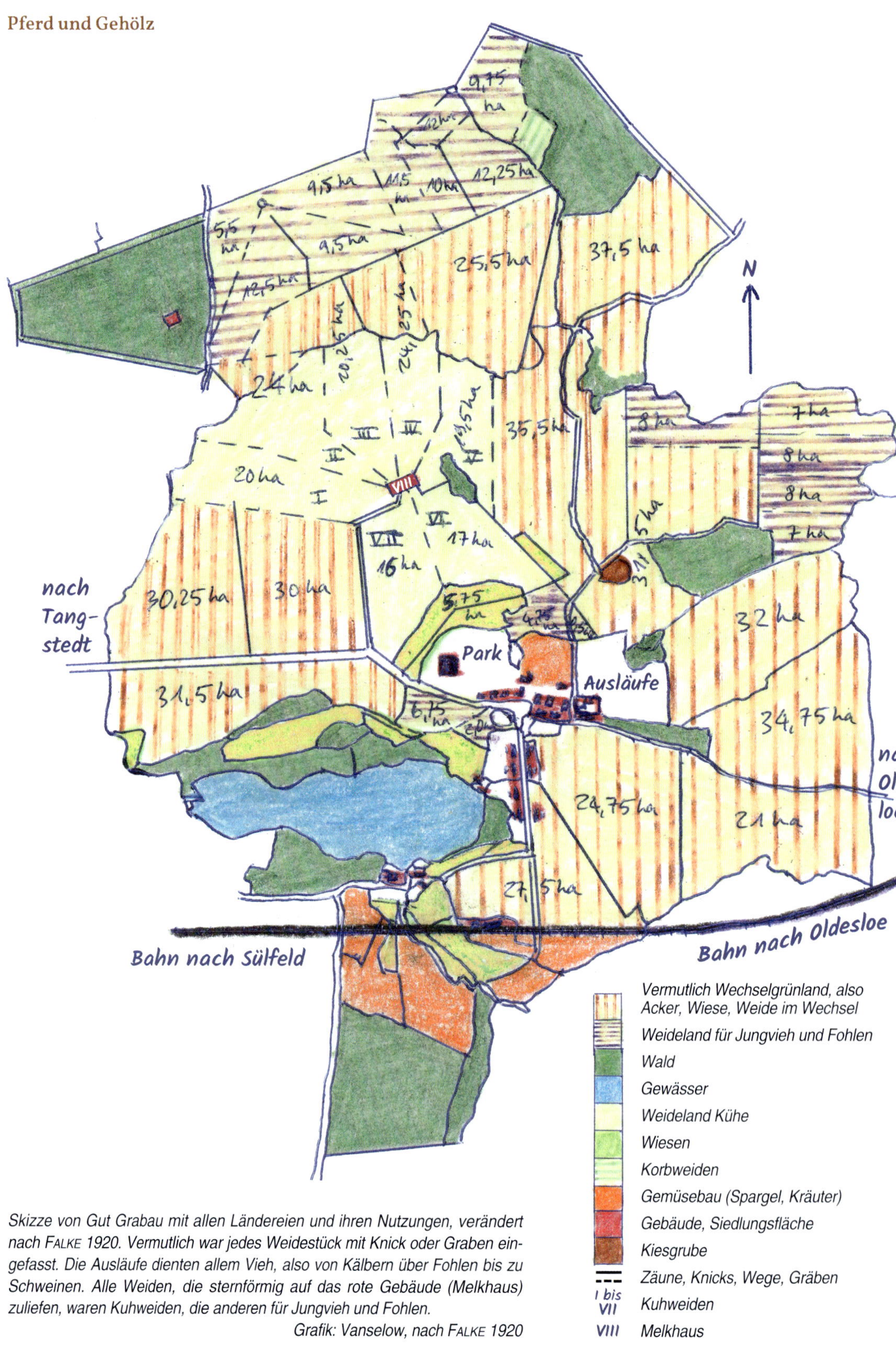

Skizze von Gut Grabau mit allen Ländereien und ihren Nutzungen, verändert nach FALKE 1920. Vermutlich war jedes Weidestück mit Knick oder Graben eingefasst. Die Ausläufe dienten allem Vieh, also von Kälbern über Fohlen bis zu Schweinen. Alle Weiden, die sternförmig auf das rote Gebäude (Melkhaus) zuliefen, waren Kuhweiden, die anderen für Jungvieh und Fohlen.

Grafik: Vanselow, nach FALKE 1920

übertragenem Sinn – ein Geschöpf der Landschaft, in jahrhundertelanger Siedlung von den Kräften der Landschaft geprägt. (...) Die Rolle des Menschen in der Landschaft ist eine doppelte, einmal ihr Geschöpf, ist er andererseits auch ihr Schöpfer – oder ihr Zerstörer, ja nachdem, in welche Richtung er die Kräfte der Natur bewußt oder oft unbewußt lenkt. Der Mensch ist nicht allein in der Landschaft, er steht im Spiel der Naturkräfte mitten drin. Jeder Fehler, und sei er im Augenblick nur gering erscheinend, wird von der Natur korrigiert. Auf jeden Eingriff reagiert die Natur mit einem Widerstand lebendiger Art. Wahrhaft schöpferisch in der Natur wird der Mensch nur da, wo er sich ihren Gesetzen einordnet, wo er versucht, ihre Regeln zu begreifen, und wo er zum harmonischen Ausgleich der Naturkräfte hinstrebt. Im Leben der Natur gibt es keinen Gleichgewichtszustand von Dauer, kein totes Schema. So entspringt eine echte, dauernde Fruchtbarkeit dem immer neu zu schaffenden Ausgleich der sich befruchtenden Elemente. Das harmonische, gesunde Zusammenleben von Naturkräften und menschlichem Geist sichert dem Menschen erst eine Landschaft als Lebensraum, erhält Äcker und Gärten fruchtbar und schön" (Zitat aus: Hauck 1952).

Gut dokumentiertes Beispiel: Das adlige Gut Grabau um 1920

Ganz unabhängig von jedem möglicherweise romantisierenden Blickwinkel stellten Höfe als unabhängige Selbstversorger besonders in Krisenzeiten eine wirtschaftlich stabile Grundeinheit dar. Ein kartographisch dokumentiertes, in sich weitgehend autarkes Ökosystem finden wir am historischen Beispiel von Gut Grabau in Schleswig-Holstein vor einhundert Jahren.

Die Karte links zeigt Grabau zum Zeitpunkt ihrer Erstellung (vor 1920) als vorrangig Milchviehbetrieb, aus dem wenig später ein Pferdebetrieb der Kavallerie wurde.

Die detaillierte Karte dieses alten adeligen Rittergutes mit Einzeichnung aller Nutzungen und Strukturierungen in seiner Fläche (Falke 1920) verdeutlicht, wie wirtschaftlich breit gestreut und vollständig seine Einzelaspekte waren. Neben Grasland und Ackerland spielten Gehölze für alle nur denkbaren Nutzungsformen für Eigenbedarf und Handel eine wichtige Rolle.

Die langfristigen Schwerpunkte der Höfe veränderten sich entsprechend der Nachfrage des Handels.

Die Anlage solcher oft mehrere hundert Hektar großen, adeligen Höfe war den Erfahrungen aus Krisen durch anhaltend ungünstige Witterung, kurzfristige Turbulenzen in der Wirtschaft, vor allem aber auch den vielen Kriegen in Europa geschuldet. Der Erste Weltkrieg war ein weiteres einschneidendes Ereignis, das zu dem Schluss führte, dass *„der Selbstversorgergedanke wieder in den Vordergrund gebracht werden"* müsse Walther 1932).

Junges Braunvieh in der Schweiz. *Foto: Würth*

Für heutige Pferdehalter können die Angaben aus der Vergangenheit bedeuten, dass eine Mischbeweidung von einem Pferd auf etwa sieben junge oder kleinwüchsige Rinder langfristig gute Weideerfolge mit hoher Artenvielfalt der Futtergrundlage ergeben könnte.

Da es viele vom Aussterben bedrohte alte und kleinwüchsige Rinderrassen in Europa gibt, die teilweise kaum größer werden als ein großes Shetty oder ein Exmoorpony, könnte hier ein Beitrag auch zum Erhalt dieser alten Haustierrassen geleistet werden. Irische Dexter, norwegische Norland, Blacksided, Trondheim, Doelafe oder Telemark Rinder, Fjäll Rinder (Bergkühe) aus Schweden oder dänische Jersang Rinder, eine beonders genügsame Kreuzung aus dem alten Angler Rind mit dem altem Jersey Rind für die nährstoffarmen Sandböden der dänischen Inseln, sind leichte, kleine und robuste Rassen, von denen sich eher eine kleine Herde bilden lässt als von den heute üblichen großen, schweren Rinderrassen.

Bei den Schafen und Ziegen gibt es ebenfalls zahlreiche Rassen, sowohl vom Aussterben bedrohte alte Rassen als auch moderne Züchtungen. Bei den Schafen gibt es immer mehr Rassen von Haarschafen, die im Gegensatz zu Wollschafen nicht geschoren werden müssen.

Bei den Ziegen sind die schweren, weniger springbegeisterten Fleischziegen als Zäune respektierende Weidebegleiter beliebt.

Manche Pferde jagen gerne andere Tierarten. Wo das der Fall ist, sollten die Tierarten getrennt nacheinander auf die Weiden kommen.

Überwiegend einheimische Rassen findet man über die Gesellschaft zum Erhalt alter und gefährdeter Haustierrassen (GEH, siehe Linkliste im Anhang) mit ihren Arche-Projekten. Tiere und eine gute Beratung in Bezug auf Haltung, Bedürfnisse und Gefährdung der Rasse bieten die Haustierparke.

Heutigen Pferdehaltern können die Angaben aus der Vergangenheit dabei helfen, ein günstiges Verhältnis der Tierarten bei Mischbeweidung von Pferden und Rindern mit langfristig guten Weideerfolgen und hoher Artenvielfalt der Futtergrundlage zu erreichen. *Foto: Fersing*

Gehölze des Hofes damals und heute

Walnuss

Mindestens ein Walnussbaum stand früher auf jedem Hof. Die in der Form dem Gehirn des Menschen ähnelnde Nuss wurde als Zeichen dafür betrachtet, dass dieser Baum quasi der Kopf, das geistige Zentrum des Hofes sei. Genutzt wurde alles an diesem Baum: die Nüsse, sein wertvolles Holz, die Blätter und die grünen Fruchtschalen als Heildroge und zum Färben. Walnussbäume zieht man nicht aus den Nüssen, sondern die gezüchteten Sorten werden genau wie Obstbäume gepfropft. Heute besonders selten geworden sind die fast hühnereigroßen Schälnüsse. Das sind spezielle Zuchtsorten, die weniger wegen ihrer Walnussskerne als vielmehr wegen ihrer grünen Schalen zum Färben genutzt wurden. Walnüsse mögen tiefgründige, fruchtbare Böden und brauchen eine mild-warme, geschützte Lage. Sie sind Tiefwurzler und können je nach Sorte bis zu 25 Meter hoch werden. Ihre Lebenserwartung liegt bei 150 bis 200 Jahren.

Links: Der Stamm einer uralten Walnuss am Waldrand hinter dem Zaun einer Pferdeweide.

Oben: Das Laub der jungen Walnuss ist für hungrige Mäuler gut erreichbar. Zu Beginn des Sommers ist das zarte Grün des Walnussbaums besonders reich an Vitamin C.

Fotos: Vanselow

Rosskastanie

Rosskastanien sind wegen ihres besonders dunklen Schattenwurfs nicht nur als kühlende Bepflanzung für Biergärten beliebt. Sie spendeten auch auf vielen Gutshöfen Schatten. Die Kastanien werden noch heute als Winterfutter für Vieh und Wild, insbesondere für Schweine und Hirsche, gesammelt. Die prächtigen Blütenkerzen sind beliebte Hummelblumen, ziehen aber auch andere Bestäuber an. Die Gewöhnliche Rosskastanie ist ein sehr wüchsiger Baum mit einer Lebenserwartung von zumeist weniger als 150 Jahren, obwohl Bäume von etwa 300 Jahren Alter bekannt sind. Sie liebt tiefgründige, nährstoffreiche Böden und kann über 30 Meter hoch werden.

Kastanienallee: Das Laub der Rosskastanie ist besonders dicht und wirft daher angenehmen Schatten. *Foto: Vanselow*

Wacholder

Auch der Wacholder, vielen bekannt als Machandelboom aus dem Märchen, stand auf vielen Höfen. Dieses immergrüne Gehölz galt als heiliger und schützenswerter Lebens-Baum, Verjüngerer von innen her. Auf norwegischen Gebirgsalmen wurde traditionell ein Sud aus Wachholder zum täglichen Reinigen der Holzgerätschaften und -geschirre in der Käsezubereitung genutzt. Sein alter Name Quickholder ist mit „erquicken" also „lebendig machen", verwandt. Er ist eine Heil-, Räucher- und Würzpflanze und stammt aus nährstoffarmen, oft sandigen Gegenden wie Heiden. Für Vögel ist er ein beliebter Zufluchtsort bei Gefahr durch Greifvögel. Gern wird er als Nistplatz angenommen.

Gepflanzter Wacholder in einem alten Gutsgarten, vermutlich ein Schuppenwacholder (Juniperus squamata). *Foto: Vanselow*

Pferde verteilen gern den insektenabwehrenden Geruch des Holunders im Fell und können Jungpflanzen durch ihr Scheuern verletzen. *Foto: Fersing*

Holunder

Schwarzer Holunder durfte auf keinem Hof fehlen. Er galt als heiliger Baum des Hauses und war schon den Kelten und Germanen heilig. In Pferdehaltungen ist er beliebt, denn er wird kaum verbissen, hält den Tieren aber das Ungeziefer fern und spendet Schatten. Verschiedenste Rezepte gibt es zur Nutzung der Blüten und der reifen Beeren, die Heilwirkung haben. Viele Bestäuber werden vom betörenden Duft der Blütenpracht angezogen, ebenso wie die schwarzen Beeren viele Vögel ernähren. Das weiche Mark der getrockneten Zweige diente früher Botanikern als ein dem Styropor ähnliches Material, um mit der Rasierklinge feinste Schnitte von pflanzlichen Strukturen für das Mikroskop herzustellen. Im Gegensatz zu Styropor macht es die Klinge nicht stumpf.

Holunder siedelt sich häufig von selbst an. Jungpflanzen sollten anfangs gegen Scheuern und Zertreten geschützt werden. Weder das Holz noch Blüten, Laub oder Beeren werden von Pferden gefressen, solange ausreichend Futter verfügbar ist. *Foto: Fersing*

Zierapfel

Wer als Pferdehalter eine natürliche Alternative zu gekauften Leckerli sucht, kann einen Zierapfel (*Malus*, aber auch Gattungshybriden wie *xMalosorbus*) pflanzen.

Je nach Sorte können die winzigen Äpfel genau wie Obstsorten sehr unterschiedlich im Geschmack und in ihrer Farbe sein. Getrocknet sind die wohlschmeckenden Sorten eine gesunde Belohnung.

Wie die Wildfrüchte aus dem Knick können sie auch für den menschlichen Verzehr genutzt werden, nicht nur gegoren zu Spirituosen. Die Blütenpracht der Zieräpfel ist eine wichtige Bienenweide. Zieräpfel können als Bestäuber geeignet sein.

Die je nach Sorte kirsch- bis pflaumengroßen Zieräpfel können zu Nahrungsmitteln verarbeitet, zu Pferdeleckerli getrocknet oder als Vogelfutter am Baum hängen gelassen werden. Ihre Blüten sind wichtige Bienennahrung im Frühjahr, ihr Pollen bestäubt andere Apfelbäume. Foto: Vanselow

Linden

Auf allen größeren Höfen bilden Linden *(Tilia)* Alleen. Oft wurden sie zu Kopfbäumen geschnitten, damit sie nicht zu viel Schatten warfen und zu groß wurden.

Lindenblüten sind eine wichtige Heildroge. Zudem ist die Lindenblüte für die Imkerei von größter Bedeutung.

Vor allem junge Linden sind durch Verbiss gefährdet und benötigen einen schützenden Zaun. Ältere Bäume können oft ohne Schutz auf den Weiden stehen, solange genug Futter vorhanden ist.

Heimische Linden, aber auch die Schwarzpappel, werden durch Hybridisierung mit eingeführten Arten immer seltener.

Linden bieten vielen Vögeln Nistmöglichkeiten. Uralte Linden mit hohlen Stämmen sind oft Fledermausquartiere. Ihre Blüten im Sommer bieten Insekten reichlich Nahrung – nicht nur den Blütenbesuchern, sondern auch Jägern wie der Libelle. Foto: Vanselow

Edelkastanie

Ein durch den Klimawandel sehr interessant gewordener Baum, auch in der Pferdehaltung, ist die Esskastanie (Edelkastanie, *Castanea sativa*). Ihre Kalium sammelnden Laubblätter haben eine bodenverbessernde Wirkung (Oberdorfer 1983). Kastanien-Niederwälder wurden von den Römern zur Produktion von Rebstecken für den Weinbau angepflanzt. Der Baum bevorzugt grasreiche Eichenwälder der Tieflagen und somit traditionelle Hutewälder des Südens.

Edelkastanien (Castanea sativa) sind wunderbare Schirmbäume auf Pferdeweiden. *Foto: Vanselow*

Die Edelkastanie gilt als Halbschattholzart, ist recht verbissfest und wächst gerne auf Viehweiden. Sie ist ein über 30 Meter hoch werdendes Nutzholz und ein Fruchtbaum. Als Tiefwurzler besiedelt sie mittelgründige, lockere sandige Stein- und Lehmböden, die mäßig trocken bis sickerfrisch sind.

Die Rote Rosskastanie (Aesculus x carnea) ist ein Hybrid zwischen der Gemeinen Rosskastanie (Aesculus hippocastanum) und der aus den USA stammenden Roten Pavie (Aesculus pavia). Die Hybriden sind empfindlich, weniger wüchsig und von kürzerer Lebensdauer. Als Straßenbaum mit gewisser Robustheit gilt die Zuchtsorte „Briotii".

Baumhasel

Die Baumhasel (*Corylus colurna*) wird mit dem Klimawandel ebenfalls zunehmend interessant. Bisher findet man sie eher selten als Straßenbaum. Sie wird knapp über 20 Meter hoch.

Stamm und Blätter der Baumhasel.

Gehölze am Misthaufen

Zur Beschattung des Misthaufens wurden früher ebenfalls Gehölze gepflanzt. Stutzer empfiehlt, an den Längsseiten der Dungstätte schnellwachsende, sich gut belaubende Gehölze zu verwenden. Er rät dazu, in direkter Nähe zum Mist Schwarzen Holunder zu verwenden und weiter außen Silberpappeln zu pflanzen (STUTZER 1922).

Links: Junge Silberpappel. Alte Silberpappeln zeigen eine andere Blattform.

Ganz links: Einst gepflanzt zur Beschattung von Misthaufen, heute gern gesehen in Offenstallanlagen: Schwarzer Holunder.

Fotos: Vanselow

Klimawandeltaugliche Hecken für Insekten und Vögel aus nicht heimischen Gehölzen

Wo immer möglich sollten heimische Gehölze gepflanzt werden, doch geht das nicht in jedem Fall. Bei Pflanzungen direkt auf dem Hof finden sich manchmal bereits vorhandene Gehölze, die vielleicht integriert werden sollen. Viele Pferdehalter wollen an den Weideflächen zusätzlich etwas für die Artenvielfalt tun. Manche Gehölze sind für besondere Eigenschaften bekannt und interessant.

Die Prachthimbeere (Rubus spectabilis) ist ein imposanter Blütenstrauch im Untergrund feuchter Böden, gerne an Ufern. Sie stammt von der nordamerikanischen Westküste. Ihre Früchte sind essbar, wässriger und weniger aromatisch als unsere heimische Himbeere. Fotos: Vanselow

Tabelle 7.2: Nicht heimische Gehölze

Dt. Name	Lat. Name	Heimat	Einstufung als Neobiot nach BfN	Einstufung durch Clinitox*	Nutzen für heimische Fauna
Schneebeere	*Symphoricarpos albus*	Nordamerika	Beobachtungsliste: Es gibt Hinweise, dass die Schneebeere die heimische Flora verdrängt	Giftig +	Die Blüten bieten vielen Insekten Nahrung. In ihrer Heimat wird die Schneebeere von Schafen und Hirschen gefressen, die weißen Beerenfrüchte unter anderem von Vögeln
Schmetterlingsstrauch	*Buddleja davidii*	China und Tibet	Handlungsliste: Es gibt die begründete Annahme, dass er die heimische Flora verdrängt	kein Eintrag	Blüten bieten in der mit der Lindenblüte einsetzenden, besonders blütenarmen Zeit zwischen Juli und August zahlreichen Insekten Nahrung
Baum-Hasel	*Corylus colurna*	Südosteuropa bis Himalaya	kein Eintrag	kein Eintrag	Laubfuttergehölz, prädestiniert als Gehölz für den Klimawandel
Weiße Maulbeere	*Morus alba*	China	kein Eintrag	kein Eintrag	süße Früchte, Futter der Seidenspannerraupe, Heilpflanze
Esskastanie	*Castanea sativa*	Süd- und Westeuropa	kein Eintrag	kein Eintrag	Laubfutter, Insektenfutter, Fremdbestäubung nötig für Fruchtansatz
Bienenbaum	*Tetradium daniellii*	nördliches China und Korea	kein Eintrag	kein Eintrag	Blütezeit von Juni bis August, gute Bienenweide, Bäume männlich oder weiblich

Fortsetzung Tabelle 7.2: Nicht heimische Gehölze

Dt. Name	Lat. Name	Heimat	Einstufung als Neobiot nach BfN	Einstufung durch Clinitox*	Nutzen für heimische Fauna
Warzige Berberitze	*Berberis verruculosa*	China	kein Eintrag	kein Eintrag, nur *Berberis vulgaris* als „schwach giftig +"	interessant für Vögel da immergrüner Strauch, stark dornig, Insektenblüten, Beerenfrüchte
Gewöhnliche Zwergmispel	*Cotoneaster integerrimus*	von Europa bis China und Indien	heimisch, aber für Teppich- (*C. dammeri*), Sparrige (*C. divaricatus*) und Fächer-Zwergmispel (*C. horizontalis*) gibt es Hinweise bzw. die begründete Annahme der verdrängenden Wirkung auf die heimische Flora	kein Eintrag	nicht dornig, sommergrün, Insektenblüten, Früchte gutes Vogelfutter, Vogelverbreitung der Samen. Die Zwermispeln sind eine Hauptwirtsgruppe des für Obstgehölze gefährlichen Feuerbrands. In der Schweiz sind seit dem 1. Mai 2002 Einfuhr, Produktion und Inverkehrbringen von Zwergmispeln verboten!
Europäischer Feuerdorn	*Pyracantha coccinea*	Südeuropa, Kleinasien, Kaukasus	kein Eintrag	kein Eintrag	Für Vögel interessanter immergrüner, dorniger Strauch, Insektenblüten, erbsengroße Kernobst-Früchte und deren Samen Vogelfutter im Winter.
Pracht-Himbeere	*Rubus spectabilis*	nordamerikanische Westküste	kein Eintrag	kein Eintrag	robuster sommergrüner Strauch, unbewehrt bis stark stachelig, Insektenbestäubung, süße Früchte

Tabelle 7.2: Einige Beispiele für bei uns nicht heimische Gehölzpflanzen, die aufgrund von Pflanzungen häufig anzutreffen sind. Bei einer Einstufung als Neobiot nach BfN auf „Handlungsliste" oder „Beobachtungsliste" ist damit zu rechnen, dass die verwilderte Pflanze die heimische Flora verdrängt. Zwar sind heimische Gehölze nach Möglichkeit zu bevorzugen, doch kann in Zeiten von Klimawandel und Artensterben der Nutzen einer Pflanze für Insekten und Vögel größer sein, als ihr vermeintlicher Schaden.
**Clinitox ist die Online-Datenbank des Instituts für Veterinärpharmakologie und -toxikologie Zürich, ISSN 1662-7709.*

Wichtig in der Pferdehaltung sind Eigenschaften wie geringe Giftigkeit (siehe Linkliste: Clinitox), Robustheit bei Beschädigung, Eignung für den Klimawandel mit seinen Wetterkapriolen und unbedingt pflegeleicht.

Der Schmetterlingsstrauch (Sommerflieder, Buddleia davidii) ist ein bei Insekten beliebter Futterplatz. Hier saugen ein Admiral (Vanessa atalanta) und eine Hummel Nektar. Obwohl er als Neophyt aus China und Tibet stammt und in England und der Schweiz als invasiv eingestuft wird, findet er sich auf Listen des NABU für Insektengärten.

Wichtig ist, dass die nicht heimischen Gehölze keine besonders invasiven Neobioten (siehe Linkliste: Neobiota) sind, also keine unkontrollierbar sich auf Kosten anderer, heimischer Gewächse ausbreitenden Eindringlinge. Ein paar wissenswerte Eigenschaften nicht heimischer Gehölze, die in vielen Gärtnereien angeboten werden, sind in Tabelle 7.2 ab Seite 258 kurz vorgestellt.

Kapitel 8

Praxistipps für die Pferdehaltung

Ob es um die Auswahl der geeigneten Pflanzen geht, das Management von Anpflanzungen und naturnahen Weideflächen mit Gebüschen und Bäumen oder um Pflege vorhandener Bestände: Neben viel Hintergrundwissen braucht es auch ganz praxisnahe Entscheidungshilfen.

Gehölze sind für Pferde nie frei von Risiken wie Verletzungen oder Vergiftungen. Selbstverständlich können Dornen, Stacheln, abgebrochene Zweige und frei liegende Baumwurzeln zu Verletzungen führen. Manche Gehölze enthalten zudem Inhaltsstoffe, die gering dosiert heilsam, hoch dosiert giftig sein können. Pferde leben in der Natur mit all diesen Risiken. Ein großes Problem heute ist die der Natur entfremdete Aufzucht des Pflanzenfressers Pferd.

Tatsächlich gibt es in Deutschland Sportpferde, die keine freie Kindheit und Jugend auf weiten Weideflächen erlebt haben, sondern die in befestigten Sportanlagen aufgewachsen sind. Obwohl körperlich gesund, fehlt es ihnen an den einfachsten, zum Überleben in Freiheit notwendigen Erfahrungen. Pferde aus Stallhaltung wissen nicht, wie man sich mit in den Wind gedrehtem Schweif vor Sturm und Regen schützt. Sie haben nicht gelernt, sich mit energischem Schweifwedeln und Kopfschütteln gegen Plagegeister zu wehren. Diese bedauernswerten Tiere benötigen später auf der Weide tatsächlich Fliegenmasken gegen ständig auftretende Augenentzündungen durch Fliegen und Fliegendecken als Schutz vor Stechinsekten, obwohl sie keine Ekzemer sind. Solche Pferde haben auch nicht gelernt, dass ein Staubbad oder eine Lehmpackung ein hervorragender Schutz gegen Stechinsekten ist und dass eine dicke Lehmschicht im Fell wunderbar gegen Wind und Kälte schützt. Sie haben nicht einmal gelernt, sich vor Regen und Wind unter dichten Gehölzen unterzustellen.

Große Weidenbäume bieten im Sommer einen guten Schutz vor Hitze. Auf feuchten Böden siedeln sie sich oft von selbst an, und sie wachsen schnell. *Foto: Fersing*

Unerfahrene Pferde können aber vieles noch als Erwachsene lernen, vor allem dann, wenn erfahrene, naturnah aufgewachsene Pferde als Vorbilder vorhanden sind.

Wir Menschen zwingen den Pferden unsere Bedürfnisse auf. Ein ständig gepflegter, buschiger Schweif bleibt aber nicht nur sehr leicht in den Büschen hängen – auch Fliegenwedeln und nach Bremsen Peitschen sind damit so gut wie unmöglich. Wenn die Übung und die dazu notwendige Schweifmuskulatur nicht vorhanden sind, dann bleibt der Schweif auch auf der Weide nutzlos in der Abwehr dieser Insekten. Unebener Boden mit Ameisenhaufen und Pfützen verlangt einen gesunden Körper und vor allem Balancetraining im Umgang damit. Pferde aus Stallhaltungen stolpern oft schon über große Steine im Boden, Spurrillen oder Baumwurzeln.

Auch viele Menschen sind heute nicht mehr mit Natur aufgewachsen. Natur wirkt auf sie unordentlich, ja sogar gefährlich. Dem Waldweg mit Baumwurzeln ziehen diese Menschen den asphaltierten Weg vor, auf dem man sich nicht schmutzig macht und auch nicht stolpert. Versicherungen und modernes Leben haben uns daran gewöhnt, nicht mehr selber für Risiken die Verantwortung zu übernehmen. Viele Menschen wünschen sich fürs Leben, und dazu gehört auch ihr Pferd, eine Art Rundum-sorglos-Paket, quasi die Vollkasko-Versicherung. Das ist aber weltfremd.

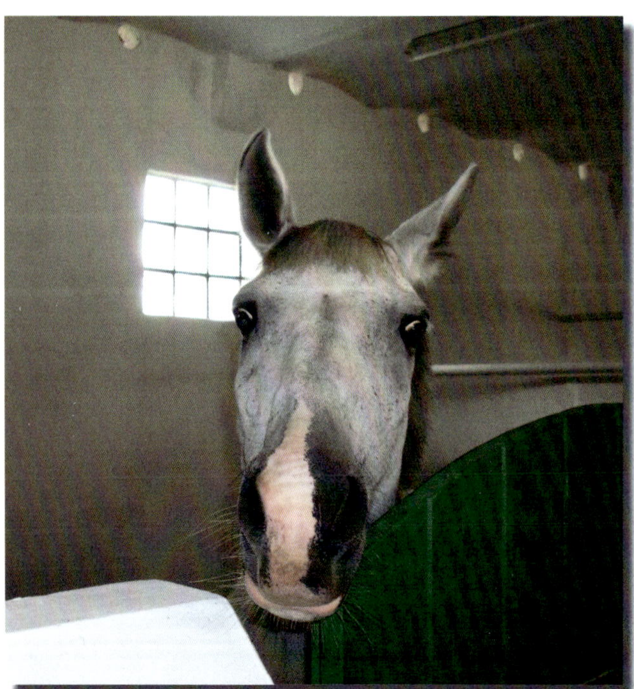

In Stall und Auslauf aufgewachsene Pferde haben nie gelernt, mit natürlicher Futterumgebung umzugehen. *Foto: Fersing*

Stallhaltung verhindert den Aufbau eines Geruchs- und Geschmacksgedächtnisses der natürlichen Futterumgebung. So aufgewachsene und gehaltene Pferde haben dann keine Erfahrungswerte, welcher Geruch und Geschmack sie vor Vergiftungen warnt oder welche Heilpflanze ihnen helfen könnte. Ein hingehaltener Obstbaumzweig zum Beknabbern löst vielleicht sogar eher Angst vor einer vermeintlichen Gerte aus – so etwas kennen sie – als Freude über das bisher unbekannte, schmackhafte Ergänzungsfutter.

Fohlen lernen von erfahrenen älteren Pferden und durch eigenen Versuch und Irrtum, was ihnen guttut und was ungenießbar oder sogar schädlich ist. Gefahren entstehen also vor allem

Fohlen lernen von erfahrenen älteren Pferden und durch eigenen Versuch und Irrtum, was ihnen guttut und was ungenießbar oder sogar schädlich ist. *Foto: Fersing*

durch Haltungsbedingungen, die den Pferden nicht genug Möglichkeiten bieten, Erfahrungen zu machen.

Pferdehalter wünschen sich Listen mit völlig unbedenklichen Gehölzpflanzungen, doch das gibt es nicht. Bei pflanzlichen Wirkstoffen entscheidet die Dosis über die Wirkung.

Wer sein Pferd natürlicher halten möchte, sollte sich einige Fragen stellen: Wie viele Risiken darf ich meinem Pferd zumuten? Wo ist Fürsorge angebracht? Wo schränkt die Fürsorge die Entwicklung und Gesundheit des Tieres ein? Der polnische Reformpädagoge und Kinderarzt Janusz Korczak hat in der ersten Hälfte des 20. Jahrhunderts formuliert, dass jedes Kind ein Recht auf seinen eigenen Tod habe. Das klingt brutal, hat aber den Hintergrund, dass damals vor allem wohlhabende Eltern so etwas wie Helikoptereltern waren, ständig überbesorgt um das Wohl ihrer Kinder. Korczak hatte erkannt, dass diese Überfürsorge schädlich ist und eine freie Entwicklung der Kinder unmöglich macht. Daher diese überspitzt formulierte Forderung, denn anderenfalls darf das Kind nie seine Grenzen selber austesten, mal auf eine Mauer, einen Baum oder eine Leiter steigen, auch mal dabei hinfallen und sich weh tun – oder im Extremfall tödlich verunglücken. Weltfremd aufgewachsene Kinder kennen später ihre Grenzen tatsächlich nicht und verunglücken dann ernsthaft. Bei Fohlen ist das nicht anders.

Geht nicht gibt's nicht: Schon wenige Tage alte Saugfohlen probieren alles, was sie erreichen können. *Foto: Fersing*

Fohlen werden mit einem geringen Gewicht bei enormem sportlichem Vermögen geboren. Kaum geboren, fangen sie an, ihre Fähigkeiten zu testen. Doch das geringe Gewicht schützt sie vor Verletzungen, denn rein physikalisch ist definiert „Kraft = Masse x Beschleunigung". Die auf den Fohlenkörper einwirkende Kraft wird zwar durch eine unglaubliche Beschleunigung erzielt. Manche Fohlen sind wie kleine Raketen unterwegs. Dank der geringen (Körper-) Masse bleibt die Kraft aber bei Stürzen und Kollisionen meistens ungefährlich, zumal das Gewebe noch sehr elastisch ist. Fohlen müssen also sehr viel Sport treiben, bevor der Körper mehr Masse entwickelt und Stürze dann gefährlich werden. Besser das Fohlen kommt bergab auf schlammigem Untergrund ins Rutschen und landet mit einem Bauchklatscher im Tümpel als das erwachsene Pferd, womöglich mit einem Reiter obenauf. Trittsicherheit muss in der Kindheit und Jugend trainiert werden! Ein Bauchklatscher im Wasser und was dazu geführt hat prägt sich ein. Fohlen wachsen daher am besten auf dem wilden Abenteuerspielplatz der Natur auf.

Kräuter, Gräser, Gehölze – die Vielfalt ist wichtig

Meistens hapert eine naturnähere Gestaltung des Umfeldes unserer Pferde an uns Ordnung liebenden Menschen. Dabei finden sich in Pferdehaltungen fast überall Möglichkeiten, kleine Biotope zu schaffen oder ihre Entstehung zuzulassen. Wer ein klein wenig Chaos zulässt und hier und da wie zufällig liegen gelassene Ecken schafft, der tut nicht nur der Natur viel Gutes. In dem entstehenden Mosaik siedeln sich Pflanzen an, die von den Pferden erkundet und teilweise geliebt werden. Da sich auch gefährliche Giftpflanzen wie Gefleckter Schierling oder Hundspetersilie ansiedeln können, sollten Giftpflanzen sicher erkannt werden und im Zweifel Botaniker gefragt werden. Pflanzenbestimmungs-Apps sind leider noch keine sichere Alternative zu Experten, werden aber in rasantem Tempo besser.

Viele Allerwelts-Kräuter sind für Pferde sehr schmackhaft. Beifuß wird von Pferden zu Beginn der Blüte intensiv geknabbert. Noch geschlossene Distelblüten sind eine Delikatesse. Es gibt Pferde, die gelernt haben, Acker-Kratzdisteln geschickt knapp überm Boden abzubeißen, um sie von unten her Richtung Blüten im Ganzen genussvoll aber vorsichtig langsam zu verspeisen. Manche Pferde stehen total auf Schafgarbe. Wo der gegen Wurmparasiten wirksame Rainfarn in größerer Menge gefressen wird, sollte eine Kotprobe genommen und auf Wurmbefall untersucht werden. Kohldisteln sind nicht nur für Pferde äußerst schmackhaft, auch wir Menschen können sie als Salat essen und die Hummeln lieben ihre Blüten.

Distelblüten sind für viele Pferde eine Delikatesse. Erfahrene Tiere wissen genau, wie man sie am geschicktesten abbeißt. *Foto: Fersing*

Naturnahe Weiden beschäftigen nicht nur das Pferd: Ich weiß aus Erfahrung, dass es gar nicht leicht ist, ein gelbbraunes, Hagebutten liebendes Pferd im Herbst auf mehreren Hektar Grünland voller Dornensträucher mit gelbbraunem Herbstlaub wiederzufinden. Während Mensch langsam in Panik gerät und schon das Schlimmste befürchtet, steht Pferd plötzlich vor ihm und wundert sich über den aufgewühlten Menschen. War was?

Nicht nur Kräuter, auch viele Gehölze siedeln sich ganz von alleine an und wir brauchen nur noch zu entscheiden, ob wir das zulassen wollen oder nicht. Vielleicht muss das junge Gehölz noch etwas verpflanzt werden, damit es auf lange Sicht gedeihen kann.

Vögel bringen mit ihrem Kot sehr viele interessante Gehölze mit. Wer Singvögel bei sich ansiedelt, der wird an jungen Gehölzen wie Weißdorn, Schlehe, Wildrosen, Pfaffenhütchen oder Kirschen keinen Mangel haben. Eichelhäher pflanzen Eichen an, Eichhörnchen Haselnüsse. Wir brauchen in diesen wunderbaren Garten nur etwas Ordnung zu bringen und schon ist für alle Bewohner Platz.

Ansprüche der Gehölze an den Standort

Für die Pflanzen ist es entscheidend, was für ein Standort ihre neue Heimat ist. Der Bodentyp ist zu berücksichtigen, also Sand, Lehm oder Ton, Kalkgehalt und pH-Wert und ob zum Beispiel im Untergrund Felsen den Wurzeln Einhalt gebieten. Wie steht es um die Wasserverfügbarkeit? Wie ist die klimatische Lage? An der Küste herrschen ganz andere Bedingungen als im Inneren des Kontinents oder in den Gebirgen. Salziger Seewind ist für viele Pflanzen schädlich. Hitze und lange anhaltende Sommerdürre fordern ebenfalls Spezialisten unter den Gewächsen.

Im Idealfall nutzen wir einfach das, was sich von alleine erfolgreich ansiedelt. Aber nicht immer sind diese Gehölze in einer Pferdehaltung empfehlenswert und manchmal dauert dieser Weg schlicht zu lange. Wer vorgezogene Gehölze pflanzen will, der wendet sich am besten an die Baumschulen, von denen manche umfangreiche Lehrbücher über Gehölze verfasst haben. Auch Fachbücher über Gehölze und ihre Ansprüche geben umfangreiche Auskünfte, allerdings kaum über deren Eignung in einer Pferdehaltung.

Schließlich müssen wir uns fragen, wie viel Natur wir selber bereit sind zuzulassen. Jedes Lebewesen hat ein Eigenleben, hat Bedürfnisse und entwickelt sich. Das gilt nicht nur für Tiere, sondern auch für Pflanzen. Ein naturnaher Hof braucht Fürsorge, genaues Hinschauen auf den aktuellen Zustand der Pflanzen, wachsames Beobachten ihrer Entwicklung, ein Auge dafür, wo Gehölze beschnitten, wo ein Zaun zu ihrem Schutz gesetzt werden sollte und wo freie Entfaltung möglich ist. Bin ich dazu wirklich bereit?

Hecken, alte und junge Obstbäume an Wegrändern in einer reich strukturierten Landschaft. Foto: Fersing

Wie, was, warum: Fragen zur Praxis

Die enorme Informationsfülle in allen Arten von Medien kann es schwierig machen, benötigte Fakten zu finden. Im Folgenden deshalb eine kleine Liste häufig gestellter Fragen mit knappen Antworten und Verweisen zu den detaillierteren Ausführungen in diesem Buch, damit es morgen losgehen kann: Jeder sinnvoll gepflanzte Baum ist ein Stück Zukunft!

Auf dem Zaun des Offenstalls rastende Vögel haben mit ihrem Kot einen Holunder angesät, der von den Pferden verschont wurde. *Foto: Vanselow*

Wie groß muss meine Fläche denn sein, damit eine Gehölzpflanzung sinnvoll ist?

Eigentlich gibt es keine zu kleinen Flächen. Platz für Gehölze ist fast überall. Ein Beispiel: Vor fünf Jahren zogen zwei Shettys in eine neu geschaffene Paddockbox ein. Der wild gewachsene Bergahorn direkt neben dem alten Gebäude wurde für den Paddock gefällt. Ein Holunderbusch besiedelte im gleichen Jahr den frei gewordenen Standort, sicherlich angesät von den Vögeln, die auf dem Ahorn gesessen hatten. Da Holunder angeblich Stechinsekten fernhält, von Pferden ungerne befressen wird und den störenden Stolper-Strunk des toten Ahorns zwischen Box und Paddock sichtbar markierte, ließ man ihn gedeihen.

Der Holunder bietet Schatten, Regenschutz und hält Insekten fern, ist für die Schwalben jedoch kein Hindernis. *Foto: Vanselow*

Die beiden Bilder rechts unten und auf Seite 257 zeigen den Bereich mit dem Holunder heute. Er bietet den Ponys wunderbaren Schatten und Regenschutz, blüht und fruchtet dankbar,

Ein Stück Gartenschlauch auf den stromführenden Zaunlitzen schützt Holunder, der unter dem Zaun herangewachsen ist. Zudem bleibt die Litze isoliert und der Zaun auch bei Nässe hütesicher. *Foto: Fersing*

bietet Vögeln und Insekten Schutz und Nahrung und ist auch für die Rauschschwalben, die unter dem Holunder hindurch zu ihren Nestern in der Box fliegen, kein Hindernis. Ganz im Gegenteil, der Holunder schützt zwei Schwalbennester und ein Spatzennest vor unerwünschten Einblicken.

Zweites Beispiel: Unter dem Holzzaun, der zwei Offenställe trennt, ist ein junger Holunder gewachsen. Auch er wurde sicherlich von Vögeln hierhin gebracht, die, auf dem Zaun sitzend, mit dem Kot die Samen aus gefressenen Fliederbeeren verteilten. Die Pferde haben den Holunder nicht angetastet.

Es liegt an uns, Natur zuzulassen oder nicht. Falls der Holunder unterm Zaun weiterwachsen darf, dann sollte der Elektrozaun innerhalb der Krone des Holunders durch ein isolierendes Stück Gartenschlauch geführt werden, um die Pflanze zu schützen. Dazu kann man bei längeren Zäunen das Schlauchstück längs aufschneiden, über den Draht schieben und anschließend den Schlauch mit Isolierband umwickeln.

 Darf ich überall auf meinem Land Bäume und Büsche pflanzen?

In unserer dicht besiedelten Landschaft ist nicht überall Platz für Gehölze. Flugplätze, Bahntrassen, Stromtrassen, unterirdische Leitungen, Straßen und Nachbargrundstücke sind nur einige Beispiele, welche Strukturen durch große Bäume und hohe Sträucher in Mitleidenschaft gezogen werden könnten.

Viele Bäume werden sehr groß. Die gesetzlichen Abstandsregeln zu Nachbarn müssen eingehalten werden, und zwar auch dann noch, wenn der Baum ausgewachsen ist. Die Planung sollte also viele Jahrzehnte berücksichtigen, denn Bäume sind langlebig. Was wir heute pflanzen, soll folgenden Generationen von Nutzen sein.

Auch die Einstufung als Grasland ist zu bedenken. Im Grasland dürfen hier und da Gehölze stehen. Wieviel Fläche diese Gehölze und Hecken pro Hektar einnehmen dürfen beziehungsweise wie viele Bäume auf einem Hektar Grasland stehen dürfen, variiert je nach regionalen Traditionen und sollte bei den zuständigen Behörden

erfragt werden. Tatsächlich lohnt es sich zu prüfen, ob der Hof mit gezielten Gehölzpflanzungen Ökopunkte gutgeschrieben bekommen könnte, beispielsweise bei der Auswahl einheimischer Gewächse aus der Region (autochthone Pflanzen). Jedes Bundesland hat seine eigene Ökokonto-Verordnung (ÖKVO).
Bevor man bei größeren Aktionen zur Tat schreitet und Gehölze einfach pflanzt, sollten daher die gesetzlichen Rahmenbedingungen mit den zuständigen Behörden abgesprochen werden. Hilfe bieten auch Organisationen, die sich mit dem sogenannten Agroforestry, also der Landwirtschaft mit Gehölzen, in der Praxis und in der Forschung auseinandersetzen (siehe Linkliste).

Was gilt, wenn ich für mein Grünland Prämien bekomme?

Mit Blick auf die Prämienfähigkeit des Grünlands gilt die EU-Verordnung (EG) Nr. 1122/2009 der Kommission vom 30. November 2009:
„Artikel 34: Bestimmung der Flächen (…)
Abs. (2) Die Gesamtfläche einer landwirtschaftlichen Parzelle kann berücksichtigt werden, sofern sie nach den gebräuchlichen Normen des Mitgliedstaats oder der betreffenden Region ganz genutzt wird. Andernfalls wird die tatsächlich genutzte Fläche berücksichtigt.
Für Regionen, in denen bestimmte Landschaftsmerkmale, insbesondere Hecken, Gräben oder Mauern, traditionell Bestandteil guter landwirtschaftlicher Anbau- oder Nutzungspraktiken sind, können die Mitgliedstaaten festlegen, dass die entsprechende Fläche als Teil der vollständig genutzten Fläche gilt, sofern sie eine von den Mitgliedstaaten zu bestimmende Gesamtbreite nicht übersteigt. Diese Breite muss der in der betreffenden Region traditionell üblichen Breite entsprechen und darf zwei Meter nicht überschreiten.
Haben die Mitgliedstaaten der Kommission jedoch vor Inkrafttreten der vorliegenden Verordnung eine größere Breite als zwei Meter gemäß Artikel 30 Absatz 2 Unterabsatz 3 der Verordnung (EG) Nr. 796/2004 mitgeteilt, so darf diese Breite weiterhin gelten. (…)
Abs. (4) Unbeschadet der Bestimmungen des Artikels 34 Absatz 2 der Verordnung (EG) Nr. 73/2009 gilt eine mit Bäumen bestandene Parzelle als landwirtschaftliche Parzelle im Rahmen der flächenbezogenen Beihilferegelungen, sofern die landwirtschaftlichen Tätigkeiten bzw. die beabsichtigten Kulturen unter vergleichbaren Bedingungen wie bei nicht baumbestandenen Parzellen in demselben Gebiet möglich sind“ (Zitat aus: EU-VO 1122/2009).
Bevor Pferdehalter in größerem Umfang Gehölze pflanzen, sollten sie klären, welche regionalen Landschaftsmerkmale vom Mitgliedsstaat als prämienfähig an die EU gemeldet wurden. Der Deutsche Fachverband für Agroforstwirtschaft bietet bei allen Fragen zu Agroforestry seine Hilfe an.

Kann ich einen Zaun um meine Waldfläche ziehen und meine Pferde dort zum Grasen hinstellen?

In Deutschland gilt das Gesetz zum Verbot der Waldweide (Bundeswaldgesetz § 2 Abs. 2 Nr. 2: landwirtschaftliche Nutzung von Wald). Egal ob gewachsener Laubwald oder angepflanzter Nadelforst, eine Nutzung als Viehweide ist nicht erlaubt (siehe Kapitel „Gebüsche als Wellness-Oase" ab Seite 143). Die landwirtschaftliche Nutzung von Wald stellt eine Umnutzung dar:

„Gemäß § 83 Abs. 2 Nr. 16 LWaldG begeht derjenige eine Ordnungswidrigkeit, der vorsätzlich oder fahrlässig im Wald Vieh treibt, Vieh weidet oder weiden lässt, ohne dass eine Befugnis des Waldbesitzers vorliegt. Eine derartige Ordnungswidrigkeit kann mit einer Geldbuße zwischen 2.500 € bis maximal 10.000 € belegt werden. Die Zustimmung darf aber nur erteilt werden, sofern andere öffentlichrechtliche Vorschriften nicht entgegenstehen. Hierunter fallen die §§ 12 ff LWaldG als Grundpflichten des Waldbesitzers zur Pflege und Bewirtschaftung des Waldes. Bedeutsam ist insbesondere das Gebot der pfleglichen Bewirtschaftung des Waldes (§ 14 LWaldG)." (Quelle: Offizielles Merkblatt Waldweide des Landes Baden-Württemberg vom Februar 2017).

Ein konkretes Beispiel liefert der Naturschutz mit Konik Polski, also polnischen Primitivpferden, in Schleswig-Holstein. Im Naturschutzgebiet Schäferhaus, ehemals Truppenübungsplatz, durfte eine vorhandene Fichtenschonung, die ursprünglich als Versteck für Panzer gepflanzt worden war, nur deshalb von den Konik Polski als Weideunterstand genutzt werden, weil an anderer Stelle auf dem Gelände als Ausgleichsmaßnahme entsprechend viel Laubwald neu gepflanzt wurde.

Ein Hohlweg, der einen Eindruck davon vermittelt, wie effektiv natürlicher Witterungsschutz sein kann. *Foto: Vanselow*

Übrigens steht nicht nur Wald, sondern auch Efeu, der an alten Bäumen emporwächst, unter Schutz: *„Naturschutzrechtlich liegt beim eigenmächtigen Entfernen von Efeu-Pflanzen ein Verstoß gegen Vorschriften des allgemeinen Biotopschutzes vor, die nach § 69 Abs. 3 Nr. 8 BNatSchG als Ordnungswidrigkeit mit einem Bußgeld belegt sind. Sofern der Efeu Fortpflanzungs- oder Ruhestätte von besonders geschützten Tierarten war, handelt es sich zudem um eine Ordnungswidrigkeit nach § 69 Abs. 2 Nr. 3 BNatSchG, oder – wenn streng geschützte Tierarten betroffen sind – um eine Straftat nach § 71 Abs. 2 u. 4 BNatSchG [7, 8]"* (Quelle: Der BUND Naturschutz, Kreisgruppe Starnberg, Artikel „Der Efeu – Informationen über eine unproblematische Pflanzenart" vom 3.9.2019).

Welche Gehölze eignen sich für welche Böden?

Lieblingsplätzchen. Gehölze können je nach Art schnell sehr groß werden. Dieser Weidenbaum ist erst rund zwölf Jahre alt. Foto: Fersing

Die Tabelle 5.3 „In Knicks häufige Gehölzpflanzen" ab Seite 175 gibt Hilfestellung bei der Auswahl geeigneter Heckengehölze. In der Tabelle sind unter anderem die von den Pflanzen bevorzugten Böden angegeben.

Auf extrem armen Sandböden wie im NSG Schäferhaus an der dänischen Grenze dominieren als Gebüsche Schlehe, Wildrose und Weißdorn.

Auf zur Versteppung neigenden Böden in Ungarn ersetzt die tief wurzelnde Holzbirne die Schlehe neben den dort häufigen Wildrosen, den Weißdornen sowie der Zitterpappel.

Die Hainbuche liebt schwere Lehmböden, die sie aufschließt. Sie braucht als Tiefwurzler feuchte Bodenschichten in der Tiefe. Wo es durch den Klimawandel lange Sommerdürren gibt, ohne dass die Wasserstände über Winter wieder ausgeglichen werden, droht die Hainbuche zu vertrocknen. Auf wenigstens im Untergrund feuchten, schweren Lehmböden gedeihen auch Schwarzerlen und Weidengebüsche gut, ebenso Kirschpflaume und Holzapfel.

Schwere kalkhaltige Böden werden gerne von der Strauchhasel und dem Roten Hartriegel besiedelt, während der Faulbaum sich von Vögeln verschleppt auf nassen, sauren Böden ganz von alleine einstellt. Birken und Kiefern finden sich oft auf sauren Böden, sowohl auf Sand als auch im Moor.

Der Feldahorn ist äußerst anspruchslos und kommt mit fast allen Böden klar, obwohl er gute Böden bevorzugt.

Beständig gegen extreme Dürre sind Linde, Eiche, Zitterpappel, Holzbirne, Edelkastanie, Schmalblättrige Ölweide und die türkische Baumhasel.

 Wie schneide ich meine Sträucher?

Gehölze können sehr groß werden. Ob eine Baumreihe oder dichtes Gebüsch entsteht, hängt davon ab, wie intensiv sie gestutzt werden. Viele Pflanzen profitieren von Rückschnitt, andere lässt man besser wachsen.

Gehölze, die sich als Hecken eignen, verfügen über ein hervorragendes Vermögen neu auszutreiben, wenn sie abgefressen wurden. Sie sind an Fraß durch große Pflanzenfresser im Laufe der Evolution hervorragend angepasst und dadurch für den Menschen als schnittfähige Heckenpflanzen interessant geworden.

Eine buschige Verzweigung entsteht, wenn das noch junge Gehölz abgeschnitten wird. In den Kapiteln über lebendige Zäune, über Knicks und über von Berlepsche Vogelschutzgehölze (ab Seite 147, 154 und 235) wurden ausführlich die verschiedenen traditionellen Maßnahmen zur Gestaltung der Gehölze beschrieben.

Je nach Zweck der Gehölze ist der individuellen Nutzung keine Grenze gesetzt. Beispielsweise kann man in mehrreihigen Knicks nicht nur zeitversetzt über die Jahre mal die eine, mal die andere Reihe zur Verjüngung auf den Stock setzen, damit immer ein Sichtschutz bestehen bleibt. Es spricht auch nichts dagegen, bei den einzelnen Sträuchern immer nur die dicksten Stämme zu kürzen und die jüngeren noch wachsen zu lassen.

Viele Gehölze lassen sich gezielt formen, sei es zum Blätterdach oder zum lebenden Zaun

Früher verwendete man dazu im Knick Astsägen mit gebogenen Sägeblättern an langen Holzstielen. Durch die Entfernung der kräftigsten Triebe kommt es ständig zur Verjüngung des Strauches, ohne dass Sichtschutz verloren geht, während gleichzeitig Material geerntet wird. Ob man die im Winter geschnittenen Äste den Pferden als Knabberholz spendieren will, sie als Brennholz, Bohnenstangen, Werkholz oder noch anders verwenden möchte – je nach vorgesehener Nutzung wird man anders ernten und andere Werkzeuge nutzen, von der Rosenschere bis hin zur Kettensäge.

 Wo bekomme ich einheimische Gehölze und Pflanzen?

Laut §40 des Bundesnaturschutzgesetzes dürfen seit dem 2. März 2020 in der sogenannten freien Natur Pflanzen und Saatgut nur noch innerhalb der Gebiete, in denen sie natürlich vorkommen, ausgebracht werden. Das gilt sowohl für krautige Pflanzen als auch für Gehölze. Wegränder, Feldraine, Waldränder, Lichtungen oder Naturschutzflächen sind Beispiele für freie Natur. Landwirtschaftlich genutzte Flächen sind keine freie Natur. Der Fachmann spricht bei einheimischen Gewächsen von gebietseigenen oder autochthonen Pflanzen.

Gebietseigene Gehölze werden vom Verband deutscher Wildsamen- und Wildpflanzenproduzenten sowie von den Baumschulverbänden angeboten. Baumschulen, aber auch das Buch von Bösel (2023) „Rebellen der Erde", geben professionelle Anweisungen, wie Gehölze gepflanzt und gepflegt werden sollten.

Maßgeblich: Welchem Zweck soll die Anpflanzung dienen?

Gehölzpflanzungen können ganz unterschiedliche Funktionen erfüllen wie zum Beispiel als Verstärkung des Weidezauns, für den Vogel- und Naturschutz, als Laubfutter für Weidetiere, als Raumteiler und Sichtschutz oder Witterungsschutz vor Sonne, Wind oder Regen.

Die Hecke als Zaunergänzung

Als optische Verstärkung des Weidezauns pflanzt man Hecken hinter den Elektrozaun. Die Gehölze bilden so eine gut sichtbare Begrenzung, ähnlich einem Holzzaun oder Wall. Außerhalb der Reichweite der Mäuler gepflanzt, können auch Gehölze verwendet werden, die für Pferde leicht giftig sind.

Je hungriger und gelangweilter Pferde sind, beispielsweise auf Ausläufen, desto größer wird die Vergiftungsgefahr. Sogar Hackschnitzel als Bodenbelag von Bäumen wie der Esche *(Fraxinus excelsior)* können dann zum gesundheitlichen Problem werden. Unerfahrene Pferde aus Stallhaltung sind besonders gefährdet. Entsprechend umsichtig sollten Gehölze in Reichweite der Tiere ausgewählt werden.

Hecken, sei es als geschnittene Formhecke oder als breite Wildhecke, sind die ideale Ergänzung zum Weidezaun: Kein Pferd wird hier ausbrechen, kein Spaziergänger füttern. *Foto: Fersing*

Laub und Zweige kann man schneiden und vorlegen, wenn die Bäume selbst vor den Pferdezähnen geschützt werden sollen. Foto: Fersing

Laubfutter ernten

Gehölze, die als Laubfutter gedacht sind, müssen ein sehr gutes Ausschlagevermögen nach Verletzungen besitzen, ungiftig sein und sollten zudem wenig gefährlich durch Dornen und Stacheln sein. Schmackhafte und ungefährliche Gehölze brauchen ihrerseits Schutz vor den Weidetieren, die sonst gnadenlos vernichten, was ihnen besonders gut schmeckt. Geschützt werden müssen mindestens die Rinde der Stämme und die Wurzeln. Statt das Gehölz den Tieren bis in Maulweite auszuliefern, kann das Laubfutter auch auf einer abgezäunten Fläche angebaut, geschnitten und vorgelegt werden (siehe Kapitel „Laubfutter“ ab Seite 60).

Witterungsschutz für Pferde auch im Winter

Soll ein Sicht- und Witterungsschutz auch im Winter bestehen, dann empfehlen sich immergrüne Gehölze wie Fichten (siehe hierzu auch auf Seite 235 und 287 die Anmerkungen zur Omorika-Fichte). Ausladende Gehölze können selbst dann oberhalb der Tiere ein dichtes Blätterdach bilden, wenn der Baum regelmäßig geköpft wird, damit das Nachbargrundstück nicht unnötig beschattet wird.

Gehölze pflanzen als Lebensraum für Vögel und Insekten

Für Insekten sind ungefüllte Blüten wichtig

Vogelschutzgehölze sollten sehr dicht wachsen, unterschiedliche Strukturen zum Nesterbau und als Sichtschutz für die Vögel bieten sowie ein gutes Futterangebot durch Früchte sicherstellen (siehe Kapitel „Vogelschutzgehölze“ ab Seite 217).
Gehölze für blütenbesuchende Insekten sollten unbedingt ungefüllte Blüten aufweisen und ein reiches Angebot an Pollen und Nektar bieten. Nachtaktive Insekten bevorzugen weiße Blüten, die nachts öffnen, und intensiv duftende Blüten. Da Insekten wichtige Beute für Fledermäuse und Singvögel sind, bieten viele Naturschutzorganisationen konkrete Hilfestellungen an für die Anlage sogenannter Fledermaus- und Schmetterlingsgärten.
Gebietsheimische Gehölze sollten bevorzugt werden. Aufgrund des massiven Insektensterbens können aber gezielte Pflanzungen besonders guter Insektenpflanzen unter den Exoten sinnvoll sein. Fast jede Hilfe ist heute wichtig. Pflanzen, die

für das jeweilige Land als invasive Neophyten gelistet sind, sollten jedoch nicht gepflanzt werden.

Vorgehen beim Setzen der Pflanzen

Die Anlage von norddeutschen Wallhecken (Knicks) wurde in den Kapiteln „Lebendige Zäune für Weidetiere“ ab Seite 147 und „Besondere lebende Zäune: Knicks“ ab Seite 155 ausführlich beschrieben.

Wie man (Obst-) Gehölze früher im Weideland und sogar auf Äckern gepflanzt hat, findet sich im Kapitel „Doppelnutzung Obststreuwiese“ ab Seite 140.

Die Anlage von Vogelschutzgehölzen wird im Kapitel „Vogelschutzgehölze in Pferdehaltungen” ab Seite 228 dargelegt.

Grundsätzliche Erfahrungen unserer Vorfahren mit Formhecken in der Tierhaltung finden sich im ausführlichen Kapitel „Lebendige Zäune für Weidetiere“ ab Seite 147.

Über Schattenbäume und andere Gehölze auf Viehweiden informiert das Kapitel „Naturnahe Pferdehaltung“ ab Seite 108.

Pflanzabstände und weitere Hinweise für die unterschiedlichen Funktionsgehölze sind noch einmal zusammenfasst ab Seite 283.

Kartoffelrose mit gefüllter Blüte. *Foto: Vanselow*

Unten: Insektenfreundliche ungefüllte Kartoffelrose mit Biene. *Foto: Vanselow*

Gefahr durch Samen und Früchte: Ahornsamen, Eicheln, Fallobst

Pferdehalter müssen immer wachsam beobachten, ob ihren Schützlingen Gefahr durch die Gehölze und deren Samen droht. Samen und Keimlinge der Berg- und Spitzahorne gelten als Ursache der Atypischen Weidemyoglobinurie, einer oft tödlichen Vergiftung (siehe „Bekämpfung von Problemgehölzen", Seite 290).
Viele erfahrene Pferde haben mit Fallobst oder Eichelmastjahren gar kein Problem. Manche Pferde aber sind naturfremd aufgewachsen, zu hungrig oder gelangweilt. Dann droht Gefahr. Eicheln sind gut gegen Durchfall, verursachen aber im Übermaß Verstopfung, die sogar tödlich enden kann.

Wenn Falläpfel bis in die Fröste hinein liegen bleiben und zwischendurch wieder auftauen, dann beginnen sie zu gären. *Foto: Fersing*

Fallobst kann zu gefährlichen Koliken führen. Die Samen von Rosengewächsen wie Apfel, Kirsche und Pflaume enthalten Cyanogene Glykoside, aus denen bei Verletzung der Pflanze Blausäure freigesetzt wird. Beim Apfel sind die Samen so winzig, dass keine Vergiftung zu befürchten ist. Wenn Pferde jedoch Pflaumenkerne zerbeißen und die darin ruhenden Samen fressen, dann wird es gefährlich. In solchen Fällen müssen die Flächen unter den Bäumen zur Fruchtzeit gesperrt werden. Einige Pferde ernten auch geschickt die noch unreifen grünen Früchte vom Baum. Falls die Tiere empfindlich reagieren, muss genau beobachtet und rechtzeitig abgesperrt werden. Manchmal gelingt es unter einzelnen Bäumen, täglich die Früchte zusammenzuharken und abzufahren, bevor die Pferde auf die Fläche dürfen.
Pferden, die an Fallobst gewöhnt sind und weder mit Kolik reagieren noch Samen zerbeißen, droht noch eine andere Überraschung: Wenn Falläpfel bis in die Fröste hinein liegen bleiben und zeitweise zwischendurch wieder auftauen, dann beginnen die Äpfel zu gären. Pferden schmecken gegorene Früchte sehr gut. Schon manches Pferd ist abends mit Schwips, einer eindeutigen Fahne und leicht torkelnd aber bestens gelaunt von der winterlichen Obstwiese in den Stall zurückgekehrt.

Traditionelles Wissen für heutige Praxis

Die praktischen Erfahrungen unserer Vorfahren mit der Anlage von Gehölzpflanzungen in der Viehhaltung sind weitgehend in Vergessenheit geraten und schwierig aus antiquarischer Literatur zusammenzusuchen. Daher gibt dieser Abschnitt einen zusammengefassten Überblick über die traditionellen Maße und Baumaßnahmen.

Weideunterstand aus Fichtengruppen

Kleine Gruppen von Nadelbäumen wie Fichten und Tannen sind für Pferde durchaus attraktive Rückzugsräume vor Sturm und Regen, aber auch bei Hitze und Insektenplagen (siehe ab Seite 63 „Klimawiderständler Pferd in baumloser Graslandschaft?“ und ab Seite 143 „Gebüsche als Wellness-Oase“). Fichten und Tannen lassen sich auch ohne Baugenehmigung für einen Weideunterstand zu einem lebendigen Witterungsschutz gestalten.

Im Inneren der Baumgruppe sollten dabei die Zweige im unteren Bereich entfernt oder seitlich gestutzt werden, damit die Tiere genug Bewegungsraum erhalten. Nach außen kann die Baumgruppe außerhalb der Tierpfade Sichtschutz durch niedrige Zweige bis zum Boden bieten und zudem gegen seitlich einfallenden

Weideunterstände aus Gehölzen brauchen keine Genehmigung, schützen die Weidetiere und bieten vielen anderen Tieren Nahrung. *Foto: Vanselow*

Der Fichtenforst im NSG Schäferhaus (siehe Seite 139). Ein Tierpfad durch das umgebende Schlehengestrüpp führt hinein. *Foto: Vanselow*

Pferdeweide auf einer ehemaligen Streuobstwiese in Ungarn. Bei diesem hohen Baum handelt es sich um eine Zuchtbirne. *Foto: Vanselow*

Regen und Wind schützen. Eine dicke Nadelstreu am Boden verhindert eine Krautschicht und erzeugt im Sommer ein trockenes Mikroklima unter den dunklen Bäumen. Das hält Plagegeister fern: Mücken meiden trockene Luft, Bremsen meiden Schatten.

Wenn die Bäume niedrig bleiben sollen, kann man sie regelmäßig köpfen und das geschredderte Material als Streu unter den Bäumen verwenden.

Pferde sind vorsichtig beim Betreten derartiger Gebüsche, denn es könnte dort Gefahr lauern. Wenn sie aber erst einmal drinnen im Gebüsch stehen, genießen sie es, alles beobachten zu können, ohne selber gesehen zu werden.

Bäume auf Äckern

Der Klimawandel macht sogenanntes Agroforestry auch auf Äckern zum Schutz der Feldfrüchte interessant (Terasaki Hart et al. 2023), beispielsweise in einigen Regionen Frankreichs. Doch was aus heutiger Sicht gewagt und abenteuerlich erscheint, hat tatsächlich eine lange Tradition. Wauer (1937) gibt für die Doppelnutzung der Obststreuwiese als Ackerland folgende für die Arbeit mit Pferden erprobten Maße an: Reihenabstand 15 Meter, innerhalb der Reihe zehn Meter oder, wenn auch quer gepflügt werden soll, 15 Meter (siehe auch Kapitel „Doppelnutzung Obststreuwiese", Seite 140). Heutige Maschinen sind erheblich größer. Dennoch können hochwüchsige Birnensorten auf trockenen heißen

Standorten als Tiefwurzler die Feldfrüchte vor der sengenden Sonne schützen, ein mildes Mikroklima schaffen und neben den Feldfrüchten Bienenweide und wertvolles Obst bieten, ohne Traktoren und Mähdrescher auszuschließen.
Für Pferdehalter interessant sind diese Maße vor allem, weil die Abstände sicherstellen, dass wenn nötig auch auf Grünfutterflächen mit Maschinen gearbeitet oder Heu geerntet werden kann.

Weißdornhecke im Herbst: trotz Formschnitts voller Leben und Futterquelle für Vögel. Foto: Fersing

Anlage lebender Zäune

Formhecke

Vorteil: Geringe Breite, ständiger dichter Sichtschutz mit teilweiser mechanischer Stabilität; Hain- und teilweise auch Rotbuche verlieren ihre vorjährigen Blätter erst kurz vor dem Neuaustrieb, sodass auch im Winter Sichtschutz besteht.
Nachteil: Circa zwei Pflegeschnitte pro Jahr notwendig (Form)
Anlage: Einreihig, Abstand der Pflanzen circa 50 Zentimeter. Empfehlenswert ist es, die Hecke unten breiter als oben zu schneiden (Spitzdachform oder Bienenkorbform, nicht Kastenform), damit die Hecke besonders im unteren Bereich mechanisch dicht ist.

Buschhecke

Vorteil: Keine Schur (Formschnitt) nötig, bei Bedarf Verjüngung durch radikalen Rückschnitt möglich
Nachteil: Breiter als Formhecken
Anlage: Es werden Sträucher gewählt, die von Natur aus eine gewünschte Höhe und Breite nicht überschreiten. Besonders die Schottische Heckenrose (bedornt) und Filzrosen (harmlos bedornt) wurden früher oft verwendet. Eine Dornröschenhecke lässt sich ideal mit Hilfe der Schottischen Heckenrose anlegen. Schneider (1926) rät zur Pflanzung in drei parallelen Reihen. Die verwendeten Sämlinge sollten ein- bis

Pflegeleichter, aber breiter als eine Formhecke ist die Buschhecke, hier unter anderem mit Feldahorn, Gemeinem Schneeball, Haselnuss und Brombeeren. Foto: Vanselow

zweijährig sein. Die Reihenentfernung gibt Schneider (1926) mit 25 Zentimetern an, innerhalb der Reihe beträgt der Abstand der Sämlinge zehn bis 15 Zentimeter. In den ersten Jahren empfiehlt Schneider (1926) einen starken Rückschnitt, um eine starke Verästelung zu erzielen. Da Rosen jedoch empfindlich auf zu häufigen Rückschnitt reagieren, brauchen die Pflanzen Erholungsphasen, insbesondere wenn Gräser oder in gemischten Hecken schnellwüchsige andere Gehölze ihre beschnittenen Strunke beschatten.

Ältere Nadelbäume werden mit der Zeit unten kahl, was guten Witterungsschutz entstehen lässt. *Foto: Fersing*

Auch der Feuerdorn (siehe Seite 259) ist im Winter grün und bietet Vögeln neben Deckung auch Nahrung. *Foto: Fersing*

Immergrüne Gehölze

Vorteil: Guter Sichtschutz, auch im Winter, pflegeleicht

Nachteil: Zypressengewächse sind giftig. Hecken aus Koniferen müssen irgendwann erneuert werden, da sie von innen kahl werden.

Anlage: Von unten dicht wachsende Gehölze wie Gewöhnlicher Wacholder (giftig, geeignet für arme Sandböden und Sommerdürre) können einreihig gepflanzt werden, während an der Basis weniger verästelte Gehölze in zwei bis drei Parallelreihen gepflanzt werden.

Auf armen Sandböden pflanzte man Kiefern. Die Kiefern werden geschlagen, wenn sie nach etwa zehn bis 15 Jahren unten kahl werden. Nach dem Abholzen der Kiefern wurde früher mit Birken bepflanzt.

In Gebirgsgegenden verwendete man statt Kiefern als Erstbepflanzung Tannen, unter denen bereits die nachfolgenden Buchen angezogen wurden. Nach dem Schlagen der Tannen übernehmen die Buchen die Bildung der Hecken. Man kann auch dauerhaft Fichten verwenden und diese ab einer Höhe von etwa zwei Metern köpfen.

Die Pflanzdichte beträgt bei Fichten jeweils einen Meter Abstand zwischen

Reihen und Pflanzen. Dreireihig bildet das eine sehr dichte Hecke. Die Fichten wachsen breit und dicht. Die schlanke, dichter pflanzbare Omorika-Fichte ist bei Vögeln wie etwa Buchfink und Grünfink wegen ihrer nahe am Stamm hängenden Äste als gut geschützter Nistplatz sehr beliebt, verträgt das Köpfen gut und bildet dann viele neue Spitzen mit zahlreichen, dicht nebeneinander hängenden Zapfen. Das Köpfen von Fichten muss etwa alle vier bis sechs Jahre wiederholt werden. Vögel profitieren, wenn die Fichten einer Hecke zeitversetzt über die Jahre geköpft werden. Eine 30-jährige, seitlich nie beschnittene Rotfichtenhecke aus drei Reihen erreichte eine Breite von sieben Metern. Als gedrungen wachsende Zwergform bietet sich die Eifichte (*Picea abies „Remontii"*, Remont´s Norway spruce), eine kleinwüchsige, sehr dicht buschige Rotfichte, an, nicht zu verwechseln mit der zwergwüchsigen Zuckerhutfichte (*Picea glauca var. albertina „Conica"*), bei der es sich um eine nordamerikanische Weißfichte handelt. Eifichten sollten seitlich möglichst 1,00 bis 1,50 Meter Raum für ihr Wachstum haben.

Schlagholz-Hecke

Vorteil: Sehr pflegeleicht; bei mehrreihiger Anlage kann zeitversetzt geschlagen werden, sodass immer Sichtschutz besteht

Nachteil: Breiter als Formhecken

Anlage: Hecken wurden ein- bis dreireihig gepflanzt. Zwei- bis dreireihige Pflanzungen haben den Vorteil, dass einzelne Reihen oder Gehölze auf den Stock gesetzt werden können, wahrend die anderen Reihen stehen bleiben und weiterhin Schutz bieten.

Alte Dornröschenhecken sind schwer zu durchdringen und bieten zahlreichen Tieren eine Heimat. Foto: Vanselow

Auf armen Böden (Sand) wurden zumeist zwei bis drei Reihen gepflanzt, auf Lehmböden eher eine bis zwei.

Das Schlagen, also Auf-den-Stock-Setzen der Hecken wurde etwa alle sieben bis zwölf Jahre durchgeführt. Dabei werden die Gehölze im Winter entweder etwa zehn Zentimeter über dem Boden oder hüfthoch (75 bis 120 Zentimeter hoch) abgeschlagen und so zum buschigen Neuaustrieb angeregt. Der Abstand der Pflanzen und Reihen für Hecken als Vogelschutzgehölz sowie als lebender Zaun beträgt 80 bis 100 Zentimeter je nach Bodengüte, wobei die Gehölze von Reihe zu Reihe jeweils auf Lücke gesetzt werden. Für besonders trockene, zur Sommerdürre neigende Standorte, die im Zuge des Klimawandels zur Versteppung neigen, wären als

Ein alter Hohlweg durch die Äcker, an beiden Seiten eingefasst von mächtigen Knicks, vermittelt auch im Hochsommer ein Gefühl von Wald.
Foto: Vanselow

geeignete Gehölze mit gutem Ausschlagvermögen unter anderem Esskastanie, Wildbirne, Weißdorn, Linde, Zitterpappel, Schmalblättrige Ölweide und die türkische Baumhasel zu nennen.

Knick: Die norddeutsche Wallhecke

Vorteil: Imposante Wehranlage, kann unüberwindlich sein
Nachteil: Hoher Aufwand bei der Anlage, enorme Breite, beim Doppelknick bis zu 5,50 Meter.
Hier wird die Schlagholz-Hecke auf einen Wall gepflanzt, der durch das Erdreich aus einem Graben (einseitig) oder zwei Gräben (beidseits des Walls, Doppelknick) entsteht. Graben und Wall sind an sich schon imposante Hindernisse für das Vieh, zumal wenn Brombeerranken die Gräben überwuchern und die Tiere unangenehm ins Leere treten lassen. Die oft als Gebück ineinander verflochtenen Gehölze verstärken den Effekt und können als stabiler Flechtzaun unüberwindlich für Vieh sein. Ausführliche Informationen zur traditionellen Anlage und Bewirtschaftung der Knicks finden sich in den Kapiteln „Lebendige Zäune für Weidetiere“ ab Seite 147 und „Besondere lebende Zäune: Knicks“ ab Seite 154.

Flechtzaun, Gebück

Vorteil: Unüberwindlich, nicht zu überspringen und nicht zu durchbrechen
Nachteil: Lange Wachstumszeit, bevor die Gehölze unüberwindlich sind
Anlage lebender Zäune zum Fernhalten des Viehs aus den Äckern nach Thaer: Es wurden gemischte Hecken um die Äcker angelegt. Die jungen Gehölze wurden rund zehn Zentimeter über dem Erdboden gestutzt. Alle 120 Zentimeter blieb eine Lohde, ein Stamm, in einer Höhe von 90 bis 120 Zentimeter als Pfahl stehen. Wo keine geeignete Lohde vorhanden war, wurde ein Weidensetzling (*Salix spec.*) in gerader Linie eingesetzt. Alle 3,60 Meter ließ man einen Stamm ganz hochwachsen. Die hochgewachsenen Lohden wurden, wenn sie groß genug waren, an zwei Stellen tief eingehauen, einmal dicht über dem Boden und das zweite Mal etwa 30 Zentimeter darüber. Die beiden Einhiebe sollten so tief sein, dass nur Splint und Borke

stehen blieben, also gerade so viel, dass der Baum weiterleben konnte. Dann wurde der junge Baum zur entgegengesetzten Seite niedergebogen, „geknickt“, und zwischen den lebenden Pfählen verflochten. So entstanden sehr stabile lebende Zäune.

Weidenhecken (Salix)

Vorteil: An feuchten Standorten finden sich fast überall wilde Weidenbüsche und -bäume, deren Zweige als Grundlage für Stecklinge genutzt werden können. Die Anlage dieser Hecken ist dadurch besonders preisgünstig.

Nachteil: Weidenhecken kommen an trockenen, heißen Standorten nicht in Frage. Salix-Arten enthalten Salicylsäure. Da Salicylsäure als Schmerzmittel verwendet wird, ist dieser Wirkstoff für Sportpferde dopingrelevant.

Weidenkätzchen. *Foto: Vanselow*

Anlage: Zur Anpflanzung der Weiden empfiehlt STRECKER (1923), 30 Zentimeter lange Abschnitte von zwei bis drei Jahre alten Zweigen als Stecklinge zu verwenden. Diese kurzen Ruten empfiehlt er im Abstand von zehn bis zwölf Zentimetern ganz in den Boden zu bringen. Der Erfolg sei größer, wenn der Boden zuvor auf einer Breite von etwa 1,20 Meter 35 bis 40 Zentimeter tief umgegraben und von sämtlichem Bewuchs befreit, gedüngt und entwässert wurde.

Als weitere Methode zur Bepflanzung des gut vorbereiteten Bodens gibt Strecker 1,25 Meter lange, an den Enden angespitzte Weidenruten an, die im Abstand von zwölf Zentimetern etwa 30 Zentimeter tief in den Boden gedrückt werden sollen. In gerader Richtung einreihig gesetzt, wurden die ausschießenden Seitenzweige später ineinander verflochten. Bei in schräger Richtung von etwa 50 Grad gesetzten mehrreihigen Pflanzungen wurden die Zweige nicht verflochten, aber durch Bastbänder verbunden, damit die Triebe Halt hatten. Sobald die Ruten ausschlugen fanden sie von alleine aneinander Stabilität.

Etwa fünf Jahre alte einreihige Weidenhecke, die als Zaun für Weidetiere jedoch nicht dicht genug angelegt ist. *Foto: Fersing*

Nachwort

Vom Vorbild Eichelhäher lernen

Der Verlust der Artenvielfalt nimmt immer rasanter Fahrt auf, nicht nur im Weideland und auf den Heuwiesen. Wohlstandserkrankungen greifen auch in der Pferdehaltung um sich. Der angekündigte Klimawandel ist da und beschert uns unter anderem Insektenplagen, Dürren und Überschwemmungen. Doch es gibt keinen Grund, in Panik zu verfallen, denn neu sind die Herausforderungen nicht.

Und es gab immer Lösungen. Ein Blick zurück zeigt, wie blind wir in die Zukunft stolpern, ohne auf unsere Ahnen zu hören. Wissenschaftliche Studien untermauern heute viele ihrer Erfahrungen mit Fakten.

Gehölze in der Weidelandschaft sind kein Platzraub, schon gar nicht Luxus. Sie sind weder künstlich vom Menschen in die Weidelandschaft gebracht worden noch sind sie wehrlos gegen Fraß und Vernichtung. Wald und Weide sind in Europa durch ihre Gärtner, die Tiere, untrennbar miteinander verbunden. Die Europäische Fraßsavanne ist ein uraltes Ökosystem. Von den Dehesas bis zu den Hochalmen finden sich noch intakte Reste dieser oft als „Ödland" über Jahrhunderte verachteten, übernutzten und durch Intensivierung verdrängten Lebensgemeinschaft.

Der Eichelhäher ist keineswegs zu schusselig, die versteckten Eicheln wiederzufinden. Er versteckt sie gut und im Übermaß, denn er pflanzt den Wald der Vergangenheit und der Zukunft – die lichte Waldweide oder Hutung, in der sich schon manches kranke Tier gesund gefressen hat, die dem Klimawandel trotzt, Kohlendioxid bindet und einer unglaublichen Vielfalt an Lebewesen eine Heimat gibt. Echte Bauern braucht das Land, die sich nicht als Manager einer Firma oder Verwalter einer Immobilie verstehen, sondern die mit Weitblick den Gärtnern auf die Mäuler und Schnäbel schauen und wie ihre Vorfahren bereit sind, denen, die es wissen müssen, zu glauben: den Bewohnern der artenreichen Weidelandschaft.

Anhang

Verzeichnis der Tabellen

Weiterführende Literatur

Bösel, B. (2023): Rebellen der Erde. Wie wir den Boden retten – und damit uns selbst! Scorpio Verlag, München, 1. Auflage, 256 Seiten, ISBN 978-3-95803-560-7

Vanselow, R. (2019) Pferd und Grasland. Starke Pferde-Verlag, Lemgo, 2. Aufl., 263 S. ISBN 978-3-947346-03-5

Vanselow, R.; Wahrenburg, W.; Teichner, T.; Behrens, C. & I. Gutsmiedl (2018): Pferd und Heu – Ein Handbuch für Pferdehalter und Heuproduzenten über die wichtigste Nahrungsquelle der Pferde. Bundesverband der Vereinigung der Freizeitreiter und -fahrer in Deutschland e. V (VFD), Twistringen, 3. Aufl., 96 S.

Vanselow, R. (2008): Gehölze und Heckenpflanzen in der Pferdehaltung. Ausbildungsunterlagen der Vereinigung der Freizeitreiter und -fahrer Deutschland e. V. PDF-Datei, 20 S. – Kostenfreier Download unter www.vfdnet.de

Vanselow, R. U. (2002): Risiken und Nebenwirkungen einer Begegnung: Giftpflanzen und Pferde – Eine wechselseitige Anpassung. Ed. Schürer, Kirchheim, 63 S. – Bestellbar nur direkt beim Verlag: www.bettinaschuerer.de

Informative Links

Agroforst-Forschung an der Professur für Waldwachstum und Dendroökologie der Albert-Ludwigs-Universität Freiburg
www.agroforestry.de

Agroforestry-Buch zum kostenfreien Download:
Gassner, A. & P. Dobie (2022): Agroforestry: A primer. Design and management principles for people and the environment
https://doi.org/10.5716/cifor-icraf/BK.25114

Center for International Forestry Research (CIFOR)
cifor.org

Deutscher Fachverband für Agroforstwirtschaft
https://agroforst-info.de

Finck-Stiftung von Benedikt Bösel
https://finck-stiftung.org

Gesellschaft zum Erhalt alter und gefährdeter Haustierrassen (GEH)
www.g-e-h.de

Informationsportal des Bundesamtes für Naturschutz über gebietsfremde und invasive Arten in Deutschland
www.neobiota.de

Verband deutscher Wildsamen- und Wildpflanzenproduzenten e. V.
www.natur-im-vww.de

World Agroforestry (ICRAF)
worldagroforestry.org

Literatur

ABT, K.F. (1991): Zur Kenntnis der Sommernahrung von Wald- und Gelbhalsmaus im Gebiet der Börnhöveder Seenkette. Dipl. Arb. Univ. Kiel. Zitiert in: IRMLER et al. 1996.

AMBSDORF, J.; IRMLER, U. & A. NEUSSEL (1996): Blattverzehr durch Wirbellose an Gehölzpflanzen des Knicks. EcoSys, Bd. 5: 155-161.

ARCHER, N.; HESS, T. & J. QUINTON (2002): The water balance of two semi-arid shrubs on abandoned land in South-Eastern Spain after cold season rainfall. Hydrology and Earth System Sciences, 6(5): 913–926.

ARMELAGOS, G.J.; GOODMAN, A.H. & K.H. JACOBS (1991): The Origins of Agriculture: Population Growth during a Period of Declining Health. Population and Environment, 13(1): 9-22.

ARNOLD, D. (2020): Pferdeweide im Klimawandel. Jahrestagung Weidehaltung des Vereins zur Förderung der Forschung im Pferdesport (FFP) in Friedrichsdorf, online-spezial (ISBN 978-3-00-066748-0): 9-23.

AXE, M.S.; GRANGE, I.D. & J.S. CONWAY (2017): Carbon storage in hedge biomass – A case study of actively managed hedges in England. Agriculture, Ecosystems & Environment, 250: 81-88.

BACON, C. & D.M. HINTON (2018): Endophytes talking: Evidence for quorum signaling inhibitors by metabolites of endophytes. 10th International Symposium on Fungal Endophytes of Grasses, June 18-21, Salamanca, Spain.

BARKMANN, J.; BLUME, H.-P.; IRMLER, U.; KLUGE, W.; KUTSCH, W.L.; RECK, H.; REICHE, E.-W.; TREPEL, M.; WINDHORST, W. & K. DIERSSEN (2008): Ecosystem Research and Sustainable Land Use Management. In: FRÄNZLE et al. 2008, 319-344.

BEINERT, K. & SAUERLANDT, W. (1951): Der wirtschaftseigene Dünger, seine Gewinnung, Behandlung und Verwertung. 6. Aufl., Vlg. Paul Parey, Berlin, 112 S.

BFN (2014): Grünlandreport – Alles im grünen Bereich? Bundesamt für Naturschutz (BfN), Referat Presse- und Öffentlichkeitsarbeit, Bonn, 34 S.

BLUME, H.P.; FRÄNZLE, O.; HEYDEMANN, B.; KAPPEN, L.; NELLEN, W. & WIDMOSER, P. (1990): 6.4 Stickstoffhaushalt der Ackerparzelle A3 (Maisacker). Interne Mitteilungen (Fachlicher Zwischenbericht für das Jahr 1989 FE-Vorhaben Ökosystemforschung im Bereich der Bornhöveder Seenkette), Heft 2. Projektzentrum Ökosystemforschung, Schaunburger Str. 112, 2300 Kiel.

BMNT (2019): Grüner Bericht 2018 – Bericht über die Situation der österreichischen Land- und Forstwirtschaft. BMNT, Wien. Zitiert in: GRILZ-SEGER & DRUML 2020.

BOCK, W.; DAUNICHT, W.; HANSSEN, U.; HINGST, R.; GRAJETZKI, B.; IRMLER, U. & V. PICHINOT (1996): Knicks als Lebensraum für Tiere. EcoSys, Bd. 5: 39.52.

BÖTTICHER, H. (1936): Pferdefibel. Vlg. Offene Worte, Berlin, 112 S.

BOSCHI, C. & B. BAUR (2007): The effect of horse, cattle and sheep grazing on the diversity and abundance of land snails in nutrient-poor calgareous grasslands. Basic and Applied Ecology, 8: 55-65.

BOSCHI, C. (2007): Impact of past and present management practices on the land snail community of nutrient-poor calgareous grasslands. Inauguraldissertation, Univ. Basel, pp. 93.

BRAND-MILLER, J.; BROWN, K.; THOMAS, M. & L. COPELAND (2015). The Importance of Dietary Carbohydrate in Human Evolution. The Quarterly Review of Biology, 90: 251-268.

BRAUN, H. & D. FROHNE (1994): Heilpflanzenlexikon. 6. Aufl. Gustav Fischer Vlg., Stuttgart, 692 S.

BRUTON-SEAL, J. & M. Seal (2008): Hedgerow Medicine. Merlin Unwin Books, Ludlow, Shropshire, pp 205.

BÜRGER, A. (1928): Verbesserung des Grünlandes mit und ohne Umbruch. Paul Parey, Berlin, 44 S.

BUNDESMINISTERIUM FÜR ERNÄHRUNG, LANDWIRTSCHAFT UND FORSTEN (1996): Die neue Düngeverordnung. Bonn, Bestell-Nr. 312-21/96, 56 S.

BUNZEL-DRÜKE, M., E. REISINGER, J. BUSE, C. BÖHM, L. DALBECK, G. ELLWANGER, P. FINCK, J. FREESE, H. GRELL, L. HAUSWIRTH, A. HERRMANN, A. IDEL, E. JEDICKE, R. JOEST, G. KÄMMER, A. KAPFER, M. KÖHLER, D. KOLLIGS, R. KRAWCZYNSKI, A. LORENZ, R. LUICK, S. MANN, H. NICKEL, U. RATHS, U. RIECKEN, N. RÖDER, H. RÖSSLING, M. RUPP, N. SCHOOF, K. SCHULZE-HAGEN, R. SOLLMANN, A. SSYMANK, K. THOMSEN, J.E. TILLMANN, T. TISCHEW, H. VIERHAUS, C. VOGEL, H.-G. WAGNER & O. ZIMBALL (2019): Naturnahe Beweidung und Natura 2000 – Ganzjahresbeweidung im Management von Lebensraumtypen und Arten im europäischen Schutzgebietsystem Natura 2000. 2. Aufl., Heinz Sielmann Stiftung, Duderstadt. 413 S.

BUNZEL-DRÜKE, M., C. BÖHM, G. ELLWANGER, P. FINCK, H. GRELL, L. HAUSWIRTH, A. HERRMANN, E. JEDICKE, R. JOEST, G. KÄMMER, M. KÖHLER, D. KOLLIGS, R. KRAWCZYNSKI, A. LORENZ, R. LUICK, S. MANN, H. NICKEL, U. RATHS, E. REISINGER, U. RIECKEN, H. RÖSSLING, R. SOLLMANN, A. SSYMANK, K. THOMSEN, T. TISCHEW, H. VIERHAUS, H.-G. WAGNER & O. ZIMBALL (2015): Naturnahe Beweidung und Natura 2000 – Ganzjahresbeweidung im Management von Lebensraumtypen und Arten im europäischen Schutzgebietsystem Natura 2000. Heinz Sielmann Stiftung, Duderstadt. 291 S.

BUNZEL-DRÜKE, M., C. BÖHM, P. FINCK, G. KÄMMER, R. LUICK, E. REISINGER, U. RIECKEN, J. RIEDL, M. SCHARF & O. ZIMBALL (2008): Praxisleitfaden für Ganzjahresbeweidung in Naturschutz und Landschaftsentwicklung – „Wilde Weiden". Arbeitsgemeinschaft Biologischer Umweltschutz im Kreis Soest e.V., Bad Sassendorf-Lohne. 215 S.

BUSE, J. (2019): Kap. 6.9 Bedeutung des Dungs von Weidetieren für wirbellose Tiere, insbesondere für koprophage Käfer. In: BUNZEL-DRÜKE et al. 2019: 278-283.

BWK (2016): Mikroschadstoffe in Oberflächengewässern. Bund der Ingenieure für Wasserwirtschaft, Abfallwirtschaft und Kulturbau (BWK) e. V. Landesverband SH/HH, Lehrgang 12. April 2016, Kulturzentrum Rendsburg.

CERMAK, J.; MATYSSEK, R. & J. KUCERA (1993): Rapid response of large, drought-stressed beech trees to irrigation. Tree Physiology, 12: 281-290.

CHRISTIANSEN, D. N. (1928c): Im Knick. In: Altonaer Schulmuseum [Hrsg.]: Vor den Toren der Großstadt – Am Nordrande Altonas. Altona, 3: 239-263.

CHRISTIANSEN, D. N. (1928b): Der Pflanzenwuchs des hohen Elbufers. In: Altonaer Schulmuseum [Hrsg.]: Vor den Toren der Großstadt – Am hohen Elbufer. Altona, 2: 80-86.

CHRISTIANSEN, D. N. (1928a): Die Pflanzenwelt der Haseldorfer Marsch. In: Altonaer Schulmuseum [Hrsg.]: Vor den Toren der Großstadt – Wedel und die Haseldorfer Marsch. Altona, 1: 62-84.

CHRISTIANSEN, Alb. (1907b): Pflanzen- und Tierleben im Knick, Teil II. Die Heimat, Z. f. Natur- und Landeskunde, (ISBN 0017-9701), S. 66-72.

CHRISTIANSEN, Alb. (1907a): Pflanzen- und Tierleben im Knick, Teil I. Die Heimat, Z. f. Natur- und Landeskunde, (ISBN 0017-9701), S. 34-40.

CRISPI, N. & B. HOISS (2021): Warum eigentlich gebietsheimisches Saatgut? ANLiegen Natur, 43 (1): online preview, 8 p., Laufen; www.anl.bayern.de/publikationen

CROFTS, A. & R. G. JEFFERSON (eds., 1999): The Lowland Grassland Management Handbook. 2nd edition. © English Nature/The Wildlife Trusts (Royal Society for Nature Conservation). ISBN 1-85716-443-1.

DEMUTH, G. (1988) Vegetationsaufnahme und Beurteilung eines Grünlandstandortes unter tiergesundheitlichen Gesichtspunkten am Beispiel des Hofes Hollinde. Diplomarbeit, Univ. Kassel-Witzenhausen, Fachbereich Landwirtschaft, Tierkrankheiten, 141 S.

DER NEUE BROCKHAUS (1958): Allbuch in fünf Bänden und einem Atlas. 3. Aufl., F.A. Brockhaus, Wiesbaden.

DILLY, O.; ESCHENBACH, C.; KUTSCH, W.L.; KAPPEN, L. & J.C. MUNCH (2008): Ecophysiological Key Processes in Agricultural and Forest Ecosystems. In: FRÄNZLE et al. 2008, 61-82.

DLG (1981): Landbewirtschaftung und Ökologie: zwingen ökologische Ziele zu grundlegenden Änderungen der Bewirtschaftung von Acker – Grünland – Wald? Arbeiten der Deutsche Landwirtschafts-Gesellschaft (DLG), Bd. 172, 160 S.

DOLNICK, C.; JANSEN, D. & B.-H. RICKERT (2020): Praxisleitfaden Blütenmeer 2020. Blumenwiesen und Heiden entwickeln. Stiftung Naturschutz Schleswig-Holstein, Molfsee, 52 S.

DREXLER, S.; GENSIOR, A. & A. DON (2021): Carbon sequestration in hedgerow biomass and soil in the temperate climate zone. Regional Environmental Change, 21: 74.

DRÖSLER, M., FREIBAUER, A., ADELMANN, W., JÜRGEN, A., BERGMAN, L., BEYER, C., CHOJNICKI, B., FÖRSTER, C., GIEBELS, M., GÖRLITZ, HÖPER, H., KANTELHARDT, J., LIEBERSBACH, H., HAHN-SCHÖFL, M., MINKE, M., PETSCHOW, U., PFADENHAUSE, J., SCHALLER, L., SCHÄGNER, P., SOMMER, M., THUILLE, A. & WEHRHAN, M. (2013): Klimaschutz durch Moorschutz: Schlussbericht des Vorhabens „Klimaschutz – Moornutzungsstrategien“ 2006 – 2010. Zitiert in: KUTZBACH 2017.

EIGNER, J. (1978): Ökologische Knickbewertung in Schleswig-Holstein. Die Heimat, Z. f. Natur- und Landeskunde, (ISBN 0017-9701), 10/11: 241-249. Zitiert in VON STAMM 1992.

ELLENBERG, H. (1986): Vegetation Mitteleuropas mit den Alpen. Vlg. Eugen Ulmer, Stuttgart, 989 S.

EMEIS, C. (1891): Herstellung von Feldknicken in den schleswigschen Freilagen. Vereinsblatt des Heidekulturvereins, Nr. 6.

ERICHSEN, F. (1898b): Unsere Knicke und ihre Pflanzenwelt, Teil II. Die Heimat, Z. f. Natur- und Landeskunde, (ISBN 0017-9701), 180-188.

ERICHSEN, F. (1898a): Unsere Knicke und ihre Pflanzenwelt, Teil I. Die Heimat, Z. f. Natur- und Landeskunde, (ISBN 0017-9701), 163-170.

Fachlexikon abc Biologie (1980) Vlg. Harri Deutsch, Thun, Frankfurt/M., 3. Aufl., 916 S.

FALKE, F. (1920): Die Dauerweiden, Bedeutung, Anlage und Betrieb derselben unter besonderer Berücksichtigung intensiver Wirtschaftsverhältnisse. 3. Aufl. M. & H. Schaper, Hannover, 433 S.

FLAMM, S.; KROEBER, L. & H. SEEL (1949): Die Heilkraft der Pflanzen, ihre Wirkung und Anwendung. Hippokrates-Vlg., 7. Aufl., Stuttgart, 299 S.

FLEISCHER (1913): Anlage und Bewirtschaftung von Moorwiesen und -weiden. Paul Parey, Berlin, 2. Aufl., 94 S., zitiert in: STRECKER 1923.

FRÄNZLE, O.; KAPPEN, L.; BLUME, H.-P. & K. DIERSSEN (Eds.) (2008): Ecosystem Organization of a Complex Landscape: Long-Terrm Research in the Bornhöved Lake District, Germany. Ecological Studies, Vol. 202. Springer Vlg., Heidelberg, pp. 398.

FRECKMANN, W. (1932): Wiesen und Dauerweiden, ihre Anlage und Bewirtschaftung nach neuzeitlichen Grundsätzen. Paul Parey, Berlin, 187 S.

FUCHS, E. (1885): Der Petersensche Wiesenbau. Unter Mitbenutzung des Petersenschen Nachlasses. Paul Parey, Berlin, 234 S.

FÜRSTENBERG, U. (1928): Bandholzkulturen. In: Altonaer Schulmuseum [Hrsg.]: Vor den Toren der Großstadt – Wedel und die Haseldorfer Marsch. Altona, 1: 39-40.

GAEDECHENS, E. (1928): Im Birkhahngebiet. In: Altonaer Schulmuseum [Hrsg.]: Vor den Toren der Großstadt – Am Nordrande Altonas. Altona, 3: 58-60.

GAGARIN, E. (1949): Holzanbau zum Schutz der Felder in Rußland. Forstwissenschaftliches Centralblatt, 68: 571-602. Zitiert in: METTE 1996.

Galensa, F. (1956): Ein Beitrag zu den Meliorationsproblemen der Marsch. Aus der Arbeit der Marschversuchsstation für Niedersachsen in Infeld, Landwirtschaftsverlag Weser-Ems, Oldenburg(Oldb), Heft 1, 74 S.

Gardiner, T. & K. Haines (2008): Intensive grazing by horses detrimentally affects orthopteran assemblages in floodplain grassland along the Mardyke River Valley, Essex, England. Conservation Evidence, 5: 38-44.

Garrido, P.; Marell, A.; Öckinge, E.; Skarin, A.; Jansson, A. & C.-G. Thulin (2019): Experimental rewildering enhances grassland functional composition and pollinator habitat use. Journal of Applied Ecology, 56: 946-955.

Geiger, D.; Maierhofer, T.; AL-Rasheid, K. A. S.; Scherzer, S.; Mumm, P.; Liese, A.; Ache, P.; Wellmann, C.; Marten, I.; Grill, E.; Romeis, T. & R. Hedrich (2011): Stomatal Closure by Fast Abscisic Acid Signaling Is Mediated by the Guard Cell Anion Channel SLAH3 and the Receptor RCAR1. Sci. Signal. 4, ra32.

Geith, R. & K. Fuchs (1943): Grünlandfibel. Arbeiten des Reichsnährstandes, Bd. 13, Reichsnährstandsverlag GmbH, Berlin, 75 S.

Geith, R.; Koch, H.; Münzberg, H.; Nolte, O. & R. Tismer (1932): Grünlandfibel. Praktische Anleitung zur Anlage, Pflege und Bewirtschaftung des Grünlandes. Flugschriften der Deutschen Landwirtschafts-Gesellschaft, Berlin, Heft 30, 119 S.

Glutz von Blotzheim, U.N. & K. Bauer (1985): Handbuch der Vögel Mitteleuropas. Bd. 10, Wiesbaden, 507 S. Zitiert in: Irmler et al. 1996.

Gottlieb, L. (2015): Woodland grazing – effects of horse grazing on ground vegetation and forest structures. Master Thesis, Univ. Copenhagen, Department of Geosciences and Natural Resource Management, pp. 85

Gries, C. & L. Kappen (1996): Mikroklima und Wasserzustandsgrößen von Knickpflanzen in Abhängigkeit von der Exposition – Charakterisierung anhand von 2 Strahlungstagen. EcoSys, Bd. 5: 91-104.

Grilz-Seger, G. & T. Druml (2020): Vom Schwinden der Kulturlandschaft – ein Beispiel aus Österreich. Starke Pferde, 93: 24-30.

Guo, F.-Q.; Young, J. & N.M. Crawford (2003): The Nitrate Transporter AtNRT1.1 (CHL1) Functions in Stomatal Opening and Contributes to Drought Susceptibility in Arabidopsis. The Plant Cell, 15: 107–117.

Habermehl, G. (1985): Mitteleuropäische Giftpflanzen und ihre Wirkstoffe. Springer-Verlag, Berlin/Heidelberg, 137 S.

Haft, J. (2019) Die Wiese. Penguin Vlg., München, 253 S.

Hansen, U.P., Cakan, O., Abshagen, M. Farokhi, A. (2003): Gating models of the anomalous mole fraction effect of single-channel current in Chara. J. Membrane Biol., 192: 45-63.

Harder, H. (1928) Von Wedel nach Hetlingen. In: Altonaer Schulmuseum [Hrsg.]: Vor den Toren der Großstadt – Wedel und die Haseldorfer Marsch, Altona, 1: 23-36.

HASSENPFLUG, W. (1990): Winderosion. In: BLUME, H.P. (ed.): Handbuch des Bodenschutzes, ecomed, Landsberg/Lech: 183-197. Zitiert in: SCHRAUTZER et al. 1996.

HAUCK, E. (1952): Die Gemeindeweiden im hohen Vogelsberg. Die Melioration der Hutweiden und ihre heutige Nutzung. Dissertation, Univ. Gießen, Landwirtschaftl. Fakultät, Lauterbacher Sammlungen, Lauterbacher Hohhausmuseum (Hrsg.), Heft 7, 63 S.

HECKER, L.P.; BIRKHOFER, K.; YANG, X.; QUERHAMMER, L.; STÖCKMANN, I. & F. WÄTZOLD (2022): Insektenverluste durch den Einsatz von Konditionierern bei der Behandlung von Mähgut – ökologische und ökonomische Aspekte. Natur und Landschaft, 97 (2): 78-84.

HELLWIG, J. (2002): Avifaunistische Untersuchung im Stiftungsland Schäferhaus – Siedlungsdichtekartierung ausgewählter Arten.

HEYDEMANN, B. & J. MÜLLER-KARCH (1980): Biologischer Atlas Schleswig-Holstein. Karl Wachholtz Verlag, Neumünster, 263 S. Zitiert in: VON STAMM 1992.

HIESEMANN, M. (1909): Lösung der Vogelschutzfrage nach Freiherrn v. Berlepsch. Vlg. Franz Wagner, Leipzig, 3. Aufl., 146 S.

HINGST, R. (1991): Die Bedeutung der Wallhecken für die Vernetzung und den Verbund von Ökosystemen. Faun. Ökol. Mitt. Suppl. 10:11-40. Zitiert in: BOCK et al. 1996.

HÖRMANN, G.; IRMLER, U.; MÜLLER, F.; PIOTROWSKI, J.; PÖPPERL, R.; REICHE, E.W.; SCHERNEWSKI, G.; SCHIMMING, C.-G.; SCHRAUTZER, J. & W. WINDHORST (1992): Ökosystemforschung im Bereich der Bornhöveder Seenkette. Arbeitsbericht 1988-1991. 6.3.2 Stickstoffeinträge. EcoSys, 1: 233-237.

HOLLINGER, D.-Y.; KELLIHER, F.M. & E.-D. SCHULZE (1994): Coupling of the tree transpiration to atmospheric turbulence. Nature, 371: 60-62.

HORN, R.; AKKER VAN DEN, J.J.H. & J. ARVIDSSON (2000): Subsoil compaction: distribution, processes and consequences. Reiskirchen: Advances in GeoEcology, 32 S. Zitiert in WAHRENBURG et al. 2010.

HOWE, H. F. & WESTLEY, L. C. (1993): Anpassung und Ausbeutung: Wechselbeziehungen zwischen Pflanzen und Tieren. Spektrum, Akad. Verl., Heidelberg, Berlin, 310 S.

IRMLER, U.; BOCK, W.; DAUNICHT, W.; HANSSEN, U. & R. HINGST (1996): Knicks als ökologische Verbundelemente in der Agrarlandschaft. EcoSys, Bd. 5: 193-204.

JÄCKEL, N.; KRAEMER, M.; WALTER, B. & H. MEINIG (2020): „Bremsenfallen" – ein überflüssiger (und wahrscheinlich illegaler) Beitrag zum Insektensterben. „Gadfly traps" – A superfluous (and probably illegal) contribution to insect decline. Natur und Landschaft, 95 (3): 129-135.

JANISOVA, M.; BIRO, A.; IUGA, A.; SIRKA, P. & I. SKODOVA (2020): Species-rich grasslands of the Apuseni Mts (Romania): role of traditional farming and local ecological knowledge. Tuexenia, 40: 409-427.

JANSEN, T.; FORSTER, P.; LEVINE, M. L.; OELKE, H.; HURLES, M.; RENFREW, C.; WEBER, J.; OLEK, K. (2002): Mitochondrial DNA and the origins of the domestic horse. Proceedings of the National Academy of Sciences of the USA, 99(16): 10905-10910.

JENSEN, A. & U. HEINTZE (1987): Knicks und andere Hecken, Feldgehölze. In: Riedel, W. & U. Heintze (eds.): Umweltarbeit in Schleswig-Holstein. Karl Wachholtz Verlag, Neumünster, 61-72. Zitiert in: KAPPEN 1996.

JEZIERSKI, T. & Z. JAWORSKI (2008): Das Polnische Konik. – Westarp Wissenschaften, Hohenwarsleben, Die Neue Brehm- Bücherei Bd. 658, 264 S.

JEZIERSKI, T. & Z. JAWORSKI (1995): Polnische Koniks aus Popielno. Institut für Genetik und Tierzucht der Polnischen Akademie der Wissenschaften. – Jastrzebiec, 05-551 Mrokow, Polen. ISBN 8390370603, 76 S.

KÄMMER, G. & M. BUNZEL-DRÜKE (2019): Stillgewässer. In: BUNZEL-DRÜKE et al. 2019: 82-85.

KAPFER, A. (2019) Zur Rolle der Nutztierbeweidung bei der Entstehung der mitteleuropäischen Kulturlandschaften. In: BUNZEL-DRÜKE et al. 2019: 28-35.

KAPPEN, L. (1996): Wallhecken als Gegenstand der Ökosystemforschung. EcoSys, Bd. 5: 1-9.

KERNER, A. (1868): Die Alpenwirtschaft in Tirol, ihre Entwicklung, ihr gegenwärtiger Betrieb und ihre Zukunft. Österr. Revue, Neudruck Villach 1941. Zitiert in: KNAPP & KNAPP 1953.

KIRCHNER, G. (1957) Die Almwirtschaft. In: SCHNEIDER, A.; BAIER, E. & L. HULA (eds.) (1957): Lehrbuch der Landwirtschaft, Bd. 9. Acker-, Grünland- und Almwirtschaft. 9. Aufl., Vlg. Georg Fromme, Wien: 202-335.

KLAPP, E. (1971): Wiesen und Weiden. 4. Aufl. Vlg. Paul Parey, Berlin. Zitiert in: DEMUTH 1988.

KLAPP, E. (1954): Wiesen und Weiden. 2. Aufl., Vlg. Paul Parey, Berlin, 519 S.

KNAPP, G. & R. KNAPP (1953): Über Pflanzengesellschaften und Almwirtschaft im Ober-Allgäu und angrenzenden Vorarlberg. Landwirtschaftliches Jahrbuch für Bayern, 30 (9/10): 548-588.

KNAUER, N. (1993): Ökologie und Landwirtschaft. Situation, Konflikte, Lösungen. Vlg. Eugen Ulmer, Stuttgart, 275 S. Zitiert in: SCHRAUTZER et al. 1996b.

KÖNEKAMP, A.H. (1930): Beitrag zur Kenntnis der Dauerweiden der Neumark und Grenzmark, ihrer Anlage und Bewirtschaftung. Landwirtschaftliche Jahrbücher – Zeitschrift für wissenschaftliche Landwirtschaft, Bd. LXXI. Vlg. Paul Parey, Berlin: 505-534.

KRAUSS, J.; VIKUK, V.; YOUNG, C.A.; KRISCHKE, M.; MUELLER, M.J. & K. BAERENFALLER (2020): Epichloë Endophyte Infection Rates and Alkaloid Content in Commercially Available Grass Seed Mixtures in Europe. Microorganisms, 8: 498; doi:10.3390/microorganisms8040498.

KRINITZ, J.; GARBE-SCHÖNBERG, C.-D. & U. SCHLEUSS (1996): Filterwirkung von Knicks für atmosphärische Schadstoffe am Beispiel des Schwermetalls Blei. EcoSys, Bd. 5: 205-216.

KÜHBAUCH, W. (1985): Berührungspunkte und Gegensätze von ökonomisch und ökologisch orientierter Grünlandnutzung. Übersichten zur Tierernährung, 13: 113-128. Zitiert in: DEMUTH 1988.

KUTZBACH, L. (2017): Klimaschutz durch Moorschutz, Möglichkeiten und Grenzen. Fachgespräch Moorschutz in der Behörde für Umwelt und Energie, Hamburg, 17.02.2017

LAMBERGER, R. (1911): Über Anlage, Pflege und Betrieb der Dauerweiden. Vortrag gehalten am 4. Dez. 1911 im Landwirtschaftsverein für das Bremische Gebiet. 17 S. mit einer Fortsetzung von 13 S.

LANDESAMT FÜR NATUR UND UMWELT DES LANDES SCHLESWIG-HOLSTEIN (2002): Knicks in Schleswig-Holstein (Teil 1), Bedeutung, Zustand, Schutz. Heft 32 vom 10. Aug., Flintbek, 12 S.

LANDESAMT FÜR NATURSCHUTZ UND LANDSCHAFTSPFLEGE SH (1992): Knicks in Schleswig-Holstein – Bedeutung, Pflege, Erhaltung. Merkblatt Nr. 6, 9. Auf., 6 S.

LANDESAMT FÜR NATURSCHUTZ UND LANDSCHAFTSPFLEGE (1983): Knicks in Schleswig-Holstein – Bedeutung, Pflege, Erhaltung. Merkblatt Nr. 6, 1. Aufl. Zitiert in: VON STAMM & WELTERS 1996.

LANGE, N. (1984): Analyse des Blatt-Biomasse-Konsums an Schlehe, Weißdorn und Wildrosen durch phytophage Insekten. ANL Beiheft 3: 127-134. Zitiert in: AMBSDORF et al. 1996.

LARCHER, W. (1994): Ökophysiologie der Pflanzen: Leben, Leistung und Streßbewältigung der Pflanzen in ihrer Umwelt. UTB für Wissenschaft, Vlg. Eugen Ulmer, Stuttgart, 394 S.

LEITUNGSGREMIUM (eds.) (1992): Ökosystemforschung im Bereich der Bornhöveder Seenkette: Arbeitsbericht 1988-1991. EcoSys, Beiträge zur Ökosystemforschung, Kiel, Bd. 1, 338 S.

LENGWENAT (1998): Was braucht mein Pferd – Ein Ratgeber zur praktischen Fütterung. Zusammenstellung von Artikeln, die zum Thema Pferdefütterung im Reitsport in Weser-Ems erschienen sind. 90 S.

LIMPER, A. & R. LIMBACH (1938): Zäune, Hecken, Tore, Schutzhütten und Tränkanlagen auf Dauerweiden. Vlg. Paul Parey, Berlin, 104 S.

LITZA, K.; ALIGNIER, A.; CLOSSET-KOPP, D.; ERNOULT, A.; MONY, C.; OSTHAUS, M.; STALEY, J.; VAN DEN BERGE, S.; VANNESTE, T. & M. DIEKMANN (2022): Hedgerows as a habitat for forest plant species in the agricultural landscape of Europe. Agriculture, Ecosystems & Environment, 326: 107809.

LOHAUS, W. (1907): Neukulturen und Viehweiden auf Heide- und Moorboden. Vlg. Paul Parey, Berlin, 92 S.

MACLEAN, M. (1992): New hedges for the countryside. Farming Press, Ipswich, pp. 276.

MARQUARDT, G. (1950): Die schleswig-holsteinische Knicklandschaft. Schriften des Geographischen Instituts der Uni Kiel, 13(3): 90 S. Zitiert in: VON STAMM & WELTERS 1996.

MARSH, A. S., J. A. III ARNONE, B. T. BORMANN & J. C . GORDON (2000): The role of Equisetum in nutrient cycling in an Alaskan shrub wetland. Journal of Ecology, 88: 999–1011.

MARTINEZ-FERNANDEZ, J. & M. A. ESTEVE (2005): A critical view of the desertification debate in Southeastern Spain. Land Degrad. Develop., 16: 529–539.

MARXEN-DREWES, H. (1987): Kulturpflanzenentwicklung, Ertragsstruktur, Segetalflora und Arthropodenbesiedlung intensiv bewirtschafteter Äcker im Einflußbereich von Wallhecken. Schriften d. Inst. f. Wasserwirtschaft und Landschaftsökologie, Univ. Kiel, Heft 6. Zitiert in METTE 1996.

MEISSINGER, E. (1936): Almgeographie des Illerquellgebietes. Würzburg. Zitiert in: KNAPP & KNAPP 1953.

METTE, R. (1996): Funktion und Wirkung von Knicks in der Agrarlandschaft. EcoSys, Bd. 5: 175-192.

METTE, R. & B. SATTELMACHER (1991): Hedgerows – their root ecology and influence on arable land. In: KUTSCHERA, L.; HÜBL, E.; LICHTENEGGER, E.; PERSSON, H. & M. SOBOTIK (eds.): Root ecology and its practical application 2: 3rd Symposium of the International Society of Root Research, Wien. Eigenverlag Verein für Wurzelforschung: 459-461. Zitiert in: VON STAMM et al. 1996.

MIETH, B.; KUTSCH, W.L. & L. KAPPEN (1996): Lamiastrum galeobdolon und Galium aparine als erfolgreiche Knickbodenpflanzen. EcoSys, Bd. 5: 163-174.

MOINARDEAU, C.; MESLEARD, F.; RAMONE, H. & T. DUTOIT (2021): Grazing in temporary paddocks with hardy breed horses (Konik polski) improved species-rich grasslands restoration in artificial embankments of the Rhone river (Southern France). Global Ecology and Conservation, 31: e01874.

MONTANARELLA, L.; JONES, R.J.A. & R. HIEDERER (2006) The distribution of peatland in Europe. Mires and Peat, (ISSN 1819-754X), 1(1): 1-10.

MONTEITH, J.L. & M.H. UNSWORTH (1990): Principles of environmental physics. 2nd Edition. Edward Arnold, London, pp. 292.

MORO, M.J.; PUGNAIRE, F.I.; HAASE, P. & J. PUIGDEFABREGAS (1997): Effect of the canopy of Retama sphaerocarpa on its understorey in a semiarid environment. Functional Ecology, 11: 425–431.

MOTT, N.; MÜLLER, G. & E. KUTTRUF (1972): Einfluß der Nachmahd auf Umfang und Dauer von Geilstellen. Das wirtschaftseigene Futter, 18: 81-88. Zitiert in: DEMUTH 1988.

MÜGGE, B.; LUTZ, W. -E.; SÜDBECK, H. & S. ZELFEL (1999): Deutsche Holsteins – Die Geschichte einer Zucht. Vlg. Eugen Ulmer, Stuttgart, 247 S.

NÄHRING, D. (1990): Charakterisierung und Bewertung von Hecken mit Hilfe der Spinnenfauna. Zool. Beitr., 33:253-263. Zitiert in: BOCK et al. 1996.

NICKEL, H. (2019): Zikaden. In: BUNZEL-DRÜKE et al. (eds.): Naturnahe Beweidung und Natura 2000 – Ganzjahresbeweidung im Management von Lebensraumtypen und Arten im europäischen Schutzgebietsystem Natura 2000. 2. Aufl., Heinz Sielmann Stiftung, Duderstadt: 267-277.

NIGGL, L. (1930): Das Grünland in der neuzeitlichen Landwirtschaft. Praktische Anleitung zur Bewirtschaftung von Wiesen und Weiden auf Grund der Erfahrungen in Steinach. 3. Aufl., Vlg. Paul Parey, Berlin, 145 S.

OBERDORFER, E. (1983): Pflanzensoziologische Exkursionsflora. Vlg. Eugen Ulmer, Stuttgart, 1051 S.

OELKE, H. (1968): Wo beginnt bzw. wo endet das Biotop der Feldlerche? J. Orn., 109: 25-29. Zitiert in: IRMLER et al. 1996.

OLBRICHT, A. (1949): Windschutzpflanzungen. M. & H. Schaper, Hannover, 82 S. Zitiert in: METTE 1996.

PAULY, D. (1995): Anecdotes and the shifting baseline syndrome of fisheries. Tree, 10 (10): 430.

POLLARD, E.; HOOPER, M.D. & N.W. MOORE (1975): Hedges. William Collins Sons & Co. Ltd., Glasgow, pp. 256. Zitiert in: METTE 1996.

POLLARD, E. (1968): Hedges III: The effect of removal of the bottom flora of a hawthorn hedgerow on the Carabidae of the hedge bottom. Zitiert in: BOCK et al. 1996.

PRATT-PHILLIPS, S.; MUNJIZUN, A. & K. JANICKI (2023): Visual Assessment of Adiposity in Elite Hunter Ponies. J Equine Vet Sci, 121: 104199.

PROJEKTZENTRUM ÖKOSYSTEMFORSCHUNG (1996): Ökosystemforschung an Knicks – Untersuchungen an Wallhecken in Schleswig-Holstein. EcoSys – Beiträge zur Ökosystemforschung, ISSN 0940-7782, Bd. 5, 237 S.

RAHMANN, G. (2004): Gehölzfutter – eine neue Quelle für die ökologische Tierernährung. In: RAHMANN, G. & T. VAN ELSEN: Naturschutz und Ökolandbau. Landbauforschung Völkenrode, Sonderheft 272: 29-42.

RANGNOW, H. (1934): Fünfzehn Jahre Waldläufer. Volksverband der Bücherfreunde, Berlin, 159 S.

RASCHKE, K. (1976): How stomata resolve the dilemma of opposing priorities. Phil. Trans. Roy. Soc. London, Ser. B, 273: 551-560.

REISINGER, E.; LUICK, R.; FREESE, J.; SCHOOF, N.; KÄMMER, G. & R. SOLLMANN (2019): Vorschläge / Forderungen für eine verbesserte Förderung von extensiven Weidesystemen in einer neuen GAP im Detail. In: BUNZEL-DRÜKE et al. (eds.): Naturnahe Beweidung und Natura 2000 – Ganzjahresbeweidung im Management von Lebensraumtypen und Arten im europäischen Schutzgebietsystem Natura 2000. 2. Aufl., Heinz Sielmann Stiftung, Duderstadt: 329-335.

REISINGER, E. & R. SOLLMANN (2019): Amphibien und Reptilien. In: BUNZEL-DRÜKE et al. (eds.): Naturnahe Beweidung und Natura 2000 – Ganzjahresbeweidung im Management von Lebensraumtypen und Arten im europäischen Schutzgebietsystem Natura 2000. 2. Aufl., Heinz Sielmann Stiftung, Duderstadt: 201-207.

RICHTER, D. & F.-R. MATUSCHKA (2010): Elimination of Lyme Disease Spirochetes from Ticks Feeding on Domestic Ruminants. Applied and Environmental Microbiology, 76(22): 7650–7652.

ROSENKRANZ, B.; GÜNTHER, J.; LEHMANN, S.; MATERN, A.; PERSIGEHL, M. & T. ASSMANN (2004): Die Bedeutung koprobionter Lebensgemeinschaften in Weidelandschaften und der Einfluss von Parasitiziden. Bundesamt für Naturschutz (BfN), Schr. - R. f. Landschaftspflege und Naturschutz, 78: 415-427.

RUDOLPH, W.; REMANE, D.; WISSENBACH, D. K.; KLEIN, C.; BARNEWITZ, D. & F. T. PETERS (2017): Development and validation of an ultrahigh performance liquid chromatography high resolution tandem mass spectrometry quantification method for hypoglycin A and methylene cyclopropyl acetic acid carnitine in horse serum in cases of atypical myopathy. Drug Testing and Analysis, online 12. Dezember 2017, DOI: 10. 1002/dta. 2337

SCHERNEWSKI, G.; SCHLEUSS, U. & H. WETZEL (1996): Bedeutung von Wallhecken für den Gewässerschutz. EcoSys, Bd. 5: 217-223.

SCHIESS-BÜHLER, C.; FRICK, R.; STÄHLI, B.; FURI, R. (2011): Erntetechnik und Artenvielfalt in Wiesen. AGRIDEA [Hrsg.] Landwirtschaftl. Forschung und Beratung, Naturnahe Lebensräume. 2. Aufl., Lindau, Lausanne. 8 S.

SCHIMMING, C.-G.; LILIENFEIN, M.; METTE, R.; SPRANGER, T.; BLUME, H.P.; FRÄNZLE, O.; SATTELMACHER, B. & DOHNKE, CHR. (1990) Stoffflußuntersuchungen, Einträge von Nitrat und Ammonium, Transport in Böden und Grundwasser sowie Bedeutung der Durchwurzelung. Interne Mitteilungen (Fachlicher Zwischenbericht für das Jahr 1989 FE-Vorhaben Ökosystemforschung im Bereich der Bornhöveder Seenkette), Heft 4. Projektzentrum Ökosystemforschung, Schaunburger Str. 112, 2300 Kiel.

SCHLEUSS, U. (1996): Ökologie und Genese der Böden unter Knicks. EcoSys, Bd. 5: 23-28.

SCHMITZ, A. & J. ISSELSTEIN (2020): Effect of grazing system on grassland plant species richness and vegetation characteristics: comparing horse and cattle grazing. Sustainability, 12: 3300.

SCHNEIDER, A.; BAIER, E. & L. HULA (eds.) (1957): Lehrbuch der Landwirtschaft, Bd. 9. Acker-, Grünland- und Almwirtschaft. 9. Aufl., Vlg. Georg Fromme, Wien, 426 S.

SCHNEIDER, K. (1926): Die Anlage von Dauerweiden und ihr Betrieb nach neueren Erfahrungen. Vlg. Korn, Breslau, 132 S.

SCHOOF, N. & R. LUICK (2019): Zur Bedeutung des Dungs von Weidetieren. In: SCHOOF, N.; LUICK, R.; BEAUFOY, G.; JONES, G.; EINARSSON, P.; RUIZ, J.; STEFANOVA, V.; FUCHS, D.; WINDMAISSER, T.; HÖTKER, H.; JEROMIN, H.; NICKEL, H.; SCHUMACHER, J. & M. UKHANOVA: Grünlandschutz – Treiber der Biodiversität, Einfluss von Agrarumwelt- und Klimamaßnahmen, Ordnungsrecht, Molkeieriwirtschaft und Auswirkungen der Klima- und Energiepolitik. BfN-Skript 539: 55-58.

SCHRAUTZER, A.; VON STAMM, S. & S. TIDOW (1996a) Vegetation der Knicks. EcoSys, Bd. 5: 29-38.

SCHRAUTZER, A.; IRMLER, U. & L. KAPPEN (1996b): Ökosystemanalyse als Grundlage eines Bewertungs- und Leitbildkonzeptes für den Knickschutz. EcoSys, Bd. 5: 225-237.

SCHULZE (1937): Ratgeber für den Landbau in Mecklenburg. Carl Hinstorffs Verlag, Rostock, 175 S.

SCHUMACHER, A. (1939): Ratgeber für den Landbau in Ostpreußen. Hauptabteilung II (Abt. Landbau) der Landesbauernschaft Ostpreußen in Königsberg (Pr), [Hrsg.], Reichsnährstand Verlags-G.m.b.H., Berlin, 188 S.

SILIO-MENZEL, A. & M. DIREKTOR (2015): Der Europäische Oxenweg damals und heute. Ein historischer Reiseführer. Vlg. Aichach, Wittelsbacher Land e.V. [Hrsg.], 150 S.

SMITH, P.H. (1972): The energy relations of defoliating insects in a hazel coppice. J. Anim. Ecol., 41: 567-587. Zitiert in: AMBSDORF et al. 1996.

SOMMERKAMP, G. & F. GALENSA (1958): Grünlandwirtschaft in der Marsch. Landwirtschaftsverlag Weser-Ems, Oldenburg, 132 S.

SPANN, J. (1953): Der Begriff „Rindergras“ oder „Kuhrecht“ in der Almwirtschaft. Landwirtschaftl. Jahrbuch für Bayern, 30(9/10): 598-611.

SPONSELLER, B. T.; VALBERG, S. J.; SCHULTZ, N. E.; BEDFORD, H.; WONG, D. M.; KERSH, K. & G. D. SHELTON (2012): Equine multiple acyl-CoA dehydrogenase deficiency associated with seasonal pasture myopathy in the Midwestern United States. J. Vet. Intern. Med., 26: 1012-1018.

SPEIDEL, B. (1963): Das Grünland, die Grundlage der bäuerlichen Betriebe auf dem Vogelsberg – Ergebnisse und Auswertung einer pflanzensoziologischen Kartierung. Schriftenreihe des Bodenverbandes Vogelsberg, Lauterbach/Hessen, Heft 3, 68 S.

SONNENBURG, H. & B. GERKEN (2004): Das Hutewaldprojekt im Solling. 2. Aufl., Vlg. Huxaria, Höxter, 41 S.

SPIELMANN, K.A. (1989): A Review: Dietary Restrictions on Hunter-Gatherer Women and the Implications for Fertility and Infant Mortality. Human Ecology, 17(3): 321-345.

STECHMANN, D.-H. (1991): Wie funktionieren Hecke-Feld-Interaktionen? Beispiel Getreideblattläuse und aphidophage Insekten. Wiss. Beitr. Univ. Halle: 300-304. Zitiert in: IRMLER at al. 1996.

STRECKER, W. (1923): Die Kultur der Wiesen, ihr Wert, ihre Verbesserung, Düngung und Pflege. 4. Aufl., Paul Parey, Berlin, 502 S.

STUTZER, A. (1922): Düngelehre. 21. Aufl., Vlg. Hugo Voigt, Leipzig, 144 S.

TANCRE, A. (1929): Die Neuanlage, Verbesserung, Düngung und Pflege der Wiesen und Weiden. In: Neuzeitliche Massnahmen zur Erhöhung der landwirtschaftlichen Produktion. Lehrgang für Kulturtechnik, Bodenmelioration und Grünland, Kiel, 7.-12. Mai 1928. Veröff. d. SH Universitätsges., 22: 139-150.

TERRASSON, F. & G. TENDRON (1975): Evolution and conservation of hedgerow landscape in Europe. Council of Europe-Strasbourg, Nature and Environment Series, 8: 44 p. Zitiert in: METTE 1996.

THAER, A. D. (1853): Grundsätze der rationellen Landwirtschaft. 1.-4. Bd., 5. Aufl., Vlg. Georg Reimer, Berlin.

THAER, A. D. (1810): Grundsätze der rationellen Landwirtschaft. 1.-4. Bd., Vlg. Georg Reimer, Berlin.

TERASAKI HART, D.E., YEO, S., ALMARAZ, M. et al. (2023): Priority science can accelerate agroforestry as a natural climate solution. Nat. Clim. Chang., https://doi.org/10.1038/s41558-023-01810-5

THIELE, R. (1924): Die Düngung im Garten-, Obst- und Gemüsebau. Ein Leitfaden für die Praxis. Thaer-Bibliothek, Vlg. Paul Parey, Berlin, 235 S.

THOMAS, V. G. & J. P. PREVETT (1982): The role of horsetails (Equisetaceae) in the nutrition of northern-breeding geese. Oecologia, 53: 359–363.

TIEMEYER, B.; ALBIAC-BORRAZ, E.; AUGUSTIN, J.; BECHTOLD, M.; BEETZ, S.; BEYER, C.; DRÖSLER, M.; EBLI, M.; EICKENSCHEIDT, T.; FIEDLER, S.; FÖRSTER, C.; FREIBAUER, A.; GIEBELS, M.; GLATZEL, S.; HEINICHEN, J.; HOFFMANN, M.; HÖPER, H.; JURASINSKI, G.; LEIBER-SAUHEITL, K.; PEICHL-BRAK, M. et al. (2016): High emissions of greenhouse gases from grassland on peat and other organic soils. Global Change Biol. 22: 4134-4149. Zitiert in: KUTZBACH 2017.

TIEMEYER, B., FREIBAUER, A., DRÖSLER, M., ALBIAC-BORRAZ, E., AUGUSTIN, J., BECHTOLD, M., BEETZ, S., BELTING, S., BERNRIEDER, M., BEYER, C., EBERL, J., EICKENSCHEIDT, T., FELL, H., FIEDLER, S., FÖRSTER, C., FRAHM, E., FRANK, S., GIEBELS, M., GLATZEL, S., GRÜNWALD, T., HEINICHEN J., HOFFMANN, M., HOMMELTENBERG, J., HÖPER, H., LAGGNER, A., LEIBER-SAUHEITL, K., LEPPELT, T., METZGER, C., PEICHL-BRAK, M., RÖHLING, S., ROSSKOPF, N., RÖTZER, T., SOMMER, M., WEHRHAN, M., WERLE, P. & ZEITZ, J. (2013): Klimarelevanz von Mooren und Anmooren in Deutschland: Ergebnisse aus dem Verbundprojekt „Organische Böden in der Emissionsberichterstattung", Thünen Working Paper 15. Zitiert in: KUTZBACH 2017.

TSCHARNTKE, T.; GRASS, I.; WANGER, T.C.; WESTPHAL, C. & P. BATARY (2021): Opinion: Beyond organic farming – harnessing biodiversity-friendly landscapes. Trends in Ecology & Evolution, 36 (10): 919-930.

TYREE, M.T.; COCHARD, H.; CRUIZIAT, P.; SINCLAIR, B. & T. AMEGLIO (1993): Drought-induced shedding in walnut: evidence for vulnerability segmentation. Plant, Cell and Environment, 16: 879-882.

TYREE, M.T. & J.S. SPERRY (1989b): Characterization and propagation of acoustic emission signals in woody plants: towards an improved acoustic emission counter. Plant, Cell and Environment, 12: 371-382.

TYREE, M.T. & J.S. SPERRY (1989a): Vulnerability of Xylem to cavitation and embolism. Annual Review of Plant Physiology and Molecular Biology, 40: 19-38.

TYREE, M.T. (1988): A dynamic model for water flow in a single tree: evidence that models must account for hydraulic architecture. Tree Physiology, 4: 195-217.

TYREE, M.T. & J.S. SPERRY (1988): Do woodyplants operate near the point of catastrophic xylem dysfunction caused by dynamic water stress? Answers from a model. Plant Physiology, 88: 574-580.

TYREE, M.T.; FISCUS, E.L.; WULLSCHLEGER, S.D. & M.A. DIXON (1986): Detection of xylem cavitation in corn under field conditions. Plant Physiology, 82: 597-599.

VALBERG S. J., SPONSELLER B. T., HEGEMANN A. D., EARING J., BENDER J. B., MARTINSON K. L., PATTERSON S. E. & L. SWEETMAN (2013): Seasonal pasture myopathy/atypical myopathy in North America associated with ingestion of hypoglycin A within seeds of the box elder tree. Equ. Vet. J., 45: 419–426.

VAN DER KOLK, J. H.; BOELENS, R.; HALKES, S. B. A.; WIJNBERG, I. D.; DE SAIN-VAN DER VELDEN, M. G. M. & J. H. IPPEL (2013): Some notes on fatal acquired multiple acyl-CoA dehydrogenase deficiency (MADD) in a two-year-old warmblood stallion and European tar spot (Rhytisma acerinum). Veterinary Quarterly, 33(1): 47-51.

VAN DER KOLK, J. H.; WIJNBERG, I. D.; WESTERMANN, C. M.; DORLAND, L.; DE SAIN-VAN DER VELDEN, M. G.; KRANENBURG, L. C.; DURAN, M.; DIJKSTRA, J. A.; VAN DER LUGT, J. J.; WANDERS, R. J. & E. GRUYS (2010): Equine acquired multiple acyl-CoA dehydrogenase deficiency (MADD) in 14 horses associated with ingestion of Maple leaves (Acer pseudoplatanus) covered with European tar spot (Rhytisma acerinum). Mol. Genet. Metab., 101: 289-291.

VANSELOW, R. (2019): Pferd und Grasland. Starke Pferde-Verlag, Lemgo, 263 S.

VANSELOW, R. (2010): Atypische Weidemyopathie – Ahornsamen als Ursache? Starke Pferde 3 (55), 12-13.

VOGEL, H. & J. SCHOTT (1953): Untersuchungen über den Futterverzehr beim Haflinger und beim Süddeutschen Kaltblut. BLV, München, Landwirtschaftliches Jahrbuch für Bayern, 30. Jahrgang, Heft 9/10, 612-621.

VON BERLEPSCH, H. (1904): Der gesamte Vogelschutz, Vlg. Hermann Gesenius, Halle, 132 S.

VON OETTINGEN, B. (1921): Die Pferdezucht. Handbuch für Züchter, Studierende und Pferdefreunde. Paul Parey, Berlin, 537 S.

VON STAMM, S.; WEISHEIT, K. & R. METTE (1996): Strukturmerkmale von Knicks. EcoSys, Bd. 5: 53-63.

VON STAMM, S. & A. WELTERS (1996): Zur Geschichte der schleswig-holsteinischen Knicks. EcoSys, Bd. 5: 11-22.

VON STAMM, S. (1992): Untersuchungen zur Primärproduktion von Corylus avellana an einem Knickstandort in Schleswig-Holstein und Erstellung eines Prouktionsmodells. EcoSys, Suppl. Bd. 3, 166 S.

WÄTZOLD, F.; BIRKHOFER, K.; YANG, X.; HECKER, L. P.; QUERHAMMER, L.; WAGNER, H.-G.; HEINE, M. & I. STÖCKMANN (2021): Abschlussbericht Juli 2021 zum Projekt „Insektenverluste durch den Einsatz von Konditionierern bei der Behandlung von Mähgut (InsektGut)" gefördert von der Deutschen Bundesstiftung Umwelt (DBU), Aktenzeichen 34990/01-33/0, Projektlaufzeit: 24. Juni bis 24. April 2021. Kontakt: Frank Wätzold und Lutz Philip Hecker, Fachgebiet VWL, insbes. Umweltökonomie, Erich-Weinert-Str. 1, Brandenburgische TU Cottbus-Senftenberg, 03046 Cottbus.

WAHRENBURG, W.; VANSELOW, R.; TEICHNER, T.; PATZWALL, H.; GUTSMIEDL, I.; DEHE, S. & C. BEHRENS (2010): Pferd und Umwelt – Materialien, Hintergründe und Positionen. Bundesverband der Vereinigung der Freizeitreiter und -fahrer in Deutschland e. V. (VFD), Twistringen, 3. Aufl., 80 S.

WALL, R. & L. STRONG (1987): Environmental consequences of treating cattle with the antiparasitic drug ivermectin. Nature, 327: 418-421. Zitiert in: DEMUTH 1988.

WALTER, H. (1986): Allgemeine Geobotanik als Grundlage einer ganzheitlichen Ökologie. 3. Aufl., Vlg. Eugen Ulmer, UTB Bd. 284, Stuttgart, 279 S.

WALTHER, G. (1932): Luzerne. Verein zur Förderung des Luzernebaus [Hrsg.], Naumburg/Saale, 64 S.

WARMUTH, V., A. MANICA, A. ERIKSSON, G. BARKER & M. BOWER (2012): Autosomal genetic diversity in non-breed horses from eastern Eurasia provides insights into historical population movements. Animal Genetics, doi: 10. 1111/j. 1365-2052. 2012. 02371.

WAUER, O. (1937): Gespann- und Nutztierhaltung im Garten- und Weinbau. Vlg. Eugen Ulmer, Stuttgart, 72 S.

Weber, H.E. (1967): Über die Vegetation der Knicks in Schleswig-Holstein. Mitt. AG Floristik Schlesw.-Holst. u. Hamb., 15: 196 S. Zitiert in: METTE 1996.

WEBER, C. A. & R. VANSELOW (2011): Der Duwock oder Sumpf-Schachtelhalm (Equisetum palustre). Strategien zur Verdrängung der Giftpflanze auf Wiesen und Weiden. Westarp Wissenschaften (Die Neue Brehm-Bücherei), Hohenwarsleben, 1. Aufl., NBB Bd. 678, 144 S.

WEBER, B. D. (1926): Beitrag zur Kenntnis von Dauerweiden Bayerns und ihrer naturgemäßen Ansaat. Mit vergleichenden Ausblicken besonders auf norddeutsche Dauerweiden. Vlg. August Reher, Berlin, 138 S.

WEBER, C.A. (1911): Das Moor. Hannoversche Geschichtsblätter, 14(2): 255-270.

WEBER, C. A. (1909a): Wiesen und Weiden in den Weichselmarschen. Arbeiten der Deutschen Landwirtschafts-Gesellschaft. Heft 165, Berlin, 142 S.

WEBER, C. A. (1909b): Untersuchungen der Wiesen und Weiden des norddeutschen Tieflandes und ihre Ergebnisse. Nachtrag der Jahresversammlung1909, Jahrbuch der Deutschen Landwirtschafts-Gesellschaft, Band 24, Berlin, 285-319.

WEBER, C.A. (1905): Der Fleisch-, Milch- und Futterertrag einiger Dauerweiden. Arbeiten der DLG, Heft 105, 26 S.

WEIDINGER, H.-J. (1996): Hollerbusch, Kranewitt und Haselnuß. Das Heckenbuch des Kräuterpfarrers. Freunde der Heilkräuter, Karlstein/Thaya, 320 S.

WEISHEIT, K. & S. VON STAMM (1996): Phytomasse von Knicksträuchern. EcoSys, Bd. 5: 139-146.

WÖLFER, T. (1932): Grundsätze und Ziele neuzeitlicher Landwirtschaft Bd. 3: Feldpflanzen und Grünland. Die Pflanzenarten, Zwischenfrucht, Feldfutter und Grünland, Garten, Unkraut und Pflanzenschutz. 10. Aufl., Vlg. Paul Parey, Berlin, 267 S.

Register

Das breite Angebot des **STARKE PFERDE** - Verlags: Fundiertes Wissen rund um die Arbeit mit Zugtieren

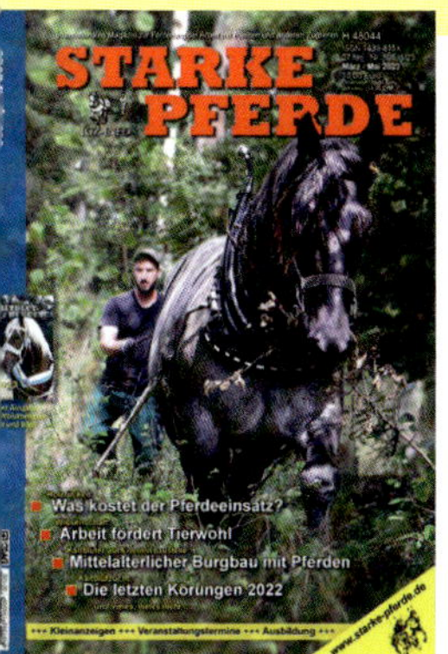

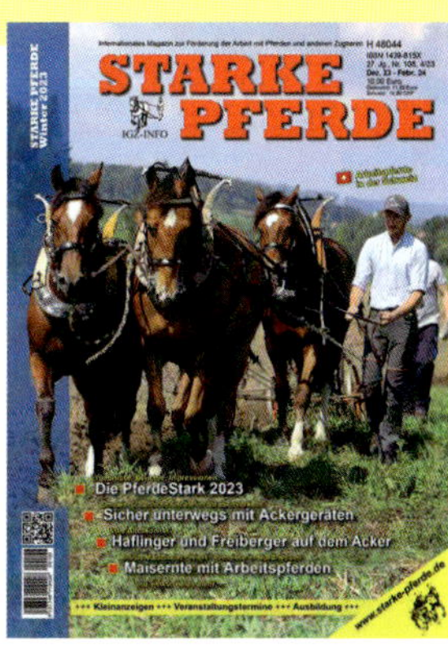

Die Pferdearbeit ist kein Relikt der Vergangenheit – sie lebt! Arbeitspferdevorführungen, Wettbewerbe, die neuesten Entwicklungen der Kaltblutzucht und vor allem Fachwissen zur Anspannung, Beschirrung, Arbeitsgeräten und vieles mehr zeigt die **STARKE PFERDE**. Jede Ausgabe so reichhaltig wie ein ganzes Buch!

Im **STARKE PFERDE**-Verlag u.a. erschienen:

Vom Fohlen zum Arbeits- und Freizeitpferd
– Tipps und Hinweise zur erfolgreichen Aufzucht und Ausbildung von Pferden

Holzrücken mit Pferden
– Praktische Anleitung zur Forstarbeit mit Pferden, Holzrückeverfahren und der Stand der Forschung

Handbuch Rinderanspannung
– Praxiswissen für die Arbeit mit Rindern

Das traditionelle Arbeits- und Festgespann
– Historische Geschirre, Anspannungen, Wagen und Karren detailliert beschrieben

Das Landgestüt Wickrath
– Geschichte und Entwicklung von Deutschlands erstem Kaltblut-Landgestüt

STARKE PFERDE IM EINSATZ
– Über 200 Betriebsvorstellungen mit Pferdearbeit in Deutschland heute